# 위험물질과 시설

제3판

Hazardous Material and Facilities

김명철 저

도서출판 동화기술

# 머리말

제2판본이 나온 지 2년여 만에 개정판으로 제3판을 출간하게 됨을 하나님께 감사를 올리며 책을 읽어주신 많은 독자들께도 깊은 감사를 드린다.

대학에서 위험물을 공부하는 전공서적으로서 그리고 위험물 관련 자격증을 준비하는 수험서로서의 기능을 갖고자 함이 본서의 목적이다.

이번 개정판에는 제2판의 오탈자 부분의 수정과 함께 약간의 보완이 필요했던 부분을 일부 첨언하였다. 그러나 무엇보다 가장 큰 부분은 위험물안전관리법, 동법 시행령, 동법 시행규칙 등의 법규 개정에 따른 최신 내용으로의 수정이다. 이에 관해 바뀌진 분량은 본문 중 80여 페이지이어서 작다할 수 없다.

또한 80여 개의 각주를 통해 용어에 대한 부언과 법규의 구체적 근거를 제시하였다.

늘 최고 수준의 양서를 출판하는데 큰 의지를 가지신 도서출판 동화기술의 정우용 회장님께 마음 깊은 감사를 드리며 문서작업으로 수고해주신 편집위원들께도 고마운 마음을 전한다.

부호리에서

저자 김명철

# 목차

## Chapter 1 기초화학

### 1-1 물질의 종류와 질량



### 1-2 물질량과 반응의 기초법칙



### 1-3 기체론

Chapter

# 01

# 기초화학

## 1-1 물질의 종류와 질량

위험물질을 이해하기 위해서는 물질에 대한 기본적인 이해가 필요하다. 물질의 분류, 정량적인 기준과 표현, 상태에 따른 특성 등이 여기에 속한다. 또한 물질을 구성하는 분자와 원자 등의 입자들에 대한 개념의 정리가 필요하며, 원자들을 그 종류대로 정리한 주기율표의 구성도 알아야 한다.

### 1-1-1 물질의 구성과 종류

물질을 구성하는 기본 단위는 분자(molecule)이다. 그래서 모든 물질의 특성은 그것을 구성하는 분자의 종류에 따라 결정된다. 물론 물질을 쪼개고 또 쪼개면 원자(atom)라는 기본적인 최소 입자에까지 이를 수는 있다. 그러나 원자는 더 이상 쪼개지지 않는 입자라는 의미 이외는 물질의 특성과 무관하다. 원자는 100여 개의 종류가 있으나, 그 원자들의 다양한 조합으로 이루어진 분자의 종류는 적게 잡아도 수백만 종이 있다.

물질 각각의 고유한 성질은 그것을 구성하고 있는 분자들의 종류에 따라 달라진다. 어떤 물질은 한 종류의 분자로만 구성되어 있고, 또 어떤 것은 여러 종류의 분자들이 섞여 있는 상태로 존재한다.

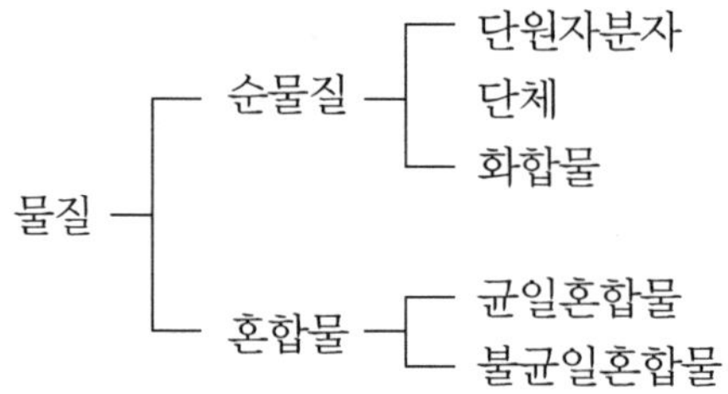


**그림 1-1 물질의 분류**

<그림 1-1>에서와 같이 물질(matter)은 먼저 한 종류의 분자들로 구성된 순물질(pure substance)과 두 종류 이상의 것으로 이루어진 혼합물(mixture)로 구분할 수 있다. 순물질은 다시 세 부류로 구분할 수 있는데 헬륨, 네온, 아르곤, 크립톤, 제논, 라돈과 같이 원자 한 개가 분자 역할을 하고 있는 단원자분자(uniatomic molecule), 한 종류 원자들이 두 개 이상으로 이루어진 단체(elements), 서로 다른 두 종류 이상의 원자들로 구성된 화합물(compound)이 있다.

단체 형태의 순물질로서 대표적인 예는 공기 성분인 산소($O_2$), 질소($N_2$) 또는 황($S_8$) 등이 있다. 화합물은 일산화탄소($CO$), 물($H_2O$), 제1인산암모늄($NH_4H_2PO_4$) 등을 예로 들 수 있으며, 물질들 중 가장 흔한 형태라고 말할 수 있다.

혼합물은 두 종류 이상의 물질, 즉 두 종류 이상의 분자들이 섞여 있는 것이다. 골고루 섞인 것이 균일혼합물(homogeneous mixture)이며, 그렇지 못한 것이 불균일혼합물(heterogeneous mixture)이다. 구성 물질이 골고루 섞여 있다는 균일의 의미는 공간적 차이에 따른 성분의 차이가 없다는 것이다. 우유는 물과 유지방입자가 골고루 섞여 있는 균일혼합물이다. 따라서 그 맛과 성분이 우유 전체에 걸쳐 동일하다. 그러나 피자(pizza)는 먹는 부분에 따라 성분과 맛이 다르므로 불균일혼합물이다.

## 1-1-2 물질의 상(相)

물질을 이루는 분자들의 배열과 이동제한성에 따른 상태적 특성을 상(phase)이라고 한다. 액체상과 기체상은 물체의 이동과 외형의 변화가 용이하여 유체(fluid)라고 하며, 고체상은 고정된 외형을 가지는 특성으로 인해 분자들의 운동에너지가 거의 진동운동(vibrational motion)에너지만으로 구성된다.

모든 물질은 온도와 압력에 의해 세 가지 상이 모두 가능하다. 온도가 상승하면 고체보다는 액체가, 액체보다는 기체 상태가 상대적으로 용이하다. 그러나 반대로 압력은 높아질수록 기체보다는 액체가, 액체보다는 고체 상태로 존재하기가 쉽다. 따라서 대기압과 같이 일정한 압력 하에서는 온도 변화에 따라 쉽게 상전이(phase transition)가 자발적으로 진행된다. 온도 상승에 따라 고체상에서 액체상으로, 액체상에서 기체상으로 바뀌는 현상을 각각 융해(fusion)와 증발(vaporization)이라 한다. 그러나 그 반대로 온도가 내려감에 따라 기체상이 액체상으로, 액체상이 고체상으로 변하는 것을 각각 응축(condensation)과 응고(freezing)라고 한다. 기체상과 고체상 사이의 변화는 양방향 모두 승화(sublimation)라고 한다.

특히 물질의 상전이에는 반드시 흡열이나 발열과 같은 에너지의 이동이 있다. 이런 상전이열(heat of phase transition)은 에너지의 이동과 무관하게 물체의 외부적인 온도변화를 수반하지 않으므로 숨어있는 열, 즉 잠열(latent heat)이라고 한다. 이와는 달리 일반적으로는 물체가 외부로부터 에너지를 받으면 자체 온도가 올라간다. 이와 같이 물체의 온도 변화로써 에너지 유입 여부를 알 수 있는 열량을 현열(sensible heat)이라고 한다.

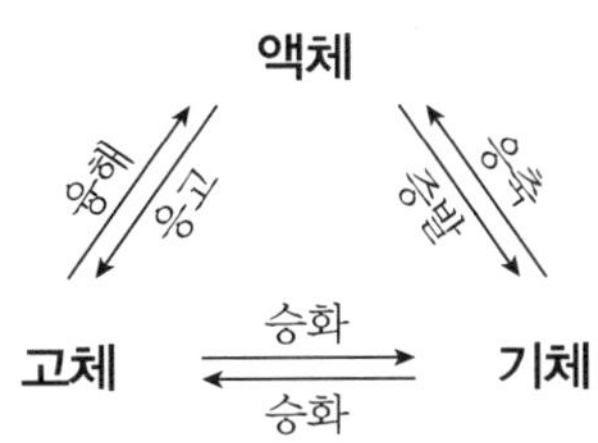


▌그림 1-2 물질의 상전이

## 1-1-3 원자의 구조와 종류

원자는 중심부에 위치한 핵(nucleus)과 그 주위에 분포된 전자(electron)들로 구성되어 있다. 핵은 질량이 유사한 두 종류의 입자로 이루어져 있으며, 양전하를 띠 양성자(proton)와 전기적으로 중성인 중성자(neutron)가 있다. 모든 원자의 질량은 각 원자 내 핵의 질량을 의미한다. 그것은 핵을 구성하는 입자, 즉 핵자(nucleon)에 비해 전자의 무게가 1840분의 1 정도로 가볍기 때문이다. 그러나 원자의 크기는 핵 주위에 분포된 전자들의 점유 공간에 의해 결정되므로 핵으로부터 얼마나 먼 위치까지 전자가 존재하느냐에 의해 원자의 크기가 정해진다. 따라서 "모든 원자의 질량은 핵에 집중되어 있고, 원자의 크기는 전자가 분포된 전자 껍질의 크기에 의해 결정된다"라고 표현할 수 있다.

## 1-1-4 원자번호와 질량수

물질계를 이루는 가장 작은 입자인, 100여 종의 원자들은 그 크기와 질량이 각기 다르다. 일반적인 원자는 양전하를 띤 핵과 그 주위에서 음전하를 띤 전자들로 인해 전체적인 성질이 전기적으로 중성이다. 따라서 핵 속의 양성자 개수와 핵 주위 전자의 개수는 일반적으로 동일하고, 이를 원자번호(atomic number)라고 한다. 원자번호는 원자들을 구분하는 기준이며 번호가 클수록 양성자의 개수가 많으므로 원자는 무겁다. 원자의 질량은 대부분 핵의 무게이므로 핵자(양성자와 중성자)의 개수를 원자의 질량수(mass number)라고 한다.

자연계에 존재하는 원자들은 대부분 원자번호는 동일하지만 질량수가 다른 동위원소(isotope)를 가진다. 따라서 일반적으로 원자들의 질량은 양성자의 개수와 중성자의 개수를 합한 정수로 표현되지 않고, 이 동위원소들의 질량과 분포비율을 고려한 평균질량으로 나타내어진다.

이와 비교되는 것으로서 동중원소(isobar)가 있다. 동중원소는 동위원소와 달리 원자번호는 다름에도 불구하고 질량수가 같은 경우의 원소들을 말한다. 방사선의 종류 중에는 $\beta$선이 있다. 일반적인 $\beta$붕괴는 전자의 흐름이므로 질량의 변화는 없고 전기적으로 −1가의 유출을 나타낸다. 즉, 어떤 원자가 한 번의 $\beta$붕괴를 하게 되면 남아 있는 입자의 전하가 +1 만큼 증가하게 되고, $\beta$붕괴는 핵 속의 중성자가 양성자로 바뀌는 경우가 가장 좋은 예이다. 그러므로 동중원소는 $\beta$붕괴 진행 전후의 두 입자에서 쉽게 볼 수 있다.

## 1-1-5 전자 배치

원자 내 핵 주위에 분포되어 있는 전자들의 위치와 거동을 확정할 수 없지만 특정 공간에 존재할 수 있는 확률로는 표현할 수 있다. 원자 내 특정 공간좌표에서 전자가 발견될 확률은 핵으로부터 일정한 거리 근처에서 높아진다. 이 거리를 전자껍질(electron shell)이라 하고, 핵으로부터 가까운 것부터 순서에 따라 K껍질, L껍질, M껍질, N껍질, 등으로 부른다. 또한 각 껍질마다 전자의 거동이나 분포 형태에 따라 궤도함수(궤도, orbital)들이 있다. 궤도함수의 종류로는 구형의 s궤도, 8자 모양의 p궤도, 네 잎 클로버 모양의 d궤도 등이 있다.

각 전자껍질의 번호를 주양자수(principal quantum number, $n$)라고 하며, 주양자수에 따라 특정 껍질에 수용할 수 있는 전자의 개수는 $2n^2$개로 한정된다. 예로서 L껍질은 두 번째이므로($n=2$), 수용할 수 있는 전자는 최대 8개이다.

또한 각 궤도들도 전자궤도 한 개마다 회전방향이 반대인 두 개의 전자를 수용할 수 있으므로 자체 궤도가 한 개 뿐인 s궤도는 2개, 자체 궤도가 3개인 p궤도는 6개, 자체 궤도가 5개인 d궤도는 10개, 자체 궤도가 7개인 f궤도는 14개의 전자를 수용할 수 있다.

한 원자 내 다양한 껍질과 궤도 속에 존재하는 수많은 전자들 중 특정한 전자를 지정하는 것이 양자수(quantum number)이다. 양자수는 4개의 숫자로 나타내며, 껍질을 나타내는 주양자수($n$), 궤도를 표현하는 방위양자수(azimuthal quantum number, $l$), 궤도 중의 특정 궤도를 지정하는 자기양자수(magnetic quantum number, $M_l$), 한 궤도 속에서 회전(spin) 방향이 서로 다른 두 개의 전자를 구분하는 스핀양자수(spin quantum number, $M_s$)로 구성된다. 한 원자 내 네 개의 양자수가 동일한 전자는 단 한 개 밖에 없다는 것이 파울리(W. Pauli)의 배타원리(exclusion principle)이다.

서로 다른 원자는 원자번호도 다르고 전자의 개수도 다르다. 그러나 전자가 몇 개이든지 원자 내부에 채워지는 전자들은 에너지적 안정성에 의해 축조원리(Aufbau principle)라는 일정한 순서로 채워진다. 이것을 원자번호 30번까지 적용한다면 바닥상태의 안정한 원자들은 다음의 순서로 전자들이 채워진다.

$1s^2\ 2s^2\ 2p^6\ 3s^2\ 3p^6\ 4s^2\ 3d^{10} \cdots \rightarrow$

여기에도 $_{24}Cr$과 $_{29}Cu$의 두 개 원자는 에너지적 안정성에 의해 예외이다.

$_{24}Cr$ : $1s^2\ 2s^2\ 2p^6\ 3s^2\ 3p^6\ \underline{4s^2\ 3d^4} \rightarrow 1s^2\ 2s^2\ 2p^6\ 3s^2\ 3p^6\ \underline{4s^1\ 3d^5}$

$_{29}Cu$ : $1s^2\ 2s^2\ 2p^6\ 3s^2\ 3p^6\ \underline{4s^2\ 3d^9} \rightarrow 1s^2\ 2s^2\ 2p^6\ 3s^2\ 3p^6\ \underline{4s^1\ 3d^{10}}$

## 1-1-6 주기율표의 구성

100여 종의 원자들을 그 성질과 크기에 따라 분류하여 정리한 도표가 주기(율)표(periodic table)이다. 주기율표 내부의 가로 줄을 주기(period)라고 하고, 세로 줄을 족(group)이라고 한다. 동일한 주기의 원자들은 크기가 비슷하고, 같은 족 내의 원자들은 서로 간 화학적 특성이 유사하다.

주기율표는 크게 금속(metal), 비금속(nonmetal), 준금속(metalloid)의 세 부류 원소들로 구성된다. 주기율표의 위치 상 왼쪽은 금속 원자들이며 오른쪽은 비금속이고 그 경계가 되는 부분이 준금속이다. 준금속은 대부분, 금속의 성질과 비금속의 성질을 반반씩 가진다. 예로서 대표적인 비금속 원소인 실리콘(Si)은 표면이 금속광택을 가지지만 전기를 통하지는 않는다.

그러므로 동일한 금속 원자라 할지라도 상대적으로 왼쪽에 위치한 원소가 더 금속 성질이 강하고, 오른쪽에 있는 원소는 금속적인 성질이 상대적으로 약하다고 말할 수 있다.

또한 주기율표를 구성하는 원자들의 종류를 크게 두 종류로 구분하면 주족원소(representative element, A족)와 전이원소(transition element, B족)가 있다. 전이원소는 모두 금속이므로 전이금속이라 말하기도 한다. 주족원소와 전이족원소의 차이는 원자의 제일 바깥쪽 껍질인 원자가(valence)에 있는 궤도들에 의해 결정된다. 원자가에 있는 전자(원자가전자)가 s궤도와 p궤도만을 사용하면 주족원소이고, d궤도 또는 f궤도를 사용하면 전이원소이다.

주기율표에 보면 아래쪽에 따로 떼어 놓은 두 줄의 원소들이 있다. 이것은 내부전이원소(inner transition element)들로서 4f궤도와 5f궤도에 각각 14개씩의 전자가 채워진 전이금속원자들이다. 위 줄에 있는 14개의 원소들은 란탄계원소들(Lanthanides)인데, 지하자원으로서 구하기 힘들다는 의미로서 희토류원소(rare earth element)라고 부르기도 한다. 아래쪽 줄의 14개 원소들은 악티늄계원소들(Actinides)로서 희토류원소들이긴 하나 란탄계원소들에 비해 상대적으로 비중이 크다고 하여 중희토류원소(heavy rare earth element)라고 한다. 이 내부전이원소들 중에는 네오디뮴(Nd)과 디스프로슘(Dy)과 같이 매우 강한 자성을 가지고 있는 원소들이 있어서 현대 산업에서 그 수요가 폭발적으로 증가하고 있다.

## 1-1-7 이온

일반적인 원자는 핵 속의 양성자 개수와 핵 주변 전자의 개수가 동일하여 원자 전체적으로는 전기적인 중성이다. 그러나 +1에 해당되는 양전하의 양성자와 −1의 전하를 띤 전자의 개수가 동일하지 않다면 전기적으로 중성이 될 수 없다.

전기적으로 중성이 아닌 원자나 원자단이 이온(ion)이며, 양전하를 띤 것은 양이온(cation)이고, 음전하를 띤 것은 음이온(anion)이다. 원자 한 개가 이온인 경우를 단원자이온(monoatomic ion)이라 하고 두 개 이상의 원자들이 모여서(원자단) 한 개의 이온을 형성한 것은 다원자이온(polyatomic ion)이다.

원자번호가 다르면 전자의 개수도 같지 않다. 그러나 이온들 중에는 원소의 종류가 달라도 전자의 개수가 동일한 이온들이 있다. 이것을 등전자이온(isoelectronic ion)이라고 한다. 대표적인 예로서 $_{8}O^{-2}$, $_{9}F^{-}$, $_{11}Na^{+}$, $_{12}Mg^{+2}$, $_{13}Al^{+3}$ 등은 각각의 이온이 가진 전자의 개수가 모두 동일하게 10개이다.

이온은 전기적으로 중성이 아니지만 고정된 크기와 질량이 있다. 동일한 원자번호의 원자와 이온은 그 질량이 거의 같다. 그것은 전자 몇 개의 무게는 핵에 비해 워낙 가볍기 때문에, 그것들이 원지로부터 빠져나오든지 들어가든지 해도 전체 원자와 이온의 무게에는 영향을 줄 수 없기 때문이다.

그러나 원자의 크기와 이온의 크기는 크게 다를 수 있다. 중성 원자로부터 전자가 빠져나가는 경우의 양이온과 그 반대의 음이온은 원자에 비해 그 크기가 유사할 수도 있으나 때로는 차이가 클 수 있다. 원자의 크기는 그 원자의 원자가껍질의 크기에 의해 결정되므로 전자가 빠져나가는 양이온의 경우에는 원자에 비해 조금 작거나 또는 크게 작아진다. 반면에 중성 원자보다도 더 많은 전자를 가지는 음이온은 그 크기가 원자에 비해 거의 같거나 많이 커진다.

## 1-1-8 원자의 크기

주기율표에서 원자들의 크기는 일정한 경향을 나타낸다. 동일한 족(group)에서는 아래로 내려갈수록(원자번호가 증가할수록) 새로운 원자가를 가지므로 그 크기가 현저히 커진다. 그러나 같은 주기(period)에서는 오른쪽으로 갈수록(원자번호가 증가할수록) 핵과 전자 사이의 인력 증가로 인해 오히려 약간씩 작아진다. 따라서 주기율표에서는 왼쪽으로 갈수록, 아래로 내려갈수록 원자의 반지름이 커진다.

## 1-1-9 전기음성도와 이온화에너지

원자가 주변의 전자들을 좋아하는 경향을 전기음성도(electronegativity)라고 한다. 따라서 전기음성도는 전자와 같이 전기적으로 음성을 띤 입자를 끌어당기는 힘과 비례한다. 주기율표에서 전기음성도는 오른쪽으로 갈수록, 위로 올라갈수록 강해지는 경향이 있다. 주기율표에서 맨 오른쪽 족인 0족의 불활성기체는 화학적 활성이 없으므로, 전기음성도 수치는 VIIA족 맨 위에 있는 플루오르(불소, F)가 4.0으로 가장 크다. 그 다음은 산소(3.5), 염소(3.0) 등의 순서로 내려간다.

전기음성도는 공유결합에서 극성공유결합의 원인이 되며, 분자간 인력에서도 수소결합을 가능케 한다.

이온화에너지(ionization energy)는 원자 또는 이온으로부터 전자를 떼어내는데 필요한 에너지이다. 즉, 전자를 떼어내는 과정은 언제나 에너지가 필요하므로 흡열과정(endothermic process)이다. 중성 원자로부터 전자 한 개를 떼어내어 +1가의 양이온을 생성시키는데 필요한 에너지를 제1이온화에너지(first ionization energy)라고 하고, +1가의 양이온으로부터 또 다시 전자 한 개를 떼어내는데 필요한 에너지를 제2이온화에너지라고 한다. 이와 같이 +3가의 양이온이 생성되는 데에는 제3이온화에너지가, +4가의 양이온이 생성되는 데에는 제4이온화에너지가 필요하다.

원자 내 동일한 전자껍질의 전자를 떼어낼 때는 이온화에너지값도 유사하지만, 상대적으로 안쪽 전자껍질의 전자를 떼어내려면 훨씬 더 큰 에너지가 필요하다.

그러므로 특정 원자에 대한 이온화에너지를 보면 원자가전자가 몇 개인지를 알 수 있다. 만약 원자가(제일 바깥 전자껍질)에 있는 전자가 두 개이라면, 제1이온화에너지와 제2이온화에너지 값은 큰 차이를 나타내지 않는다. 그러나 제3이온화에너지는 제1이온화에너지와 제2이온화에너지에 비해 비교도 할 수 없을 만큼 증가하게 된다. 왜냐하면 원자가전자가 두 개였으므로 세 번째 전자를 떼어내기 위해서는 상대적으로 핵 쪽에 가까운, 인력이 증가된 새로운 원자가전자를 제거해야하기 때문이다.

그래서 원자마다 이온화에너지값을 살펴보면 원자가전자가 몇 개이며 몇 족에 속한 원소인지를 쉽게 알 수 있다.

주기율표에서 이온화에너지값은 전기음성도와 마찬가지로 오른쪽으로 갈수록, 위로 올라갈수록 증가한다.

이온화에너지와 반대되는 과정이 전자친화도(electron affinity)이다. 전자친화도는 원자 또는 이온에 전자를 한 개씩 붙이는 과정에 수반되는 에너지이다. 대부분의 전자친화도는 그 과정에 해당되는 에너지 변화가 음의 값을 갖지만 양의 값을 가지는 경우도 적지 않다. 즉, 이것은 전자가 첨가되는 과정이 대부분 발열 과정(exothermic process)이긴 하나 드물지 않게 흡열과정을 나타내기도 한다는 것을 의미한다.

## 문제

**01** 다음 중 나머지 셋과 물질의 형태가 다른 것은?

① 물 ② 공기
③ 코크스 ④ 부탄

**02** 물이 가지는 큰 증발열의 에너지 종류와 크기는?

① 현열 – 80 cal/g ② 잠열 – 80 cal/g
③ 현열 – 539 cal/g ④ 잠열 – 539 cal/g

**03** 다음 중 바르게 짝짓지 못한 것은?

① 동위원소 – 평균원자량 ② 동중원소 – $\beta$붕괴
③ d궤도 – 6개의 전자 ④ 주양자수 – 원자 반경

**04** 다음 중 주기율표의 경향으로 옳은 것은?

① 원자의 크기는 같은 주기에서 오른쪽으로 갈수록 커진다.
② 전기음성도는 같은 족에서 아래로 내려갈수록 커진다.
③ 이온화에너지의 크기는 전기음성도의 크기와 경향과 유사하다.
④ 전자친화도의 크기는 전기음성도의 크기와 경향이 반대이다.

**05** 다음 중 이온에 관한 설명이 옳은 것은?

① 일반적으로 음이온의 이온 반경이 양이온에 비해 크다.
② 양이온의 가지는 전자의 개수는 그 원소의 원자번호보다 크다.
③ 이온화에너지는 항상 일정한 간격으로 증가한다.
④ 원자번호는 다르지만 전자의 개수가 동일한 것을 동중원소라고 한다.

06 다음과 같은 이온화에너지(kJ/mol)를 가지는 원소는?

| 제1이온화에너지 | 제2이온화에너지 | 제3이온화에너지 | 제4이온화에너지 |
|---|---|---|---|
| 589.5 | 1,146 | 4,941 | 6,485 |

① K ② Ca ③ Al ④ C

## 풀이

01 물($H_2O$)은 화합물 형태의 순물질, 코크스는 탄소 덩어리로서 단체 형태의 순물질, 부탄($C_4H_{10}$)도 화합물 형태의 순물질이다. 그러나 공기는 질소 기체와 산소 기체 등의 여러 순물질이 잘 섞여 있는 (균일)혼합물이다.

02 증발열은 융해열과 함께 상이 바뀌는데 필요한 에너지이므로 대표적인 잠열이다. 또한 물의 융해열은 80 cal/g이지만, 증발열은 539 cal/g이다.

03 모든 원소들은 동위원소를 가지므로 원자량은 이것들의 분포비를 반영한 평균원자량으로 나타내며, $\beta$붕괴는 중성자가 양성자로 바뀌는 과정이므로 동중원소의 생성과 직접적인 관련이 있다. 또한 주양자수는 전자껍질을 나타내는 것이어서 그 숫자에 따라 원자의 크기, 즉 원자의 반지름이 달라진다. 그러나 방위양자수의 d궤도는 5개의 전자 궤도를 가지므로, 한 개의 궤도 마다 두 개의 전자를 수용하면 총 10개의 전자를 수용한다.

04 원자는 주기율표에서 오른쪽으로 갈수록 핵과 전자 사이의 인력 증가로 인해 그 크기가 작아진다. 또한 전기음성도는 주기율표에서 위로 갈수록, 오른쪽으로 갈수록 그 값이 커진다. 그리고 이온화에너지와 전자친화도는 주기율표상에서의 크기 경향이 전기음성도와 유사하다.

05 음이온은 중성 원자에 비해 전자가 첨가된 것이어서 원자보다 그 크기가 조금이라도 커져야 하며, 양이온은 그 반대이므로 중성 원자에 비해 조금이라도 작아지게 된다. 따라서 음이온이 항상 양이온보다는 그 크기가 크다. 또한 양이온은 중성 원자에서 전자가 한 개 이상 빠진 상태이므로 전자 개수를 나타내는 원자번호보다는 양이온의 전자 개수가 작다. 이온화에너지는 원자가전자의 개수에 의해 불규칙한 값을 나타내고, 원자번호는 다르지만 전자의 개수가 같은 것은 동중원소가 아니라 등전자이온이다.

06 문제에서 주어진 이온화에너지값을 보면 전체적으로 커지는 추세이지만, 특별히 제2이온화에너지와 제3에너지값의 차이가 가장 비정상적으로 증가됨을 볼 수 있다. 이것은 원자의 제일 바깥 껍질(원자가)에 전자가 두 개뿐임을 나타내는 것이며, IIA족 원소의 특징을 보여준다. 따라서 IIA족에 속하는 원소는 Ca뿐이다.

**정답** 1. ② 2. ④ 3. ③ 4. ③ 5. ① 6. ②

# 1-2 물질량과 반응의 기초법칙

물질의 양을 나타내는 대표적인 단위는 질량과 부피이다. 원자량(atomic weight)이나 분자량(molecular weight)과 같은 용어들은 대부분 입자들의 질량을 의미한다. 그러나 화학에서 물질량을 표현하는 대표적인 용어라 할 수 있는 몰(mole)은 입자의 개수를 나타낸다. 즉, $6 \times 10^{23}$개이다. 또한 이 숫자를 아보가드로수(Avogadro's number)라고 한다. 그러므로 입자나 물질을 1몰(mol)개만큼 모았을 때의 무게와 부피를 몰질량(molar mass) 또는 몰부피(molar volume)이라 한다. 예로써 물의 몰질량이 18 g이라면 6 g의 물은 $2 \times 10^{23}$개의 물 분자로 이루어져 있음을 알 수 있다.

화학반응에는 몇 가지 기본적인 법칙이 있다.

화학반응에서 화합물을 생성 시 반응하는 반응물들 사이에는 고정된 질량비(mass ratio)가 존재한다는 것이 일정성분비의 법칙이다. 배수비례의 법칙은 일산화탄소와 이산화탄소 등과 같은 동일 계열의 화합물들이 생성되는 화학반응에서는 특정 원자에 결합하는 상대 원자의 결합비는 정수배이어야 한다는 것이다.

그리고 질량보존의 법칙은 화학반응 전후를 통해 반응에 참여하는 원자의 개수는 변하지 않으며, 반응물 질량의 합과 생성물 질량의 합은 동일하다는 것이다.

## 1-2-1 원자질량단위와 물질량

원자들은 그 크기가 매우 작고 질량 또한 g(그램)으로 표현하기에는 너무 가볍다. 따라서 원자 한 개를 표현할 수 있는 질량단위로서 원자질량단위(atomic mass unit, amu)를 사용한다. 원자질량단위는 질량수가 12인 탄소(C)원자를 기준으로(12 amu) 하여 다른 원자들의 질량비로 나타낸다. 이에 따른 몇 가지 원자들의 대략적인 원자질량을 보면 수소가 1 amu, 산소가 16 amu, 질소가 14 amu, 황은 32 amu이다.

그러나 앞에서 언급한 바와 같이 대부분의 원자는 동위원소를 가지므로 동위원소 각각의 원자량을 자연계에 존재하는 그 분포비에 따른 평균값으로 원자량을 나타낸다.

## 1-2-2 화학식과 화학식량

물질의 기본 단위인 분자를 화학적으로 표기한 것이 화학식(chemical formula)이다. 물은 $H_2O$로, 이산화탄소는 $CO_2$로 나타내는 것이 대표적인 예이다. 화학식은 실험식(empirical formula), 분자식(molecular formula), 시성식(rational formula), 구조식(structural formula)의 네 가지 형태가 있다.

실험식은 분자를 구성하는 원자들의 종류와 그 상대적인 개수비만을 표현한 것이다. 만약 탄소원자(C) 2개와 수소원자 4개로 이루어진 에틸렌을 실험식으로 나타내면 $CH_2$가 된다. 탄소 6개와 수소 6개로 이루어진 벤젠의 실험식은 CH이다.

분자식은 분자를 구성하는 원자들의 종류와 그 실제적인 개수를 나타낸 것이다. 예로서 에틸렌의 분자식은 $C_2H_4$이고, 벤젠의 분자식은 $C_6H_6$이다.

시성식은 유기화합물에서 골격의 특징적인 작용기를 연결 단위로 나타내는 화학식이다. 이것은 원자의 개수가 많고 복잡한 유기화합물에서 그 구조를 쉽게 이해하기 위한 방법이다. 예로서 분자식이 $C_2H_6O$인 에틸알코올의 시성식은 $C_2H_5OH$이다. 여기서 $C_2H_5$는 에틸기를 나타내며, OH는 알코올기를 나타내고 있으므로 이 분자가 에틸알코올(ethyl alcohol)임을 쉽게 알 수 있다. 그러나 동일한 $C_2H_6O$ 분자라도 그 시성식이 $CH_3OCH_3$로 나타낼 수 있다. 이 경우에는 물질 자체가 다른 분자이다. 즉, $CH_3$는 메틸기이고 두 개의 메틸기가 산소를 중심으로 양쪽에 붙어 있는 골격은 에테르(ether)이므로, 이것은 디메틸에테르(dimethyl ether)이다.

이와 같이 분자식은 동일하지만 시성식이나 구조식이 다른 분자들을 이성(질)체(isomer)라고 한다. 이성체는 화학적 성질이 완전히 다른, 독립된 물질이다.

구조식은 분자를 구성하는 원자들의 종류와 실제 개수 및 원자들의 결합상태를 입체적으로 표현한 것이다. 결합의 상태는 원자 사이의 결합력과 결합 순서가 구체적으로 제시되어 있다. 즉, 분자식이 $CO_2$와 $C_2H_2$인 이산화탄소와 아세틸렌의 구조식은 각각 O=C=O 및 H−C≡C−H이다.

이와 같이 구조식은 표기상의 어려움이 있으나 분자에 대한 가장 많은 정보를 제공한다는 점이 장점이다.

화학식으로 표기된 분자들의 질량을 화학식량(formula weight)이라고 한다. 화학식량은 그 분자를 구성하고 있는 모든 원자들의 원자량을 다 더해준 값이며, 분자량(molecular weight)이라고 말하기도 한다. 예로서, 이산화탄소의 화학식량은 44 amu이며, 황산($H_2SO_4$)의 분자량은 98 amu이다.

흔히 분자량이라고 하는 화학식량은 분자 한 개의 질량을 말하지만 이것을 1몰 개($6 \times 10^{23}$개) 만큼 모으면 몰질량(molar mass)이 된다. 이 때 몰질량은 원자량의 단위인 amu를 g으로 바꾸어주기만 하면 된다는 점이 매우 중요하다. 예로서 물($H_2O$)과 일산화탄소(CO)의 분자량은 각각 18 amu와 28 amu이지만, 몰질량은 각각 18 g과 28 g이다.

## 1-2-3 화학식의 완성

화학식은 먼저 실험을 통해 실험식을 결정한 후, 화학식량에 맞추어 실험식 전체를 정수배 곱하여 완성한다.

첫 번째, 분자를 구성하는 원자들의 종류와 그 실제적인 원소별 질량을 실험을 통해 결정하는 것이 먼저이다.

두 번째, 각각의 원소들의 질량을 원자량으로 나누어서 각 원자들의 개수를 계산해야 한다. 이때 계산된 원자의 개수가 정수가 아니어도 아무 상관이 없다. 중요한 것은 원자 서로간의 상대적인 개수 비율이다.

세 번째, 정수비로 결정된 실험식을 통해 실험식량을 계산하고 이를 분자량에 맞도록 정수 비율로 곱해주면 된다.

예로서, 실험을 통해 어떤 분자를 분석하니 탄소와 수소 두 종류의 원자들로 구성되어 있고, 각각의 무게가 0.6 g과 0.15 g이었으며, 분자량은 30 amu라고 하자.

첫 번째, 탄소 원자와 수소 원자의 실제 무게를 각각의 원자량으로 나누어 주면 원자의 개수가 각각 0.05개와 0.15개임을 알 수 있고(탄소의 원자량은 12 amu, 수소의 원자량은 1 amu이므로), 실험식은 $CH_3$이다.

두 번째, 실험식량이 15 amu이므로 분자량인 30 amu가 되기 위해서는 전체를 두 배 곱해주어야 한다.

세 번째, 그 결과 분자식은 $C_2H_6$이다.

## 1-2-4 화학반응식의 완성

화학반응식(chemical equation)은 화학반응의 과정을 참여 물질들의 변화로 표기한 식이다. 여기에는 반응 초기 물질인 반응물(reactant)과 반응 후 새로 생겨난 생성물(product)이 정량적으로 제시된다.

화학반응식을 완성한다는 것은 질량보존의 법칙에 의해 반응물 구성 원자들이 생성물 속에서도 그대로 있도록 반응전후의 질량을 맞추어주는 과정이다.

예로서 질소($N_2$)와 수소($H_2$)가 만나서 암모니아($NH_3$)가 만들어지는 화학반응식을 완성시켜 보자.

항상 반응물은 왼쪽에, 생성물은 오른쪽에 표기하고 반응의 과정은 화살표로 먼저 나타낸다.

$$N_2(g) + H_2(g) \rightarrow NH_3(g) \qquad \text{(식 1-1)}$$

여기서 (g)는 기체상태를 의미한다. 그러나 위 식은 반응물과 생성물 사이에 원자들의 개수가 맞지 않다. 그러므로 먼저 반응물의 질소 원자가 두 개이므로 생성물 전체를 두 배 해주어야 한다.

$$N_2(g) + H_2(g) \rightarrow 2NH_3(g) \qquad \text{(식 1-2)}$$

그러면 생성물의 수소 원자 개수가 6개가 되므로, 다시 반응물의 수소 개수를 맞추기 위해 수소 분자를 세 배 곱하면 화학반응식이 완성된다.

$$N_2(g) + 3H_2(g) \rightarrow 2NH_3(g) \quad \text{(식 1-3)}$$

유기화합물의 반응에서도 그 원리는 동일하다. 또 하나의 예로서 옥탄($C_8H_{18}$)의 연소반응을 보자. 먼저 연소반응은 산소($O_2$) 기체와 반응하여 이산화탄소($CO_2$)와 수증기($H_2O$)가 생성됨을 알아야 한다.

$$C_8H_{18}(g) + O_2(g) \rightarrow CO_2(g) + H_2O(g) \quad \text{(식 1-4)}$$

여기서 반응물에 있는 탄소 원자들의 개수가 8개이고 수소 원자는 18개이므로, 생성물에서도 이산화탄소의 개수는 8개로, 그리고 물의 개수는 9개로 맞춘다.

$$C_8H_{18}(g) + O_2(g) \rightarrow 8CO_2(g) + 9H_2O(g) \quad \text{(식 1-5)}$$

결국 반응물의 산소 원자 개수는 생성물 속의 산소 원자 개수와 동일해야 하므로 25개가 되어야 한다.

$$C_8H_{18}(g) + 25/2\ O_2(g) \rightarrow 8CO_2(g) + 9H_2O(g) \quad \text{(식 1-6)}$$

최종적으로 물질들의 계수를 정수로 표기하기 위해 전체 식을 두 배 곱하면 다음과 같이 화학반응식이 완성된다.

$$2C_8H_{18}(g) + 25O_2(g) \rightarrow 16CO_2(g) + 18H_2O(g) \quad \text{(식 1-7)}$$

때로는 이런 화학반응식을 화학방정식이라고 하기도 하며, 반응 과정에서의 열량변화를 표시하여 열화학반응식이라 하기도 한다. 열화학반응식에서는 반응열의 부호를 통해 흡열반응(endothermic reaction)과 발열반응(exothermic reaction)을 표시한다.

## 1-2-5 밀도와 비중

물질이 가지는 고유한 성질들 중에는 크기에 비해 얼마나 무거운가를 나타내는 물리량이 밀도(density)이다. 밀도는 질량을 부피로 나눈 값이다. 따라서 일정한 부피에서 밀도가 크다는 것은 다른 것들에 비해 상대적으로 무겁다는 의미이다.

따라서 밀도는 $g/cm^3$ 또는 kg/L 등의 단위로 나타낸다.

그러나 비중(specific gravity)은 물의 밀도에 대한 특정 물질의 밀도 비율을 나타내므로 단위가 없다. 즉, 물의 밀도는 1 $g/cm^3$이고 수은의 밀도는 13.6 $g/cm^3$이지만, 수은의 비중은 그냥 13.6이다.

## 1-2-6 반감기

반감기(half life)는 물질의 양이나 방사능의 세기 등이 처음보다 절반으로 감소할 때까지 걸린 시간을 의미한다. 반감기를  세 번 거쳤다는 것은 처음에 비해 1/8로 감소했다는 것이다. 즉, 반감기를 지나온 횟수가 $n$이라면 남은 양은 $\frac{1}{2^n}$이 된다.

반감기는 화학반응의 속도를 간접적으로 표현하기도 한다. 반응물의 반감기가 짧다는 것은 반응물이 빨리 없어져 생성물로 바뀐다는 의미이므로 화학반응의 속도가 빠름을 나타낸다.

## 문제

1. 11 g의 드라이아이스는 몇 개의 이산화탄소 분자로 이루어져 있는가?

① $0.5 \times 10^{23}$개 ② $1 \times 10^{23}$개 ③ $1.5 \times 10^{23}$개 ④ $2 \times 10^{23}$개

2. 실험식이 CH이며 분자량이 78 amu인 물질의 분자식은?

① $C_2H_2$ ② $C_4H_4$ ③ $C_6H_6$ ④ $C_8H_8$

3. 메틸에틸케톤(methylethylketone, MEK)의 시성식으로 옳은 것은?

① $CH_3C_2H_5CO$ ② $CH_3CH_3CH_3CO$
③ $C_4H_8O$ ④ $CH_3(CO)C_2H_5$

4. 다음의 프로판 가스 연소반응식 중 a, b, c, d 모두를 합한 값은?

$$a\ C_3H_8(g) + b\ O_2(g) \rightarrow c\ CO_2(g) + d\ H_2O(g)$$

① 10 ② 13 ③ 16 ④ 19

5. 다음 중 설명이 옳은 것은?

① 진한 황산의 비중은 약 1.8 g/cm$^3$이다.
② 분자식이 같으면 동일한 화학적 성질을 가진다.
③ 밀도가 큰 물질은 동일한 질량에 대해 차지하는 부피가 크다.
④ 화학반응에서 반응물의 반감기가 짧으면 반응의 속도가 빠르다.

## 풀이

1. 드라이아이스는 고체 상태의 이산화탄소($CO_2$)이므로 몰질량이 44 g이다.
따라서 11 g은 0.25 몰이므로 $1.5 \times 10^{23}$개가 된다.

2. CH의 실험식량이 13 amu이므로 78 amu가 되기 위해서는 6을 곱해주어야 한다. 그러므로 분자식은 $C_6H_6$이다.

3. 시성식은 분자를 구성하고 있는 분자 내 원자단을 결합된 순서에 따라 표기해야 하므로 $CH_3(CO)C_2H_5$가 맞다. ①과 ②는 CO기의 결합된 위치가 바르지 않고 ③은 분자식이지 시성식이 아니다.

4. 프로판 분자의 탄소 개수와 수소 개수가 각각 3과 8이므로 c와 d는 각각 3과 4이어야 한다. 그러므로 생성물 내 산소 원자의 총 개수는 10개이므로 b는 5가 되어야 한다. a는 아무런 변화가 필요 없으므로 그냥 1이다.
그러므로 계수의 합은 13이 된다.

5. 비중은 단위가 없으므로 ①은 틀렸다. 분자식은 동일하지만 시성식이나 구조식이 다르면 그 분자는 완전히 다른 물질이므로 화학적 성질이 전혀 다르다. 그러므로 ②는 정답이 될 수 없다. 또한 밀도가 크다는 의미는 작은 부피에도 무게가 무겁다는 것을 의미하므로 ③은 틀린 표현이다.

| 정답 | 1. ③ | 2. ③ | 3. ④ | 4. ② | 5. ④ |
|---|---|---|---|---|---|

# 1-3 기체론

## 1-3-1 이상기체와 실제기체

질소, 산소, 이산화탄소 등과 같이 인간이 현실에서 만나고 취급하는 기체는 모두 실제기체(real gas)이다. 그러나 실제기체의 성질을 이해하고 이를 단순한 수식으로 표현하는 데에는 이상기체(ideal gas)가 편리하다.

이상기체는 실제기체에 있는 두 가지 사항을 없다고 가정한 가상적인 기체이다. 그것은 기체분자 사이의 인력과 기체분자 자체의 부피이다. 물론 아주 낮은 온도 구간이나 매우 높은 압력 아래에서는 두 기체 사이에 차이가 있다.

그러나 실제로 일반적인 온도와 압력 하에서는 이 두 요소를 무시한 이상기체와 실제기체 사이에 아무런 차이가 없다. 그래서 이상기체를 대상으로 한 몇 가지 법칙이 기체의 성질을 나타내는 데에 대표적으로 사용되고 있다.

## 1-3-2 이상기체의 법칙들

보일의 법칙(Boyle's law)은 기체의 압력과 부피의 상관성을 설명한다. 즉, 기체의 압력($P$)과 부피($V$)는 서로 반비례한다는 것이다. 이 때 기체의 물질량과 온도는 고정되어 있다고 가정한다. 왜냐하면 온도가 달라지거나 물질량이 달라지면 부피 변화의 원인이 다양해지기 때문이다.

$$\text{압력}(P) \times \text{부피}(V) = \text{상수(단, 온도는 고정)} \qquad \text{(식 1-8)}$$

그래서 보일법칙을 나타내는 반비례 곡선은 등온선(isotherms)이다.

보일법칙을 의미하는 곡선들은 온도가 달라지면 그래프 상에서 비슷한 양상으로 위치도 달라진다.

샤를의 법칙(Charles' law)은 기체의 온도와 부피 사이의 상관성을 나타낸다.

즉, 기체의 부피는 온도에 비례한다는 것이다. 물론 이 때도 물질량과 압력은 고정되어 있다고 가정한다.

$$부피(V) = k(비례상수) \times 온도(T) \ (단, 압력은 고정) \qquad (식 1-9)$$

샤를법칙에서도 압력이 달라지면 부피와 온도의 비례관계를 나타내는 직선의 기울기가 달라진다. 가로축을 온도, 세로축을 부피로 잡으면 압력이 올라갈수록 샤를법칙을 나타내는 직선의 기울기는 작아지게 된다.

만약 압력이 대기압과 같은 1기압일 경우에는 그 직선의 기울기는 1/273이 되며 기체의 온도가 1℃ 변화할 때마다, 그 기체가 0℃(273K)에서 가지는 부피의 1/273만큼 커지거나 작아지게 된다.

아몬톤의 법칙(Amonton's law)은 기체의 온도와 압력 사이의 상관성에 대해 설명한다. 일정한 부피 속에 있는 기체의 온도가 증가하면 압력이 비례하여 증가한다는 것이다. 이때도 물론 기체 분자의 개수는 고정되어 있다고 가정한다.

$$압력(P) = k(비례상수) \times 온도(T) \ (단, 부피는 고정) \qquad (식 1-10)$$

아보가드로의 법칙(Avogadro's law)은 기체 분자의 개수(mol, n)와 기체의 부피 사이에 관한 관계를 나타낸다. 즉, 기체의 부피는 기체 분자의 개수에 비례하고 기체의 종류와 무관하다는 것이다.

$$부피(V) = k(비례상수) \times 몰(n) \ (단, 온도와 압력은 고정) \qquad (식 1-11)$$

기체 상태는 다른 상(액체, 고체)과는 달리 분자간 거리가 매우 멀리 떨어져 있다. 따라서 분자 자체의 크기와 무관하게 기체가 점유하는 공간(기체의 부피)은 그 속에 존재하는 기체 분자의 개수에만 비례한다.

달톤의 분압법칙은 서로 반응하지 않는 혼합기체 내 각 성분 기체의 분압(partial pressure)에 관한 것이다. 즉, 혼합기체 내 각 성분 기체의 분압은 그 기체의 몰분율(mole fraction)에 비례한다는 것이다. 이 때 각 성분 기체의 분압을 모두 더하면 전압(total pressure)이 된다.

여기서 몰분율은 전체 몰 수에 대한 특정 성분의 몰 수를 가리키며, 항상 1보다 작은 값이다.

특정 성분 기체의 분압($P_i$)

= 전압($P_t$) × 성분 기체의 몰분율($X_i$) (식 1-12)

$\sum$ 분압($P_i$) = 전압($P_t$) (식 1-13)

몰분율($X_i$) = 특정 성분의 몰($n_i$) / 전체 몰($n_t$) (식 1-14)

보일의 법칙과 샤를의 법칙을 함께 연결하면 다음과 같이 보일-샤를의 법칙을 구성할 수 있다.

$$P_1 \times V_1 / T_1 = P_2 \times V_2 / T_2 \quad \text{(식 1-15)}$$

기체 분자들의 질량이 클수록 이동 속도는 느리다. 기체 분자의 이동에 관한 법칙으로서 그레이엄의 법칙(Graham' law)이 있다.

그레이엄의 법칙은 다음과 같이 표현할 수 있다.

"두 기체의 확산 속도 비(ratio)는 두 기체의 분자량의 제곱근에 반비례 한다"

$$\text{Graham 법칙} : \frac{v_2}{v_1} = \sqrt{\frac{M_1}{M_2}} \quad \text{(식 1-16)}$$

기체의 상태에 따른 성질을 이해하기 위해 온도, 압력, 부피, 몰 수를 모두 한 개의 식으로 나타낸 것이 이상기체의 상태방정식이다.

$$\text{이상기체의 상태방정식} : P \times V = n \times R \times T \quad \text{(식 1-17)}$$

여기서 $R$은 기체상수(gas constant)이며, 다른 물리량의 단위에 따라 다음과 같이 달라진다.

$R$ ; 8.314 Pa · $m^3$/mol · K

0.082 atm · L/mol · K

8.314 J/mol · K

1.987 cal/mol · K

이상기체의 상태방정식은 기체상수를 제외한 압력($P$), 부피($V$), 온도($T$), 몰

수($n$) 중 3개를 알면 나머지 한 개를 계산하는데 이용할 수 있다.

다만 특징적인 몇 가지 상태를 미리 계산해 둔다면 그 결과를 쉽게 응용할 수 있다. 즉, 이상기체의 경우 0℃, 1기압에서 1 mol의 기체가 차지하는 부피는 22.4 L이다. 이것은 이 식으로부터 이미 계산된 결과를 이용한 방법이다. 또한 25℃에서 동일한 조건의 경우에는 24.4 L가 된다.

이상기체의 상태방정식은 다음과 같이 몰질량(molar mass, $M$)과 밀도(density, $d$)의 관계로 표현할 수도 있다. 여기서 $W$는 물질의 무게이다.

$$P \cdot V = n \cdot R \cdot T \quad \text{(식 1-18)}$$

$$P \cdot V = \frac{W}{M} \cdot R \cdot T \quad \text{(식 1-19)}$$

$$\rightarrow P \cdot M = \frac{W}{V} \cdot R \cdot T \quad \text{(식 1-20)}$$

$$\rightarrow P \cdot M = d \cdot R \cdot T \quad \text{(식 1-21)}$$

## 1-3-3 실제기체의 상태방정식

실제기체의 성질은 이미 앞에서 언급한 바와 같이 일반적인 압력과 온도에서는 이상기체의 여러 법칙들로서 그 성질을 이해할 수 있다. 그러나 이론적으로 그 차이를 정리하는 데에는 반데르발스식(Van der Waals' equation)과 같은 실제기체에 적용하는 상태방정식이 필요하다. 반데르발스식은 실제기체의 상태방정식이라고 표현할 수 있는 몇 가지 식 중 가장 널리 알려진 것이다.

$$\left(P + \frac{n^2 a}{V^2}\right)(V - nb) = n \cdot R \cdot T \quad \text{(식 1-22)}$$

위 식에서 $a$와 $b$를 반데르발스상수라고 하며, 각각은 실제기체의 분자 간 인력과 분자자체 부피를 고려해주는 값으로서 기체의 종류에 따라 고유한 값을 가진다.

표 1-1 실제기체의 Van der Waals 상수(a, b)

| 종류 | $a$ ($L^2atm/mol^2$) | $b$ (L/mol) |
|---|---|---|
| $H_2$ | 0.244 | 0.0266 |
| $N_2$ | 1.39 | 0.0391 |
| $O_2$ | 1.36 | 0.0318 |
| He | 0.0341 | 0.0237 |
| Ar | 1.34 | 0.0322 |
| $H_2O$ | 5.46 | 0.0305 |
| $CH_4$ | 2.25 | 0.0428 |
| $CO_2$ | 3.59 | 0.0427 |

이상기체에 대한 실제기체의 비이상적인 성질의 정도를 나타낸 것이 압축인자(compressibility factor, $z$)이다. 압축인자는 기체의 종류, 온도, 압력 등에 따라 달라지며 그 값이 1에 가까울수록 이상기체의 성질과 유사하다.

압축인자는 이상기체의 부피에 대한 실제기체의 부피 비율을 의미하므로, 그 값이 1보다 작을 경우는 실제기체의 부피가 이상기체보다 작다는 의미이며, 1보다 클 경우에는 실제기체의 부피가 이상기체보다 크다는 것을 나타낸다. 따라서 실제기체의 부피를 이상기체보다 크게 하는 분자 자체의 부피 요소와 실제기체의 부피를 이상기체보다 작게 하는 분자 간 인력 요소 중 어떤 것이 더 지배적으로 실제기체에 작용하는가에 따라 압축인자의 값이 1보다 클 수도 있고 작을 수도 있다. 일반적으로는 온도가 올라갈수록, 압력이 매우 커질수록 압축인자 수치는 증가하는 경향이 있다.

실제기체는 압력이 높아지면 액체로 액화되기 쉽다. 그러나 특정 온도를 넘어서면 아무리 큰 압력을 제공하여도 액화가 일어나지 않는다. 실제기체가 액화가 능한 최고의 온도를 임계온도(critical temperature, $T_c$)라고 한다.

## 문제

1. 다음 중 실제기체의 성질이 아닌 것은?

① 기체 분자 자체의 부피가 있다.
② 압축인자의 값이 항상 1보다 크다.
③ 임계온도 아래에서는 액화가 가능하다.
④ 기체 분자들 사이에 인력이 존재한다.

2. 보일의 법칙을 나타내는 다음의 표현들 중 옳은 것은?

① 기체의 온도와 압력은 비례한다.
② 기체의 부피와 온도는 비례한다.
③ 기체의 부피는 몰(mol) 수에 비례한다.
④ 기체의 압력과 부피의 역수는 비례한다.

3. 실온에서 전체압력이 120 kPa을 나타내는 밀폐용기 내부에 6 g의 수소기체, 32 g의 산소기체, 56 g의 질소기체가 들어 있다. 질소기체의 분압은 몇 kPa인가?

① 20 ② 30 ③ 40 ④ 60

4. 산소기체에 비해 확산속도가 4배 빠른 기체는?

① $H_2$ ② He ③ Ne ④ $N_2$

5. 반데르발스상수값에 대한 다음 설명들 중 옳은 것은?

① a값은 기체분자의 부피에 비례한다.
② a값은 기체분자간 인력에 비례한다.
③ b값은 단위가 mol/L이다.
④ b값은 물분자가 이산화탄소분자보다 크다.

## 풀이

1. 실세기체는 기체분자의 자체 부피와 분자 상호간의 인력이 존재하며, 분자간 인력에 의해 임계온도 아래 영역에서는 가압에 의해 액화가 가능하다 따라서 ①, ③, ④는 모두 실제기체를 나타내는 바른 표현들이나, 실제기체의 압축인자는 1보다 클 수도 있고 작을 수도 있으므로 ②번이 틀린 표현이다.

2. ①번은 아몬톤의 법칙이며, ②번은 샤를의 법칙을 표현한 것이다. 또한 ③번은 아보가드로 법칙을 설명한 것이다. 보일 법칙은 온도가 일정할 경우, 기체의 압력은 부피에 반비례한다는 것이므로, 압력은 부피의 역수와 비례한다. 따라서 ④번이 정답이다.

3. 6 g의 수소기체($H_2$), 32 g의 산소기체($O_2$), 56 g의 질소기체($N_2$)는 각각 3 mol, 1 mol, 2 mol이므로, 질소기체의 몰분율은 2/6, 즉 1/3이다. 따라서 분압은 40 kPa이다.

4. 그레이엄의 법칙에서 기체의 확산속도는 분자량의 제곱근에 반비례하므로, 산소기체의 분자량인 32에 대해 분자량이 1/16인 기체이어야 한다. 즉, 분자량이 2 인 기체는 보기 중 수소기체가 유일하다. 참고로, He는 4, Ne는 20, $N_2$는 28이다.

5. 반데르발스상수 a와 b는 각각 기체분자의 인력과 크기에 비례하므로, b값의 경우 이산화탄소가 물분자보다 상대적으로 크다. 또한 b값의 단위는 L/mol이다. 따라서 정답은 ②번이다.

| 정답 | 1. ② | 2. ④ | 3. ③ | 4. ① | 5. ② |
|---|---|---|---|---|---|

# 1-4 액체와 고체

액체와 고체는 기체 상태와 다르게, 분자간 거리가 더 이상 좁혀지지 않을 만큼 이미 최대한 가깝게 좁혀져 있는 상태이다. 이런 유사성으로 인해 외형의 변화가 가능한 것을 액체, 불가능한 상태를 고체라고 단순히 정의하지만 그 경계가 모호한 경우도 있다. 액정(liquid crystal)이 대표적인 예이다.

액정은 분자들의 배열이 약간의 규칙성을 가진 액체 상태라 할 수 있다. 이로 인해 온도에 따른 발색이 가능하여 다양한 디스플레이 기기에 사용된다.

액정의 분자 배열 규칙성은 네마틱(nematic), 스멕틱(smectic), 콜레스테릭(cholesteric)의 세 가지 형태가 있다.

네마틱은 분자들의 배열이 한 쪽 방향으로만 동일하게 가지런하지만 끝 부분이 들쭉날쭉하여 일정하지 못한 상태이다. 그러나 스멕틱은 분자들의 방향과 말단의 배열까지 모두 동일하다. 콜레스테릭은 한 개의 분자 배열 층 내에서는 분자 배열이 한 방향으로 동일하지만, 다른 분자 층과의 사이에는 서로서로 꼬인(twisted) 형태의 분자 구조를 가지고 있는 상태이다.

## 1-4-1 액체 상태

액체 상태의 분자들은 분자들의 운동에 의해 물체 내 공간적인 이동이 가능하여 담겨지는 용기의 모양에 따라 외형이 쉽게 변화된다. 또한 평균적인 분자간 거리가 기체에 비해 수천 분의 일 정도 밖에 되지 않을 정도로 가까워서, 분자 사이에 당겨주는 힘(인력)이 작용한다. 액체에 존재하는 이 분자간 인력은 액체 표면의 표면장력(surface tension)을 유발하여, 모세관 현상과 같은 액체 상태가 가지는 고유한 성질을 갖게 하는 원인이 된다.

## 1-4-2 고체 상태

고체 상태의 분자들은 액체 상태와 분자간 거리는 유사하지만, 분자 운동형태 중 병진운동(translational motion)이 불가능하여 항상 고정된 외형을 가진다는 점이 특징적이다.

고체 상태의 분자 배열은 규칙성이 있는 결정(crystal) 영역과 불규칙한 무정형(amorphous) 영역의 두 가지 형태가 있다. 결정 상태는 기본적인 단위구조(unit cell)가 3차원적으로 반복되는 것이다. 단위구조를 단위격자라고도 하는데, 이것이 무엇인가에 따라 결정형의 종류가 구분된다. 결정구조는 X선 회절(diffraction) 무늬를 분석함으로써 확인할 수 있으며, 단위격자 내 원자들의 위치와 개수, 대칭성 등에 의해 구분한다.

X선 회절 무늬를 통한 결정구조의 확인은 브래그의 법칙(Bragg's law)이 그 이론적 배경이다.

$$\text{브래그의 법칙} : n \cdot \lambda = 2d \cdot \sin\theta \qquad \text{(식 1-23)}$$

이 식에서 $\lambda$과 $\theta$는 결정면에 입사(irradiation)하는 X선의 파장과 입사각이며 $d$는 결정면간 거리이다. $n$은 정수(배)이다.

결정 구조는 단위격자의 종류와 종류에 따라 14개(Bravais system)로 구분하고, 공간군(space group)이라는 대칭성 분류에 따라 230여 가지로 세분하기도 한다.

Bravais 14 결정계는 먼저 입방결정(cubic), 정방결정(tetragonal), 사방결정(orthorhombic), 마름모결정(rhombohedral), 육방결정(hexagonal), 단사결정(monoclinic), 삼사결정(triclinic)의 7가지로 분류한다.

그리고 단위격자 내 원자들의 개수와 위치에 따라 각각을 단순(simple, P 또는 R), 체심(body centered, I), 면심(face centered, F), 저심(base centered, C)으로 세분한다.

단순형은 육면체 단위격자의 꼭지점 8곳에만 원자가 있으므로 격자 내부 공간에 포함된 원자의 개수는 총 1개(1/8 × 8)이다. 단순형은 일반적으로 그 기호가 P형이지만 마름모결정에서만 R형이라고 한다.

체심형은 단순형에 추가적으로 격자 내부 중앙에 원자가 한 개 더 있으므로, 격자 내 원자의 개수는 2개(1/8 × 8 + 1)이다. 상징적인 기호는 I형이라고 한다.

면심형은 단순형에 추가적으로 6개의 면에 원자가 더 있는 형태이므로 단위격자 내부 공간에 포함된 원자의 총 개수는 4개(1/8 × 8 + 1/2 × 6)이다. 기호는 F로 표현한다.

저심형은 면심형의 변형된 형태로서 단순형에 추가적으로 위아래 면 중심에만 원자가 있는 모양이다. 따라서 단위격자 내 원자의 개수는 2개(1/8 × 8 + 1/2 × 2)이고, 기호는 C로 표현한다.

Bravais 14 결정계의 분류와 대표적인 물질 구조는 다음 표 1-2와 같다.

**표 1-2 Bravais 14 결정계**

| 종류 | 특성 | 형태 | 예 |
|---|---|---|---|
| 입방결정 | $a=b=c,\ \alpha=\beta=\gamma=90°$ | P, I, F | 소금 |
| 정방결정 | $a=b\neq c,\ \alpha=\beta=\gamma=90°$ | P, I | 금홍석 |
| 사방결정 | $a\neq b\neq c,\ \alpha=\beta=\gamma=90°$ | P, I, C, F | 황산납 |
| 마름모결정 | $a=b=c,\ \alpha=\beta=\gamma\neq 90°$ | R (=P) | 방해석 |
| 육방결정 | $a=b\neq c,\ \alpha=\beta=90°,\ \gamma=120°$ | P | 흑연 |
| 단사결정 | $a\neq b\neq c,\ \alpha=\gamma=90°\neq\beta$ | P, C | (단사)황 |
| 삼사결정 | $a\neq b\neq c,\ \alpha\neq\beta\neq\gamma\neq 90°$ | P | 중크롬산칼륨 |

고체 결정의 구조는 이 같이 단위격자의 형태로 구분하는 방법과 함께 단위격자 내 격자점을 차지하고 있는 화학종에 따라 분류하는 방법이 있다. 즉, 격자점을 이온이 점유하고 있으면 이온성고체, 분자가 점유하고 있으면 분자성결정, 원자가 점유하고 있으면 공유결합성고체, 금속 양이온이 점유하고 있으면 금속이라고 한다. 이온성고체, 분자성고체, 공유결합성고체 각각의 예로서는 소금, 드라이아이스, 다이아몬드가 대표적이다.

고체 결정은 기본적인 단위격자가 3차원적인 반복을 지속하지만 아주 드물게 국소적으로는 비대칭적인 요소가 있는 경우도 있다. 이같은 결정 내 국소적인 불규칙성을 결정결함(crystal defect)이라고 한다.

결정결함은 크게 세 가지로 구분할 수 있으며, 1차원적인 점결함(point defect), 2차원적인 선결함(line defect), 그리고 3차원적인 면결함(plane defect)으로 분류한다. 점결함은 이온성 고체 결정에서 흔히 볼 수 있으며, 그 형태가 두 가지이다. 즉, 진하의 크기가 같고 부호가 반대인 두 이온이 각각의 자리에서 동일한 개수로 빠져 있는 경우와 한 개의 이온이 제자리에서 벗어나 있는 경우이다. 이를 각각 '쇼트키결함(Schottky imperfection)'과 '프렌켈결함(Frenkel imperfection)'이라고 한다.

| | | | |
|---|---|---|---|
| $n+$ | $n-$ | $n+$ | $n-$ |
| $n-$ | | $n-$ | $n+$ |
| $n+$ | $n-$ | $n+$ | $n-$ |
| $n-$ | $n+$ | | $n+$ |

Schottky 결함

| | | | | |
|---|---|---|---|---|
| $n+$ | $n-$ | $n+$ | $n-$ | |
| $n-$ | $n+$ | $n-$ | $n+$ | |
| $n+$ | $n-$ | $n+$ | $n-$ | |
| $n-$ | $n+$ | $n-$ | | $n+$ |

Frenkel 결함

**▌그림 1-3 점결함의 대표적 두 가지 형태**

2차원 결함이라 할 수 있는 선결함의 불규칙성을 결정에서의 전위(dislocation)라고 한다.

전위에는 규칙적으로 원자들이 배열된 층 가운데 비정상적 원자층이 끼어든 형태의 모서리전위(edge dislocation), 원자배열의 진행방향에서 비정상적인 배열을 나타내는 나사전위(screw dislocation)의 두 형태가 있다.

3차원 결함인 면결함은 금속의 조직 내에서 흔히 볼 수 있으며, 금속의 응고 중 조직 내 형성되는 결정립계가 대표적이다.

## 문제

1. 액정의 형태 중 분자 배열 층 내부에서는 방향성을 가지나 다른 분자층과는 엇갈린 분자 배열을 나타내는 것은?

① 스멕틱　　② 네마틱
③ 큐빅　　④ 콜레스테릭

2. 물이 나타내는 큰 표면장력은 무엇 때문인가?

① 물 분자 내 산소원자와 수소원자 사이의 강한 공유결합
② 물 분자 내 산소원자와 수소원자 사이의 강한 수소결합
③ 물 분자와 물 분자 사이의 강한 공유결합
④ 물 분자와 물 분자 사이의 강한 수소결합

3. 다음 중 물질과 그 결정 구조가 바르게 연결된 것은?

① 황-입방결정　　② 흑연-육방결정
③ 소금-정방결정　　④ 금홍석-삼사결정

4. 다음 중 결정결함의 종류가 아닌 것은?

① 프렌켈　　② 모노클리닉
③ 나사전위　　④ 결정립계

5. 파장이 $2.5 \times 10^{-10}$ m인 X선을 입사각이 30°로 결정면에 조사하였다. X선 회절무늬가 나타나는 결정면의 면간 거리는? (단, n = 1)

① $2.5 \times 10^{-10}$ m　　② $5.0 \times 10^{-10}$ m
③ $7.5 \times 10^{-10}$ m　　④ $10 \times 10^{-10}$ m

## 풀이

1. 분자 배열 층 내부에서는 방향성을 가지나 다른 분자층과는 엇갈린 분자 배열을 나타내는 액정의 형태는 콜레스테릭이다.

2. 물이 나타내는 큰 표면장력은 전적으로 물 분자와 물 분자 사이의 인력이며, 물의 분자 간 인력은 수소결합이 가장 강하고 지배적이다.

3. 황은 단사정, 흑연은 육방정, 소금은 입방정, 금홍석은 정방정이므로 바르게 연결된 것은 ②뿐이다.

4. 프렌켈결함은 점결함, 나사전위는 선결함, 결정립계는 면결함의 종류이나 모노클리닉은 단사결정을 말하므로 결정의 형태이지, 결정결함은 아니다.

5. 브래그 법칙에서 $n=1$의 경우를 계산한다.

$$n\lambda = 2d\sin\theta \ \rightarrow \ d=\frac{n \cdot \lambda}{2\sin\theta}$$

$n=1$ 대입하고, sin30°는 0.5이므로

$$d = \frac{2\lambda}{2\sin\theta} = \frac{2.5\times 10^{-10}\,\text{m}}{2(0.5)} = 2.5\times 10^{-10}\,\text{m}$$

| 정답 | 1. ④ | 2. ④ | 3. ② | 4. ② | 5. ① |
|---|---|---|---|---|---|

# 1-5 산과 염기

## 1-5-1 산 - 염기 개념

신맛이 나고 리트머스 시험지를 붉게 변색시키며 산성도(pH)가 7보다 작다는 것은 엄격히 말해 산(acid)의 정의가 아니고 성질이라 할 수 있다. 산(acid)과 염기(base)의 정의와 개념은 반응과정에 관한 아레니우스(Arrhenius), 브뢴스테드와 로우리(Brönsted & Lowry), 그리고 루이스(Lewis)의 세 가지 표현으로 정리된다.

표 1-3 산 - 염기의 정의

| | 산(acid) | 염기(base) |
|---|---|---|
| 아레니우스 | $H^+$ 내어 놓는 물질 | $OH^-$ 내어 놓는 물질 |
| 브뢴스테드 & 로우리 | $H^+$ 내어 놓는 물질 | $H^+$ 받아들이는 물질 |
| 루이스 | 전자쌍 받는 물질 | 전자쌍 제공하는 물질 |

브뢴스테드 개념의 산과 염기는 반응 과정에서 동일한 $H^+$이온을 내어놓거나 받음으로써 서로 간 짝산(conjugated acid)과 짝염기(conjugated base)가 된다.

브뢴스테드 개념의 산과 염기는 흔히 B산과 B염기라고 하며, 루이스 개념의 산과 염기는 이와 구분하여 L산과 L염기라고 한다.

## 1-5-2 산성도(pH)

물분자는 수용액 내에서 분자 중 일부가 스스로 이온화되는 과정이 진행된다. 이를 물의 자체이온화반응(autoionization)이라고 한다.

이것은 수용액 중에서 물 분자가 용액의 성질과 무관하게 스스로 해리(dissociation)되어 $H^+$ 이온과 $OH^-$ 이온을 생성하는 반응이 저절로 진행된 결과이다.

물론 중성일 경우에는 두 이온의 농도가 동일하지만 산성에서는 $H^+$의 농도가 $OH^-$의 농도보다 크고, 염기성의 경우에는 그 반대가 된다.

$$\text{물의 자체이온화} \; ; \; H_2O\,(l) \rightleftarrows H^+(aq) + OH^-(aq) \qquad \text{(식 1-24)}$$

수용액 중에 있는 $H^+$와 $OH^-$ 두 이온 농도의 곱을 물의 해리상수(dissociation constant) 또는 물의 이온화상수(ionization constant)라고 하며, 이를 $K_w$로 표기한다.

물의 자동이온화 과정은 물속에서 매우 작은 일부분의 분자들에 의해 약하게 진행되므로, 물 해리상수($K_w$) 역시 그 값이 매우 작다. 앞에서 설명한 바와 같이 25℃(298 K)에서의 $K_w$ 값은 $1 \times 10^{-14}$으로서, 매우 작은 값이다.

$$K_w = [H^+] \times [OH^-] = 1 \times 10^{-14} \qquad \text{(식 1-25)}$$

$K_w$는 온도에만 비례하는 상수이므로, 특정 온도에서는 수용액의 산성도와 무관하게 그 값이 일정하다. 즉, 수용액 속의 수소이온 농도($[H^+]$)와 수산화이온 농도($[OH^-]$)는 각각 그 용액의 산성도에 따라 달라질 수 있으나, 두 이온 농도의 곱인 $K_w$ 값은 변하지 않는다는 것이다.

그러므로 수용액의 성질이 중성일 경우에는 $[H^+]$와 $[OH^-]$가 동일하므로 각각의 농도가 $1 \times 10^{-7}$ M이다. 이를 정리하면 다음과 같다.

- 25℃, 중성의 경우

$$[H^+] = [OH^-] = 1 \times 10^{-7}\,M \qquad \text{(식 1-26)}$$

- 25℃, 산성의 경우

  $[H^+] > [OH^-]$

  $[H^+] > 1 \times 10^{-7}$ M, $[OH^-] < 1 \times 10^{-7}$ M

- 25℃, 염기성의 경우

  $[H^+] < [OH^-]$

  $[H^+] < 1 \times 10^{-7}$ M, $[OH^-] > 1 \times 10^{-7}$ M

일반적으로 용액 내 산성도는 산지수(pH)로 표기하며, 이 지수는 용액 내 존재하는 수소이온농도의 대수치로 정의한다.

$$pH = -\log[H^+] \quad \text{(식 1-27)}$$

위 식에서 [ ]는 농도를 의미하며, 수용액이 중성일 경우에는 $[H^+]$와 $[OH^-]$의 값이 같다. 또한 그 크기는 $1 \times 10^{-7}$ M이므로, pH는 7이 된다.

$$\text{중성} : pH = -\log[H^+] = -\log 10^{-7} = 7 \quad \text{(식 1-28)}$$

그러나 산성의 경우에는 $[H^+] > 1 \times 10^{-7}$ M이므로 pH는 7보다 작다. 또한 pH수치는 대수값이므로 그 크기가 1 만큼씩 감소하면 수소이온농도는 10배씩 증가하므로, 산성이 강해진다.

$$\text{산성} : pH < 7 \quad \text{(식 1-29)}$$

염기성의 경우에는 $[H^+] < 1 \times 10^{-7}$ M이므로, pH는 7보다 크고, 1 만큼 증가할 때마다 수소이온농도는 이전보다 $\frac{1}{10}$로 감소하므로, 염기성은 오히려 10배씩 증가하게 된다.

$$\text{염기성} : pH > 7 \quad \text{(식 1-30)}$$

용액의 성질을 나타내는 용어에는 염기성을 나타내는 용어로서 pH와 유사한 개념의 염기지수(pOH)도 있다. pOH도 pH와 같이 용액 내 $OH^-$이온농도를 대수치로 표현한다.

$$pOH = -\log[OH^-] \qquad (식\ 1\text{-}31)$$

25℃, 물에서는 $[H^+]$와 $[OH^-]$의 곱이 항상 $1 \times 10^{-14}$ M이므로, pH와 pOH의 합도 항상 14가 된다.

$$pH + pOH = 14\ (25℃) \qquad (식\ 1\text{-}32)$$

온도가 25℃(298 K)이라면, 용액의 성질이 중성일 때뿐만 아니라 산성이든지, 염기성이든지, 위 식 (1-32)가 항상 적용된다.

수용액의 pH는 일반적으로 pH미터기로 측정한다. 그러나 대략적인 pH 범위를 알아보는 방법은 특정 영역에서 색깔이 바뀌는 지시약을 통해 확인할 수 있다. 대표적인 지시약의 종류별 변색범위는 다음과 같다.

**표 1-4 대표적 지시약의 변색 범위**

| 지시약의 종류 | 변색범위(pH) | 산성 | 염기성 |
|---|---|---|---|
| 알리자린옐로 | 10.1～11.1 | 황색 | 적자색 |
| 페놀프탈레인 | 8.3～10.0 | 무색 | 적색 |
| 티몰블루(염기성) | 8.0～9.6 | 황색 | 적색 |
| 크레졸레드 | 7.0～8.8 | 황색 | 적색 |
| 브로모티몰블루 | 6.0～7.6 | 녹색 | 청색 |
| 메틸레드 | 4.8～6.0 | 적색 | 황색 |
| 콩고레드 | 3.0～5.0 | 청색 | 적색 |
| 메틸오렌지 | 3.2～4.4 | 적색 | 황적색 |
| 티몰블루(산성) | 1.2～2.8 | 분홍색 | 황색 |
| 말라카이트그린 | 0.8～1.8 | 연황색 | 녹색 |

농도를 모르는 산－염기 용액을 중화반응을 이용하여 실험적으로 농도를 결정하는 방법이 적정(titration)이다. 먼저 용액의 부피를 측정한 후, 농도를 알고 있는 반대되는 성질의 적정액을 첨가하여 중화될 때까지 소비된 부피를 통해 농도를 알아내는 방법이다.

실험적인 정확성을 높이기 위해 적정액은 뷰렛 속에 넣은 후 적정하고, 중화점의 확인을 위해 페놀프탈레인 등의 지시약을 미지 농도의 용액이 담겨진 유리 기구에 넣어준다. 적정에 적용되는 화학양론적 관계는 다음과 같다.

$$N_A \times V_A = N_B \times V_B \qquad \text{(식 1-33)}$$

위 식에서 $N_A$와 $N_B$는 각각 산의 농도와 염기의 농도를, $V_A$와 $V_B$는 각각 산성 수용액의 부피와 염기성 수용액의 부피를 의미한다.

적정 시 중화점 부근에서는 용액의 pH 변화가 매우 심하므로, 적정액을 한 방울씩(drop by drop) 투입하는 것이 정량적인 정확성을 위해 필요하다.

산의 양과 염기의 양이 같아지는 순간을 종말점(end point) 또는 당량점(equivalence point)이라고 한다.

## 문제

1. 배위공유결합은 리간드가 제공하는 전자쌍을 금속이 받아들여 공유하는 결합이다. 이 때 리간드의 역할은?

① B 산 ② B 염기
③ L 산 ④ L 염기

2. 수용액의 성질에 관한 다음 설명들 중 옳은 것은?

① 중성 수용액 중에서도 $H^+$이온을 발견할 수 있다.
② 산성 수용액 중에서는 $OH^-$이온을 발견할 수 없다.
③ 염기성 수용액 내 $[H^+]$는 $1 \times 10^{-7}$ M보다 크다.
④ 중성 수용액 내 $[OH^-]$는 $1 \times 10^{-14}$ M이다.

3. 다음의 산과 염기에 관한 설명들 중 옳지 않은 것은?

① 분자 내 수소 원자가 쉽게 분리될수록 강한 산(acid)이다.
② 분자 내 수소 원자가 없으면 산성을 나타내지 않는다.
③ 수용액 중에서 $OH^-$의 농도를 증가시키는 물질은 염기이다.
④ 수용액 중에서 $H_3O^+$를 받아들이는 물질은 염기이다.

4. 25℃에서 수산화이온($OH^-$)의 농도가 0.01 M인 수용액의 pH는?

① 2 ② 6
③ 8 ④ 12

5. 다음의 설명들 중 옳은 것은?

① pH와 pOH는 그 수치가 정비례 관계이다.
② pH와 pOH의 합은 항상 14이다.
③ $K_w$는 온도에 정비례한다.
④ pOH 및 $K_w$ 수치만으로는 수용액의 산성도를 알 수 없다.

6. pH가 5 부근에서 pH가 올라갈수록 적색에서 황색으로 바뀌는 지시약은?

① 메틸오렌지 ② 메틸레드
③ 페놀프탈레인 ④ 크레졸레드

## 풀이

1. 화학적인 결합에서 전자쌍을 주는 것은, 루이스(Lewis)의 산-염기 개념으로 볼 때에 염기(base)이다.

2. 물이 중성 상태라 하더라도 동일한 개수의 $H^+$이온과 $OH^-$이온이 있으므로 ①이 정답이다. 그리고 산성 수용액이라 할지라도 $OH^-$이온 농도보다 $H^+$이온의 농도가 더 크다는 의미이므로 얼마든지 $OH^-$이온을 발견할 수 있어서 ②는 틀린 표현이다. 또한 염기성 수용액 내 $[H^+]$는 $1 \times 10^{-7}$ M보다 작으므로 ③은 틀린 표현이다. 그리고 중성 수용액 내 $[OH^-]$는 $[H^+]$와 같은 $1 \times 10^{-7}$ M이므로 ④는 틀린 표현이다.

3. 분자 내 수소 원자가 쉽게 분리될 수 있는 물질은 수용액 중에서 수소이온농도를 쉽게 높일 수 있으므로 산성이 강해진다. 또한 수용액 중에서 $OH^-$의 농도를 증가시키는 물질은 아레니우스 개념의 전형적인 염기이다. 그리고 수용액 중에서는 $H^+$ 이온이 물 분자와 결합하여 $H_3O^+$를 형성하므로 $H_3O^+$를 받아들이는 물질은 브뢴스테드 개념의 전형적인 염기이다. 따라서 ①, ③, ④는 모두 바른 표현들이다. 그러나 분자 내 수소 원자가 없더라도 루이스 개념의 산은 전자쌍을 받는 물질이므로 얼마든지 산성을 나타낼 수 있으므로 ②는 틀린 표현이다.

4. 수산화이온의 농도를 이용하여 먼저 pOH를 계산한다.

$pOH = -\log[OH^-] = -\log(0.01) = 2$

25℃, 수용액의 경우에는 pH + pOH = 14이므로, pH는 12이다.

5. pH와 pOH는 그 합이 항상 일정한 값을 가지므로 각각은 서로 간에 반비례 관계를 나타내므로 ①은 옳지 않은 표현이다. 또한 pH와 pOH의 합은 항상 일정한 값을 가지긴 하나, 그 값은 온도에 비례하여 달라진다. 그 수치가 14인 경우는 온도가 25℃일 때뿐이므로 ②도 틀린 표현이다. 그러나 $K_w$가 온도에 정비례한다는 표현은 맞는 표현이므로 ③이 정답이다. 다만 pOH 및 $K_w$ 수치만 있으면 어떤 온도에서도 pH를 계산할 수 있으므로 수용액의 산성도를 알 수 있다. 따라서 ④도 틀린 표현이다.

6. 메틸레드만이 pH 5 부근에서 pH가 올라갈수록 적색으로부터 점차 황색으로 바뀐다.

| 정답 | 1. ④ | 2. ① | 3. ② | 4. ④ | 5. ③ |
|---|---|---|---|---|---|
| | 6. ② | | | | |

# 1-6 산화-환원반응

물질의 산화반응은 반응하는 상대 물질에게 환원반응을 유발한다. 즉, 화학반응에서 산화반응은 항상 환원반응과 동시에 진행된다.

## 1-6-1 산화반응과 환원반응

산화반응(oxidation)은 산소가 붙거나, 수소 원자나 전자가 떨어져 나가는 경우가 일반적이다. 그리고 환원반응(reduction)은 그 현상이 반대이다.

그러나 산화반응과 환원반응은 산화수(oxidation number)의 변화로서 정의된다. 즉, 산화수가 증가하는 것을 산화반응, 산화수가 감소하는 것을 환원반응이라 한다.

산화수는 분자 또는 다원자이온과 같은 다양한 화학종 내 특정 원자의 산화상태를 나타내는 수치이며 여기에는 다음의 원칙들이 있다.

특정 원자의 산화수는 다음과 같은 기준에 의해 결정된다.

1. 단원자분자 또는 단체 내 원자의 산화수는 0이다.
2. 단원자이온의 원자는 이온의 전하가 산화수이다.
3. 화합물 내 각 원자의 산화수를 모두 더하면 0이다.
4. 과산화물을 제외한 모든 화합물 내 산소 원자의 산화수는 $-2$이다(과산화물인 $H_2O_2$에서 산소의 산화수는 $-1$).
5. 일반적인 화합물 내 수소 원자의 산화수는 $+1$이다(단, 금속과 결합된 수소는 산화수가 $-1$이다).
6. 다원자이온을 구성하는 모든 원자들의 산화수를 더한 값은 그 이온의 전하와 같다.

산화수가 결정되면 산화반응과 환원반응이 쉽게 구분된다. 예로서 철의 부식반응을 살펴보자.

$$\underline{Fe}\,(s) + 1/2\,\underline{O}_2\,(g) \rightarrow \underline{Fe}\,\underline{O}\,(s) \qquad \text{(식 1-34)}$$
$$0 \qquad\qquad 0 \qquad\qquad +2\ -2$$

이 반응에서 반응물에 있는 철(Fe) 원자는 원소이므로 산화수가 0이다. 그러나 생성물인 산화철(FeO) 분자 내 철 원자의 산화수는 +2이다. 그것은 화합물 내 산소 원자의 산화수가 −2이고 화합물 전체가 중성분자이기 때문이다.

따라서 철은 반응물에서 생성물로 진행되는 과정을 통해 산화수가 2만큼 증가했으므로 산화되었다.

그러나 반응물인 산소 기체 분자 내 산소 원자는 산소분자가 단체이므로 산화수가 0 이다. 그리고 생성물인 산화철 내 산소 원자의 산화수는 −2이므로, 반응과정에서 산소는 산화수가 2만큼 감소하였으므로 환원되었다.

이와 같이 반응과정에서 자신은 환원되면서 상대 물질을 산화시키는 것을 산화제(oxidizing agent)라고 하며, 그 반대로 자신은 산화되면서 상대방을 환원시키는 물질은 환원제(reducing agent)이다.

## 1-6-2 금속의 이온화경향

금속은 대부분 화학반응을 통해 전자를 잃어버리고 산화수가 증가하는 성질이 있다. 그러나 이 같은 특성은 금속 원자의 종류에 따라 상대적인 경향을 나타낸다. 두 종류의 금속이 만나면 반드시 한 종류는 산화되고, 다른 한 쪽은 환원된다. 이것을 금속의 산화환원서열 또는 금속의 이온화서열이라고 하는데, 다음의 순서가 그 골격이다.

Li K Ca Na Mg Al Zn Fe Ni Sn Pb Cu Hg Ag Pt Au

← 산화되는 경향(이온화경향)이 강함 환원되는 경향이 강함 →

만약 칼슘(Ca)과 아연(Zn)이 만나면 칼슘의 산화성이 더 강하므로 칼슘은 산화되고, 아연은 환원된다. 그러나 아연이 구리(Cu)와 만난다면 아연이 산화되어 양이온이 되고, 구리는 양이온 상태에서 금속 구리 상태로 환원되게 된다.

위의 산화환원서열을 보면 아연(Zn)이 철(Fe)보다는 산화되기 쉽고, 이온으로 잘 바뀜을 알 수 있다. 이를 이용한 것이 희생양극(sacrificial anode)이다. 이것은 재질이 철로 된 지하 매설관 중간 중간에 연결해 둠으로써 철의 부식(산화)를 방지하는 아연판과 같은 것을 가리킨다.

## 1-6-3 전기화학반응과 패러데이법칙

전기적인 에너지와 화학적인 에너지 사이의 에너지 변환과 관련된 분야가 전기화학이다. 여기에는 전기분해와 전지라는 대표적인 두 형태가 있다. 전기분해는 전기적인 에너지를 공급하여 화학반응을 야기하는 것이고, 전지는 그 반대 방향으로서 화학 반응을 통해 전기적인 에너지를 생산하는 과정이다.

따라서 흘려주는 전기의 양과 화학반응 물질량 사이를 규정한 것이 패러데이 법칙(Faraday's law)이다. 즉, 환원반응을 통해 1 g당량(equivalence)의 물질을 석출하는데 필요한 전기량을 1패러데이(F)라고 하며, 96,485 C(쿨롱) 또는 1몰 개의 전자가 가지는 전기량으로 나타낼 수 있다.

여기서 g당량은 몰질량(molar mass, 원자량이나 분자량)을 당량으로 나눈 값이며, 당량은 수소 이온 또는 수산화이온과 반응하는 비율을 의미하므로 수소 원자 1 g 또는 산소 원자 8 g을 기준으로 한 수치이다.

$$\text{g 당량수} = \frac{\text{몰질량}}{\text{당량}} \qquad \text{(식 1-35)}$$

예로서 1몰의 물을 전기분해 하는데 필요한 전기량은 패러데이법칙에 의해 2F이다. 왜냐하면 물의 전기분해는 다음과 같이 진행되고, $H_2(g)$와 $1/2\ O_2(g)$는 모두 2 g당량이기 때문이다.

$$H_2O(l) \rightarrow H_2(g) + 1/2\ O_2(g) \qquad \text{(식 1-36)}$$

항상 g당량수는 몰질량을 당량으로 나눈 값이므로 $H_2(g)$의 몰질량이 2 g이므로 당량인 1로 나누면 2 g당량이며, 1/2 $O_2(g)$는 전체가 16 g이므로 당량인 8로 나누면 2 g당량이 된다. 따라서 2 g당량을 전기분해 하는데 필요한 전기량은 2F가 된다.

덧붙여서 만약 물의 전기분해를 통해 1몰의 산소 기체를 얻고자 한다면 4F의 전기량이 필요하다는 것을 알 수 있다.

## 1-6-4 전극과 전극전위

금속이 그 금속이온이 들어 있는 용액과 접촉되어 있는 것이 전극(electrode)이다. 전극에서는 산화반응이나 환원반응이 진행되므로, 이것을 각각 산화전극(anode)과 환원전극(cathode)이라고 한다.

이와 같이 전극에서 산화반응이나 환원반응이 일어날 수 있는 경향(잠재력)이 전극전위(electrode potential)이다. 전극전위(E)는 전압단위(V)로 나타내며, 그 값이 클수록 전극에서의 화학반응이 활발히 진행되는 것을 의미한다. 부호는 기준이 되는 수소표준전극(Hydrogen Standard Electrode, HSE 또는 SHE)에 대한 산화환원경향을 나타내는데, 양의 부호는 수소전극에 비해 환원성을, 그리고 음의 부호는 산화성이 더 있음을 의미한다.

다음 표에 나타낸 표준환원전위는 25℃, 1기압 하에서 환원반응 형태로 진행되는 전극반응의 전위 값을 의미한다.

표에서 위쪽으로 갈수록 환원성이 상대적으로 강하고, 아래쪽으로 내려갈수록 산화성이 강하다.

전극전위는 전지(battery)의 기전력(electromotive force, emf)을 계산하는데 사용된다. 건전지가 1.5 V라는 예와 같이 전지의 전기적인 힘을 나타내는 기전력은 다음과 같이 전극전위 값으로부터 계산된다.

$$\text{기전력(emf)} = \text{환원전극전위}(E_{catho.}) - \text{산화전극전위}(E_{anode})$$

(식 1-37)

예로서 표준상태의 구리-아연 전지의 기전력은 각각의 표준환원전위값으로부터 $+0.34 - (-0.76) = 1.1$ Volt가 된다.

표 1-5 전극의 표준환원전위(E°)

| 환원 전극반응 | E°(Volt) |
|---|---|
| $Au^{+} + e \rightarrow Au$ | +1.69 |
| $Pt^{2+} + 2e^{-} \rightarrow Pt$ | +1.20 |
| $Ag^{+} + e^{-} \rightarrow Ag$ | +0.80 |
| $Hg_2^{2+} + 2e^{-} \rightarrow 2Hg$ | +0.79 |
| $Cu^{2+} + 2e^{-} \rightarrow Cu$ | +0.34 |
| $2H^{+} + 2e^{-} \rightarrow H_2$ | 0.00 |
| $Fe^{3+} + 3e^{-} \rightarrow Fe$ | −0.04 |
| $Pb^{2+} + 2e^{-} \rightarrow Pb$ | −0.13 |
| $Sn^{2+} + 2e^{-} \rightarrow Sn$ | −0.14 |
| $Ni^{2+} + 2e^{-} \rightarrow Ni$ | −0.23 |
| $Co^{2+} + 2e^{-} \rightarrow Co$ | −0.28 |
| $Fe^{2+} + 2e^{-} \rightarrow Fe$ | −0.44 |
| $Cr^{3+} + 3e^{-} \rightarrow Cr$ | −0.74 |
| $Zn^{2+} + 2e^{-} \rightarrow Zn$ | −0.76 |
| $Mn^{2+} + 2e^{-} \rightarrow Mn$ | −1.18 |
| $Ti^{2+} + 2e^{-} \rightarrow Ti$ | −1.63 |
| $Al^{3+} + 3e^{-} \rightarrow Al$ | −1.66 |
| $Mg^{2+} + 2e^{-} \rightarrow Mg$ | −2.36 |
| $Na^{+} + e^{-} \rightarrow Na$ | −2.71 |
| $Ca^{2+} + 2e^{-} \rightarrow Ca$ | −2.87 |
| $K^{+} + e^{-} \rightarrow K$ | −2.93 |
| $Li^{+} + e^{-} \rightarrow Li$ | −3.05 |

## 1-6-5 네른스트(Nernst)식과 전지의 기전력

전지의 기전력을 결정하기 위해서는 환원전극전위와 산화전극전위 값을 알아야 한다. 그러나 모든 전극반응이 표준상태(25℃, 1기압)에서만 진행되는 것은 아니므로 일반적인 온도에서의 전극전위 값을 계산할 수 있어야 한다.

전극반응이 진행되는 일반적인 온도와 농도에서 전극전위를 구하는 식이 네른스트식이다.

표준상태가 아닌 온도에서의 전극전위는 표준환원전위와 약간의 차이가 있으며 전극이 접촉하고 있는 용액 내 금속이온의 농도와 온도, 그리고 전극반응에 참여하는 전자 개수에 따라 달라진다.

따라서 비표준상태에서의 전극전위를 계산하는 식이 네른스트식(Nernst equation)이라고 할 수 있다. 여기에는 두 가지 형태가 있다. 위 식은 일반적인 조건의 경우이고, 아래 식은 25℃의 경우에 적용하는 식이다. 또한 위식은 자연대수 값으로 계산하고, 아래 식은 상용대수 값으로 계산한다는 차이점이 있다.

$$E = E^\circ - \frac{R \cdot T}{n \cdot F} \ln \frac{a_{생}}{a_{반}} \qquad \text{(식 1-38)}$$

$$E = E^\circ - \frac{0.0591}{n} \log \frac{a_{생}}{a_{반}} \ (25℃) \qquad \text{(식 1-39)}$$

위 식들에서 $a$는 활동도(activity)를 의미하며, 전극반응에 참여한 용액 내 금속 이온의 실제적인 농도를 나타낸다. 또한 $R$은 기체상수이고, $n$은 전극반응에 참여한 전자의 개수이다. 그리고 $F$는 Faraday 상수이며, 1몰(mol)당 전하량의 크기로 표현한다.

$$1\ \text{F} = 96485\ \text{C/mol} = 96485\ \text{J/V} \cdot \text{mol}$$

전지는 환원반응이 진행되는 환원전극과 산화반응이 진행되는 두 전극의 연결로 구성된다. 환원전극은 전지의 (+)극이 되고, 산화전극은 (−)극이 된다. 예로서 건전지의 전극반응은 다음과 같다.

건전지는 알칼리전지(alkarine battery)로서 재충전(rechargable)이 불가능한 1차전지(primary battery)이다.

- 환원전극(+)

$$2MnO_2(s) + 2H_2O(l) + 2e^- \rightarrow 2MnO(OH)(s) + 2OH^-(aq) \quad \text{(식 1-40)}$$

- 산화전극(−)

$$Zn(s) + 2OH^-(aq) \rightarrow Zn(OH)_2(s) + 2e^- \quad \text{(식 1-41)}$$

(+)극인 환원전극에서 망간(Mn) 원자의 산화수는 반응물에서 +4이었으나, 생성물에서는 +3이 되어 환원반응이 진행됨을 보여준다. 또한 (−)극인 산화전극에서의 아연(Zn) 원자의 산화수는 0에서 +2로 바뀌어 산화되었다.

자동차에 이용되는 납축전지는 재충전이 가능한 2차전지(secondary battery)이다.

- 환원전극(+)

$$PbO_2(s) + HSO_4^-(aq) + 3H^+(aq) + 2e^- \rightarrow PbSO_4(s) + 2H_2O(l) \quad \text{(식 1-42)}$$

- 산화전극(−)

$$Pb(s) + HSO_4^-(aq) \rightarrow PbSO_4(s) + H^+(aq) + 2e^- \quad \text{(식 1-43)}$$

여기서도 납(Pb) 원자는 환원전극에서는 그 산화수가 +4에서 +2로 감소하였으나, 산화전극에서는 0에서 +2로 증가함을 볼 수 있다.

전지의 기전력은 전지를 사용할수록 약해지는데, 이것은 전극반응이 약해지기 때문이며, 대표적인 현상이 볼타전지에서 나타나는 분극(polarization)현상이다.

이것은 (+)극인 환원전극에서 흔히 볼 수 있다. 도선을 통해 이동한 전자들에 의해 전극 표면에 수소기체가 발생하기 때문이다. 이 수소기체가 전극에서의 환원반응을 방해한다.

이런 분극현상을 감소시키는 방법은 산화제를 (+)극 주변에 투입하여 수소 기체를 제거해주는 것이다. 여기에 사용되는 산화제를 감극제(depolarizer)라고 하며, 대표적인 물질로서 이산화망간($MnO_2$), 과산화수소($H_2O_2$), 중크롬산칼륨($K_2Cr_2O_7$) 등이 있다. 이산화망간에 의한 감극작용은 다음과 같이 진행된다.

$$2MnO_2(s) + H_2(g) \rightarrow Mn_2O_3(s) + H_2O(l) \qquad \text{(식 1-44)}$$

## 문제

1. 아래 밑줄 친 원자들의 산화수 합은?

$\underline{S}_8$　　$\underline{C}O_2$　　$Ca\underline{H}_2$　　$\underline{Cr}_2O_7^{-2}$

① 3　② 6　③ 9　④ 12

2. 다음 중 금속들의 환원성을 바르게 나타낸 것은?

① K < Mg < Cu < Ni　② Ca < Al < Hg < Pt
③ Li < Na < Pb < Fe　④ Zn < Sn < Au < Ag

3. 물의 전기분해 시 1 F의 전기량으로 생성되는 기체 분자의 총 개수는?

① $1.5 \times 10^{23}$ 개　② $4.5 \times 10^{23}$ 개
③ $6 \times 10^{23}$ 개　④ $9 \times 10^{23}$ 개

4. 25℃, 표준상태에서 주석-아연 전지의 기전력은 몇 Volt인가?

① 0.38　② 0.46　③ 0.54　④ 0.62

5. 다음 중 감극제로 사용할 수 없는 물질은?

① 이산화황($SO_2$)　② 과산화수소($H_2O_2$)
③ 이산화망간($MnO_2$)　④ 중크롬산칼륨($K_2Cr_2O_7$)

6. 25°C에서 진행되는 다음 전극반응의 전위 값은 몇 Volt 인가?

$$Cu^{2+}(aq)(0.1M) + 2e^- \rightarrow Cu(s)(0.01M)$$

① 0.37　② 0.43　③ 0.49　④ 0.55

7. 모든 전극전위의 기준이 되며 표준상태에서 전위가 0 Volt인 전극은?

① 산소전극 ② 탄소전극
③ 헬륨전극 ④ 수소전극

## 풀이

1. $S_8$은 단체이므로 S의 산화수가 0이다. $CO_2$는 화합물이므로, 0의 산화수는 −2, 합이 0이 되어야 하므로 C의 산화수는 +4이다. $CaH_2$는 금속화합물이므로 H의 산화수는 −1이다. $Cr_2O_7^{-2}$에서 7개 산소(−2)와 두 개의 크롬의 산화수 합이 −2이므로, Cr의 산화수는 +6이다. 그러므로 네 개의 숫자를 모두 더하면 9가 된다.

2. ①은 Cu가 Ni보다 환원성이 더 크기 때문에 틀렸다.
②는 Ca < Al < Hg < Pt의 순서로 환원성이 커지므로 정답이다.
③은 Pb가 Fe보다 환원성이 더 크기 때문에 틀렸다.
④는 Au가 Ag보다 환원성이 더 크기 때문에 틀렸다.

3. 물의 전기분해는 다음과 같이 진행되고, $H_2(g)$와 1/2 $O_2(g)$는 모두 2 g당량이기 때문에, 1몰의 물을 전기분해 하는데 필요한 전기량은 패러데이 법칙에 의해 2 F이다.

$$H_2O(l) \rightarrow H_2(g) + \frac{1}{2}O_2(g)$$

그러므로 1 F의 전기를 흘려주면 0.5몰 $H_2(g)$와 0.25몰 $O_2(g)$가 생성되게 된다. 다라서 1 F의 전기에 의해 생성되는 기체의 총 몰수는 0.75몰이며, 아보가드로의 법칙에 의해 그 개수는 $4.5 \times 10^{23}$개가 된다.

4. 표준상태에서의 전지 기전력은 환원전극의 표준환원전위에서 산화전극의 표준 환원전위를 빼주면 된다. 주석과 아연 중에는 주석이 상대적으로 환원성이 더 크므로 주석의 표준환원전위(−0.14 Volt)에서 아연의 표준환원전위(−0.76)를 빼주면 0.62 Volt가 계산된다.

5. ①번의 이산화황($SO_2$)은 물에 잘 녹지 않는 기체이므로, 감극제가 아니라 분극현상을 더 크게 할 수 있으므로 정답이다. 그러나 나머지 세 물질은 대표적인 감극제이다.

6. 25℃에서 진행되는 구리전극의 전위는 다음의 Nernst식을 이용하여 계산할 수 있다.

$$E = E^\circ - \frac{0.0591}{n}\log\frac{a_{생}}{a_{반}} \quad (25℃)$$

여기서 반응물과 생성물의 활동도(activity, $a$)는 각각의 이온 농도로 대입하고, 이동하는 전자가 두 개이므로 $n$은 2가 된다. 이를 모두 대입하여 계산하면 다음과 같다.

$$E = (0.34) - (0.0296)(-1) = 0.3696\ \text{V}$$

7. 모든 전극전위의 기준은 표준수소전극이다.

| 정답 | | | | | |
|---|---|---|---|---|---|
| | 1. ③ | 2. ② | 3. ② | 4. ④ | 5. ① |
| | 6. ① | 7. ④ | | | |

# 1-7 용액의 농도와 총괄성

용액(solution)은 균일혼합물을 의미하며, 상(phasc)과는 무관하다. 액체뿐만 아니라 기체 용액과 고체 용액도 있다. 대표적인 기체 용액은 공기이고, 합금은 고체 용액이며 고용체(solid solution)라고도 한다.

용액은 용매(solvent)와 용질(solute)로 구성된다. 용매는 동일한 상의 경우에는 양이 많은 쪽이며, 상이 다를 경우에는 상대적으로 자유스러운 상을 가리킨다.

용질은 용액에서 용매를 제외한 나머지 성분(들)을 의미하며 대표적인 분류로서 전해질(electrolyte)과 비전해질(nonelectrolyte)로 나뉜다. 전해질은 용매와 만나 용액을 형성할 때에 분자 구조가 깨져 이온 상태로 되는 용질을 말한다. 소금(salt, NaCl)이 대표적인 예이다. 소금은 물과 같은 용매와 만나 소금물이라는 용액을 형성할 경우, 용액 내부에서 $Na^+$와 $Cl^-$의 이온 형태로 해리되어(dissociation) 존재한다.

그러나 설탕이나 알코올 같은 비전해질 분자들은 수용액을 형성하더라도 분자가 용액 내부에 분산되어 있을 뿐이지, 분자 자체가 해리되지 않는다.

## 1-7-1 용액의 농도

용매와 용질의 양적인 비율을 농도(concentration)라고 한다. 농도를 표현하는 방법은 백분율농도(percent concentration), 몰농도(molarity, M), 몰랄농도(molality), 노르말농도(당량농도, Normality, N), ppm (parts per million)농도, ppb (parts per billion)농도 등이 있다.

백분율농도는 용액 내 용질의 양을 나타내는 가장 단순한 표현법이며, 무게백분율(weight percent, wt.%)과 부피백분율(volume percent, vol.%)이 있다.

$$\text{질량백분율(wt.\%)} = \frac{\text{용질의 질량}}{\text{용액의 질량}} \times 100(\%) \quad \text{(식 1-45)}$$

$$\text{부피백분율(vol.\%)} = \frac{\text{용질의 부피}}{\text{용액의 부피}} \times 100(\%) \qquad \text{(식 1-46)}$$

몰농도는 용액의 농도 표현 시 가장 보편적으로 사용하는 표현법으로서, 용액 1 L 속에 들어 있는 용질의 몰(mol)수를 의미한다. 몰수는 물질의 질량을 1몰일 때의 무게인 몰질량(molar mass)으로 나눈 값이다.

$$\text{몰농도(M)} = \frac{\text{용질의 mol수}}{\text{용액 1L}} \qquad \text{(식 1-47)}$$

몰랄농도는 용매 1 kg에 대한 용질의 mol수를 의미한다. 몰농도와 다른 점은 용액 부피에 대한 용질의 mol 수가 아니라, 용매 무게에 대한 용질의 mol 수로 정의한다는 것이다.

$$\text{몰랄농도(m)} = \frac{\text{용질의 mol 수}}{\text{용매 1 kg}} \qquad \text{(식 1-48)}$$

노르말농도는 당량농도(equivalence concentration)라고도 하며 용액 1 L 속에 들어 있는 용질의 당량(equivalence)수를 나타낸다. 당량은 '동일한 양'이라는 의미이며, 쉽게는 수소 원자 1개에 해당되는(반응하는) 양이라고 표현할 수 있다. 몰농도에 사용되는 몰(mol)은 분자의 외형적인 개수를 의미하지만 당량은 '실제적으로 작용하는 양'을 나타낸다.

$$\text{노르말농도(N)} = \frac{\text{용질의 당량수}}{\text{용액 1L}} \qquad \text{(식 1-49)}$$

예로서 염산(HCl)과 황산($H_2SO_4$)은 둘 다 강산(strong acid)이므로 수용액에서 100% 해리된다. 그러나 염산 분자 1개와 황산 분자 1개는 동일한 개수일지라도 그것이 들어있는 수용액에서의 산성도는 다르다. 이것은 용액의 산성을 결정하는 용액 내 수소이온($H^+$)의 개수가 실제적으로 다르기 때문이다.

$$HCl \rightarrow H^+(aq) + Cl^-(aq) \qquad \text{(식 1-50)}$$

$$H_2SO_4 \rightarrow 2H^+(aq) + SO_4^{2-}(aq) \qquad \text{(식 1-51)}$$

용액 내에서 황산 한 분자는 수소이온($H^+$) 두 개를 내어놓음으로써 염산 두 분자에 해당하는 산성을 나타낼 수 있다. 따라서 염산 1몰(mol)은 1당량이지만, 황산 1몰(mol)은 2당량이다.

대기오염물질이나 수질오염물질과 같이 매우 묽은 농도를 표현해야 할 때 사용되는 농도 단위가 ppm과 ppb이다. ppm과 ppb는 각각 백만분의 일($10^{-6}$) 농도와 10억분의 일($10^{-9}$) 농도를 나타낸다. 실제적인 예로서 1 L의 수용액 속에 녹아있는 용질의 양이 1 mg이면 1 ppm이고, 1 $\mu$g이면 1 ppb가 된다.

## 1-7-2 용해도와 헨리의 법칙

용해도(solubility, $s$)는 용매 100 g에 녹아있는 용질의 g 수를 백분율로 나타낸 것이다. 예로서, 물 100 g에 소금을 50 g 녹인다면 그 용해도는 50%이다.

헨리의 법칙(Henry's law)은 액체 용매에 대한 기체 용질의 용해도에 관한 법칙이다. 기체 용질이 액체 용매에 녹을 경우 그 용해도는 용질 기체의 압력에 비례하고, 용매 액체의 온도에 반비례한다는 것이다.

$$s\ (\text{기체의 용해도}) = k_H\ (\text{헨리비례상수}) \times P_{\text{용질}} \qquad (\text{식 1-52})$$

위 식에서 비례상수 $k_H$는 그 크기가 용매 액체의 온도에 반비례한다.

따라서 탄산음료의 제조 시 탄산가스를 액체에 많이 녹아 들어가게 하려면, 탄산가스의 주입 압력은 높이고, 음료수 액체의 온도는 낮게 해야 한다는 것이다. 이것은 잠수병의 원인을 설명하는 이론적 배경이 되기도 한다.

## 1-7-3 총괄성

총괄성(colligative property)은 "공통적으로 나타나는 성질"을 가리키며, 용액이 가지는 총괄성은 크게 네 가지가 있다. 그것은 증기압강하(vapor pressure depression), 끓는점오름(boiling point elevation), 어는점내림(freezing point depression), 삼투압(osmotic pressure) 현상이다.

증기압(vapor pressure)은 액체 상태의 물질이 액체 표면에서 액체 분자 사이의 인력을 끊고 기체로 바뀌려고 하는 압력의 크기를 의미하며, 이것이 밀폐된 용기 내에서는 포화상태로 존재하는 증발된 성분기체의 압력을 의미하기도 한다.

증기압강하는 순수하게 용매만 있을 때의 용매 성분 증기압이 용액을 형성함으로써 떨어지는 현상을 의미한다. 즉, 액체 용매의 증기압은 용액을 형성 시 그 크기가 감소하며 그 감소폭은 용액의 농도에 비례한다.

증기압강하 현상의 배경은 라울의 법칙(Raoult's law)이다.

$$\text{라울의 법칙 : } P_{soln.} = X_{solv.} \times P_{solv.} \qquad \text{(식 1-53)}$$

위 식에서 $P_{soln.}$은 용액에서의 용매 증기압을 나타내며, $X_{solv.}$는 용액 내 용매의 몰분율을 가리킨다. $P_{solv.}$는 용매의 순수증기압($P°$)으로서 용액을 형성하기 전 용매 단독으로 존재했을 때의 용매 최대증기압을 의미한다.

즉, 용액에서의 용매 성분 증기압은 용매의 순수증기압에 용매의 몰분율을 곱한 것과 같다는 것이 라울의 법칙이다.

이론적으로 볼 때에, 용액은 용매 이외도 용질이라는 물질이 있으므로 용매의 몰분율은 항상 1보다 작을 수밖에 없다. 따라서 용액 내 용매 성분의 증기압은 용매 단독으로 있을 때의 용매 증기압(순수 증기압, $P°$ 또는 $P_{solv.}$)에 비해 항상 작게 된다.

라울의 법칙과 정확하게 일치하는 용액을 이상용액(ideal solution)이라 한다. 그러나 실제 용액은 용액의 증기압이 이상용액에 비해 크거나(양의 편차), 작다(음의 편차).

실제 용액의 이러한 비이상적인 성질은 용매분자와 용질분자 사이의 인력에 의한 결과이다. 용매분자－용매분자 또는 용질분자－용질분자들 사이의 인력을 동종분자간 인력이라 하고, 용매분자－용질분자 사이의 인력을 이종분자간 인력이라 한다. 만약 동종분자간 인력이 이종분자간 인력보다 강하면 두 종류의 분자가 서로 섞여 용액을 형성할 경우 서로 간에 반발하게 된다. 이럴 경우, 용액의 증기압은 양의 편차(positive deviation)를 가지게 되며, 에틸알코올－헥산 용액이 그 대표적인 예이다. 그러나 이종분자간 인력이 동종분자간 인력보다 강하면, 용액 형성 시 더 용이하다. 이 경우에는 음의 편차(negative deviation)를 나타내게 되고, 물-아세톤 용액이 그 대표적인 예이다.

이런 형태의 양의 편차 혹은 음의 편차를 거의 나타내지 않고 이상용액에 가장 유사한 성질을 가지는 실제용액은 벤젠-클로로포름 용액이 대표적이다.

끓는점오름현상은 용액의 끓는 온도가 순수한 용매의 끓는 온도에 비해 상승하는 현상을 말한다. 예로서, 물은 100℃에서 끓지만 소금물은 더 높은 온도에서 끓기 시작한다.

또한 용매일 때의 끓는 온도에 비해 용액이 가지는 끓는 온도의 상승폭은 용액의 농도에 비례한다.

$$\Delta T_b = k_b \times m \text{ (몰랄농도)} \qquad \text{(식 1-54)}$$

위 식에서 $\Delta T_b$는 끓는 온도의 상승폭이며, 용액의 끓는점으로부터 용매의 끓는 온도를 뺀 수치이다. 비례상수인 $k_b$는 끓는점오름상수로서 물질의 종류에 따른 고유한 값이다. 또한 $m$은 용액의 몰랄농도를 의미한다.

용액의 어는점내림현상은 용매의 어는 온도에 비해 용액의 어는 온도가 더 내려가는 현상을 말하며, 그 감소폭은 끓는점오름현상과 같이 용액의 농도에 비례하여 증가한다.

$$\Delta T_f = k_f \times m \text{ (몰랄농도)} \qquad \text{(식 1-55)}$$

위 식에서 $\Delta T_f$는 용매의 어는 온도에 비해 용액의 어는 온도가 내려간 폭을 의미하고, $k_f$는 어는점내림상수로서 물질의 종류에 따라 그 값이 달라진다.

삼투압은 서로 다른 농도를 가진 두 용액사이에 존재하는 압력 차이를 말한다.

용매분자의 이동은 가능하지만 용질 분자의 이동이 불가능한 선택적 투과성을 가진 얇은 막을 반투막(semipermeable membrane)이라고 한다. 이 반투막을 사이에 둔 동일한 용매의 용액이 농도 차이가 있으면 삼투작용(osmosis)이 발생한다.

표 1-6 물질의 끓는점오름상수($k_b$)와 어는점내림상수($k_f$)

| 물질명 | $T_b$ (℃) | $k_b$ (℃/m) | $T_f$ (℃) | $k_f$ (℃/m) |
|---|---|---|---|---|
| 물 | 100 | 0.52 | 0 | 1.86 |
| 에틸알코올 | 78.4 | 1.22 | −114.6 | 1.99 |
| 벤젠 | 80.1 | 2.53 | 5.5 | 5.12 |
| 클로로포름 | 61.2 | 3.63 | −63.5 | 4.68 |

이것은 묽은 농도의 용액 내 용매분자가 진한 농도의 용액쪽으로 반투막을 통해 이동하는 현상이다. 즉, 소금물에 절인 배추가 세포벽을 사이에 두고 배추로부터 소금물로 물 분자가 빠져나가 쪼그라드는 것이 대표적인 예이다.

이때 발생되는 두 용액 사이의 압력 차이가 삼투압이다. 삼투압은 두 용액 사이의 농도차이에 의해 발생하므로 농도차에 비례한다.

$$삼투압(\pi) = m(몰랄농도) \times R \times T \qquad (식\ 1\text{-}56)$$

여기서, $R$ : 기체상수

$T$ : 절대온도

지금까지 소개한 네 가지 총괄성은 용액의 종류와 무관하게 용액에 나타나는 공통적인 현상이다. 또한 그 크기는 대부분 용액의 농도에 비례하여 변한다는 사실을 알 수 있다.

그러나 용액의 총괄성의 크기는 용질의 종류에도 영향을 받는다. 즉, 용질로서 비전해질이 들어있는 용액(비전해질용액)에 비해 전해질이 들어있는 용액(전해질용액)이 더 큰 크기의 총괄성을 나타낸다. 두 용액 사이에 나타나는 이 총괄성의 크기 비율을 반트호프인자(Van't hoff factor, $i$)라고 한다.

반트호프인자는 총괄성의 크기에 영향을 주는 요소로서, 농도가 동일할 경우 전해질 용액이 비전해질 용액에 비해 총괄성이 더 크게 나타나는 비율을 의미하므로 그 값은 항상 1보다 크다. 반트호프인자를 어는점내림현상에만 적용한다면 다음과 같이 나타낼 수 있다.

$$i = \frac{\text{전해질 용액의 } \Delta T_f}{\text{비전해질 용액의 } \Delta T_f} \quad \text{(식 1-57)}$$

반트호프인자는 전해질 분자 한 개가 용액 내에서 두 개 이상의 이온으로 해리됨에 따른 결과이다.

실제적으로 몰농도, 몰랄농도, 노르말농도 등 농도의 개념은 항상 일정한 부피 속에 들어있는 개수(= 몰수)의 의미이기 때문이다. 만약 한 개의 용질 분자가 용매 속에 들어가 용액을 형성한다면, 비전해질용액에서는 겉보기농도와 실제농도 사이에 차이가 없다. 그러나 전해질용액의 경우에는 용질 분자의 쪼개짐으로 인해 적어도 두 개 이상의 이온이 용질의 역할로서 용액 내에 존재하기 때문이다.

전해질용액의 예로서 NaCl 한 분자는 두 개의 이온으로 해리되고, $CaCl_2$는 3개의 이온으로 해리된다. 따라서 각각의 반트호프인자값($i$)은 거의 2와 3 정도가 된다.

그러나 해리된 이온의 전하가 커질수록 이온상호간의 인력 증가로 인해 반트호프인자값은 감소하게 된다. 이와 같이 전해질반트호프인자의 값은 해리되는 이온의 개수와 농도(몰랄농도, $m$)에 따라 달라진다.

**표 1-7 이온의 개수와 농도에 따른 반트호프인자($i$)의 크기 변화**

| 물질명 | 0.1 m | 0.01 m | 0.001 m |
|---|---|---|---|
| 소금(NaCl) | 1.87 | 1.94 | 1.97 |
| 염화칼륨(KCl) | 1.85 | 1.94 | 1.98 |
| 황산마그네슘($MgSO_4$) | 1.21 | 1.53 | 1.82 |
| 황산칼륨($K_2SO_4$) | 2.32 | 2.70 | 2.84 |

## 1-7-4 콜로이드 용액

용매와 용질이 분자 크기로 만나는, 일반적인 용액을 진용액이라 한다. 그러나 분자가 수십~수백 개 이상 모여 있는 크기의 입자(콜로이드, colloid)가 서로 잘 섞여 있다면 그것은 분산용액이다. 콜로이드는 $10^{-6} \sim 10^{-9}$ m 크기를 가진 입자(particle)를 가리키는 용어이다. 콜로이드 입자가 용질 또는 용매로 들어있는 용액을 콜로이드 용액 또는 분산용액(dispersing solution)이라 하고, 용질이 콜로이드 입자이면 분산질(dispersed solute), 용매가 콜로이드 입자이면 분산매(dispersing medium)라고 한다. 콜로이드 입자는 매우 가벼워서 중력에 의한 영향이 크지 않다. 따라서 입자간 충돌에 따른 불규칙한 운동을 지속하는데, 콜로이드 입자의 이런 움직임을 브라운운동(Brownian motion)이라고 한다. 대기 중이나 물 속에서 쉽게 가라앉지 않고 떠다니는 부유입자들이 나타내는 움직임이 그 좋은 예이다. 콜로이드 입자는 그 크기와 표면 상태에 따라 빛을 산란시키거나 간섭현상을 일으키는 성질이 강하다. 이것을 틴달현상(Tyndall effect)이라고 한다. 콜로이드용액(분산용액)은 분산질과 분산매의 상태에 따라 다양한 형태가 있다.

표 1-8 분산용액의 종류

| 분산매 | 분산질 | 형태 | 예 |
|---|---|---|---|
| 고체 | 고체 | 젤(gel) | 루비(보석) |
| 고체 | 액체 | 졸(sol) | 젤리 |
| 고체 | 기체 | 다공성 고체 | 부석 |
| 액체 | 고체 | 액체 젤 | 페인트 |
| 액체 | 액체 | 에멀젼 | 우유 |
| 액체 | 기체 | 거품 | 생크림 |
| 기체 | 고체 | 에어로젤 | 연기 |
| 기체 | 액체 | 에어로졸 | 안개 |
| 기체 | 기체 | 기체 용액 | 농연 |

## 1-7-5 난용성염의 용해도

이온화합물들 중 염화물(chlorides)들은 대체로 물에 잘 녹는 편이다. 그러나 염화은(AgCl)과 같은 특별한 염화물과 함께 대부분의 산화물과 황화물 또는 칼슘화합물 등은 물에 대한 용해도가 매우 낮다.

이같이 물에 잘 녹지 않는 이온화합물을 난용성염(insoluble salt)이라고 한다. 이런 난용성염들의 용해도는 일반적인 용해도 개념으로 표현하기 어려워 용해도곱상수(solubility product, $K_{sp}$)로 나타낸다.

표 1-9 난용성염의 용해도곱상수($K_{sp}$, 25 ℃)

| 물질명 | $K_{sp}$ | 물질명 | $K_{sp}$ |
|---|---|---|---|
| 염화은(AgCl) | $1.7 \times 10^{-10}$ | 수산화제2구리($Cu(OH)_2$) | $4.8 \times 10^{-20}$ |
| 브롬화은(AgBr) | $5 \times 10^{-15}$ | 수산화제1철($Fe(OH)_2$) | $2 \times 10^{-15}$ |
| 요오드화은(AgI) | $8.5 \times 10^{-17}$ | 수산화제2철($Fe(OH)_3$) | $1.1 \times 10^{-36}$ |
| 수산화알루미늄($Al(OH)_3$) | $2 \times 10^{-33}$ | 수산화마그네슘($Mg(OH)_2$) | $7.1 \times 10^{-12}$ |
| 황산바륨($BaSO_4$) | $1.5 \times 10^{-9}$ | 불화마그네슘($MgF_2$) | $7.3 \times 10^{-9}$ |
| 황산칼슘($CaSO_4$) | $2 \times 10^{-4}$ | 불화제1납($PbF_2$) | $3.2 \times 10^{-8}$ |
| 수산화칼슘($Ca(OH)_2$) | $6.5 \times 10^{-6}$ | 염화제1납($PbCl_2$) | $1.6 \times 10^{-5}$ |
| 탄산칼슘($CaCO_3$) | $9 \times 10^{-9}$ | 수산화제1니켈($Ni(OH)_3$) | $1.6 \times 10^{-14}$ |
| 불화칼슘($CaF_2$) | $1.7 \times 10^{-10}$ | 수산화제1아연($Zn(OH)_2$) | $4.5 \times 10^{-19}$ |

난용성염의 용해도를 나타내는 용해도곱상수는 그 값이 매우 작아서 10의 마이너스 몇 제곱인가로 나타낸다. 예로서 염화은은 −10제곱, 수산화제1철은 −15제곱, 수산화제2철은 −36제곱 등과 같이 표현하여 그 크기를 비교한다.

용해도곱상수는 난용성염이 해리되어 생성하는 이온들의 농도를 곱한 값으로 나타낸다.

$$AgCl(s) \rightleftarrows Ag^{+}(aq) + Cl^{-}(aq),\ K_{sp} = [Ag^{+}][Cl^{-}] \quad (식\ 1\text{-}58)$$

그러나 용해도곱상수는 일반적인 상태에서의 이온농도를 곱한 것(이온농도곱, ion product, i.p)이 아니라, 난용성염들이 포화용액에 도달했을 때의 이온농도를 곱한 값이라는 점이 중요하다.

물에 대한 용해도가 지극히 낮은 난용성염들도 이론적으로는 오랜 시간 후 각각 나름의 포화용액이 될 수 있다. 이때의 농도는 더 이상 시간이 지난다 하더라도 증가하지 않으므로 평형상태에 도달했다고 볼 수 있다. 예를 들어, 염화은(AgCl)의 이온농도의 곱은 은이온의 농도와 염소이온의 농도를 곱한 [Ag] · [Cl]이다.

따라서 이온농도곱(i.p) 중에는 용해도곱상수가 가장 큰 값이며, 포화상태가 아닌 경우의 이온농도곱은 용해도곱상수에 비해 그 값이 항상 작다.

포화용액상태(평형상태)에서의 이온농도곱(용해도곱상수, $K_{sp}$)과 일반적인 상태에서의 이온농도곱(이온농도곱, i.p)을 비교해보면 그 용액의 포화상태를 알 수 있다.

$K_{sp}$ > i.p → 불포화용액

$K_{sp}$ = i.p → 포화용액(평형상태)

$K_{sp}$ < i.p → 과포화용액(침전 발생)

## 문제

**1.** 100 mL의 황산수용액 속에 9.8 g의 황산($H_2SO_4$)이 들어 있다. 이 황산수용액의 노르말농도(N)는? (황의 원자량은 32 amu)

① 1 N ② 2 N
③ 3 N ④ 4 N

**2.** 액체 용매에 대한 기체 용질의 용해도에 관한 다음 설명들 중 옳은 것은?

① 액체의 온도와 용해도는 무관하다.
② 기체의 압력과 용해도는 무관하다.
③ 기체의 압력이 높을수록 증가한다.
④ 액체의 온도가 높을수록 증가한다.

**3.** 500 g의 벤젠($C_6H_6$)에 32 g의 나프탈렌($C_{10}H_8$)을 용해시켰다. 용액의 어는점은 몇 ℃인가? (단, 벤젠의 어는점과 $k_f$는 각각 5.5℃와 5.12℃/m)

① 2.56℃ ② 2.94℃
③ 3.56℃ ④ 3.94℃

**4.** 다음 물질들 중 반트호프인자가 가장 큰 것은?

① KBr ② $CaCl_2$
③ $KMnO_4$ ④ $FeCl_3$

**5.** 다음 중 콜로이드 용액에 관한 설명들 중 틀린 것은?

① 콜로이드 입자의 크기는 $10^{-7} \sim 10^{-10}$ m이다.
② 분산용액이라고 한다.
③ 브라운운동을 한다.
④ 틴달 효과는 빛의 산란작용 때문이다.

6. 난용성염에 관한 다음 설명들 중 옳은 것은?

① 물에 대한 용해도가 낮은 이온화합물이다.
② 물에 대한 용해도가 낮은 공유화합물이다.
③ 물에 대한 용해도가 낮은 배위화합물이다.
④ 물에 대한 용해도가 낮은 금속화합물이다.

7. 용해도곱상수에 관한 다음 설명들 중 옳지 못한 것은?

① 난용성염의 포화용액 시 이온농도곱이다.
② 난용성염의 평형상태에서의 이온농도곱이다.
③ 난용성염의 불포화용액에서의 이온농도곱이다.
④ 난용성염의 이온농도곱 중 가장 큰 값이다.

8. 다음 용액들 중 음의 편차를 나타내는 이성분계는?

① 벤젠-클로로포름　　② 헵탄-메틸알코올
③ 물-아세톤　　④ 헥산-에틸알코올

## 풀이

1. 먼저 용액 1 L 속에 들어 있는 $H_2SO_4$ 무게를 구한다.

$100\,mL : 9.8\,g\ H_2SO_4$

$\rightarrow 1000\,mL : 98\,g\ H_2SO_4$

또한 $H_2SO_4$의 몰질량이 98 g이므로 98 g은 1 mol이다.

그러나 황산($H_2SO_4$)은 두 개의 수소이온을 내어놓으므로 1 mol이 2 당량이다.

$$\text{노르말농도} = \frac{H_2SO_4\ \text{당량수}}{H_2SO_4\ \text{수용액}\ 1L} = \frac{2\text{당량}}{1L} = 2N$$

2. 액체 용매에 대한 기체 용질의 용해도는 헨리의 법칙에 의해 액체의 온도에 반비례하고 기체 압력에 비례하므로 ③번이 정답이다.

3. 먼저 용액의 몰랄농도(m)를 계산한다. 용매인 벤젠 1 kg에 64 g의 나프탈렌이 들어있는 농도이다. 그리고 나프탈렌의 몰질량은 128 g이므로 64 g은 0.5 mol이다.

$$\text{몰랄농도(m)} = \frac{\text{나프탈렌 } 0.5\,\text{mol}}{\text{벤젠 } 1\,\text{kg}} = 0.5$$

이 몰랄농도를 벤젠의 어는점내림상수와 곱하면 어는점내림폭($\Delta T_f$)이 계산된다.

$\Delta T_f = 5.12 \times 0.5 = 2.56$

결국 이 용액의 어는점은 정상 어는점에서 어는점내림폭($\Delta T_f$)을 뺀 온도이므로, 5.5℃ − 2.56℃ = 2.94℃이다.

4. 반트호프인자 값은 전해질 이온화합물을 구성하는 이온의 개수에 비례하므로 KBr은 2개, $CaCl_2$는 3개, $KMnO_4$는 2개, $FeCl_3$는 4개이므로 정답은 $FeCl_3$이다.

5. ②, ③, ④는 모두 콜로이드용액에 관한 바른 표현들이지만 ①은 $10^{-7} \sim 10^{-10}$ m가 아니라 $10^{-6} \sim 10^{-9}$ m가 맞다.

6. 난용성염은 물에 대한 용해도가 낮은 이온화합물이다.

7. ①, ②, ④는 모두 용해도곱상수에 관해 옳은 표현들이지만, ③은 불포화용액이 아니라 포화용액이라야 옳은 표현이 된다.

8. ① 벤젠−클로로포름 계는 이상용액에 가깝고, ② 헵탄 − 메틸알코올과 ④ 헥산 − 에틸알코올 계는 전형적인 양의 편차를 나타내는 이성분계 용액이다. 그러나 ③ 물 − 아세톤 계는 그 중에서 유일하게 음의 편차를 나타내는 이성분계이다.

| 정답 | 1. ② | 2. ③ | 3. ② | 4. ④ | 5. ① |
|---|---|---|---|---|---|
| | 6. ① | 7. ③ | 8. ③ | | |

# 1-8 반응속도와 화학평형

화학반응이 진행되는 속도는 여러 가지 요소들에 의해 영향을 받는다. 일반적으로 말하는 반응속도(reaction rate)는 반응물이 생성물로 바뀌는 정반응(forward reaction)의 속도를 가리키지만, 화학반응의 형태로서 생성물이 다시 반응물로 뒤바뀌는 역반응(reverse reaction)의 속도 또한 중요한 부분이다.

화학적 평형이라는 말은 화학반응에서 반응물과 생성물 사이에 균형이 이루어져, 겉으로 보기에는 이제 더 이상 반응물이 줄어들거나 생성물이 생겨나는 변화가 없이 화학반응이 종결된 것 같이 느껴지는 상태를 의미한다.

그러나 화학평형(chemical equilibrium)은 겉으로 보는 것처럼 반응이 종결된 것이 아니라, 정반응과 역반응이 동일한 속도로 진행되고 있는 상태이다.

## 1-8-1 반응의 형태와 수득률

화학반응이 진행되는 경로와 방법에 따라 반응의 형태가 달라진다. 반응물이 변하여 생성물로 바뀌는 반응경로가 한 개 밖에 없는 반응을 연속반응(consecutive reaction)이라 하고, 두 개 이상의 반응경로를 가지는 화학반응을 평행반응(parallel reaction)이라고 한다.

또한 반응의 경로에 존재할 수 있는 다양한 단계들을 각각 반응의 단일단계반응이라고 하는데, 각각의 단일단계는 진행속도가 모두 다르다.

단일단계들 중에서도 전체 반응속도를 결정하는데 가장 큰 원인을 제공한 단계를 속도결정단계(rate determining step, rds)라고 한다.

결국, 반응경로가 하나뿐인 연속반응에서는 가장 느린 단일단계가 속도결정단계이고, 반응경로가 두 개 이상인 평행반응에서는 그 중 가장 빠른 경로(단일단계)가 속도결정단계가 된다.

화학반응에서 생성물의 양은 반응물의 양에 의해 결정된다. 일정량의 반응물에 대해서 생성가능한 생성물의 양을 이론생성치라고 하며, 이와는 달리 실제적으로 생성되는 생성물의 양을 실제생성치라고 한다.

화학반응에서 이론생성치에 대한 실제생성치의 비율을 수득률(yield)이라고 한다.

$$\% \text{ 수득률} = \frac{\text{실제생성치}}{\text{이론생성치}} \times 100(\%) \qquad \text{(식 1-59)}$$

예로서, 이론적으로는 100 g이 생성될 수 있는 어떤 화학반응에서 생성물이 70 g만 생성되었다면 %수득률은 70%가 된다.

화학반응에서 생성물의 양은 반응물의 양에 의해 결정된다. 그런데 반응물이 두 종류 이상 있을 경우, 한 종류의 반응물은 그 양이 풍부하고 다른 한 반응물은 그 양이 한정적이라면, 생성물이 생성되는 양은 그 한정된 반응물에 의한 양만큼만 생성되게 된다.

이와 같이 생성물의 양을 한정짓게 하는 반응물을 한계반응물(limiting reactant)이라고 한다.

## 1-8-2 화학반응의 속도

화학반응의 속도를 규정하는 것을 속도법칙(rate law)이라고 하며 다음과 같이 나타낸다.

$$\text{속도법칙 : 반응속도(rate)} = k \cdot [\text{반응물}]^n \qquad \text{(식 1-60)}$$

위 식에서 $k$는 속도상수(rate constant)로서, 그 값이 클수록 화학반응의 속도도 빠르다. [반응물]은 이미 알고 있는 것처럼 반응물의 농도를 가리킨다. 그리고 $n$은 반응차수(reaction order)인데, 화학반응의 속도가 반응물농도의 몇 제곱에 비례한가를 나타내는 수치이다. 즉, 반응물의 농도가 두 배로 증가할 때 반응의 속도도 두 배가 된다면 반응차수는 1이 되고, 이를 1차반응이라 한다. 그러나 반응물의 농도가 두 배로 증가함에 따라 화학반응의 속도가 네 배로 증가한다면 반응차수는 2이며, 2차반응이다.

반응차수에 따라 반응물의 농도가 반으로 줄어드는 기간인 반감기(half life, $t_{0.5}$)를 구하는 식이 달라진다. 반응차수가 1인 1차반응에서의 반감기와 속도상수 관계는 다음과 같다.

$$반감기(t_{0.5}) = \frac{\ln 2}{k} \qquad (식\ 1\text{-}61)$$

화학반응의 속도에 관한 이론으로서 대표적인 것은 고전속도이론이라 불리는 아레니우스(Arrhenius)이론과 절대속도이론(Lee-Eyring식)이다.

아레니우스이론은 속도상수로서 반응속도를 표현하지만, 절대속도이론은 전이상태(transition state) 반응중간생성물의 농도와 상태로서 반응속도를 규정한다.

그러나 화학반응의 속도를 가장 쉽게 설명할 수 있는 이론은 아래와 같이 표현되는 아레니우스이론이다.

$$k = A \cdot e^{-E_a/R \cdot T} \qquad (식\ 1\text{-}62)$$

위 식에서 $A$는 반응물 분자들이 서로 만나는 확률을 의미하는 빈도인자(frequency factor)로서 온도 또는 농도가 높거나 저어주는(stirring) 경우에는 그 값이 커지게 된다. 그리고 $E_a$는 활성화에너지를 의미하며 촉매를 넣어주면 그 값이 작아진다. $R$은 기체상수이며 $e$는 수학적 기호인 expotential항이다.

결국 아레니우스식이 보여주는 속도상수($k$)의 결정 요소는 반응물의 농도, 반응온도, 저어줌, 촉매의 유무 등이다.

또한 아레니우스식을 대수화(logarithm) 하면 화학반응속도를 반응온도에 따른 1차함수로 나타낼 수 있다.

$$\ln k = -E_a/R \cdot T + \ln A \qquad (식\ 1\text{-}63)$$

따라서 이 식은 각기 다른 반응온도에서의 속도상수($k$) 값을 알게 되면, 활성화에너지 크기를 계산할 수 있음을 보여준다.

화학반응이 진행되는 경로와 중간생성물의 형태를 제시한 것이 반응메커니즘(reaction mechanism) 또는 반응기구라고 한다.

반응기구는 반응물이 생성물로 변화하는 과정에서 그 중간에 존재 가능한 물질인 반응중간생성물(reaction intermediate)의 형태와 에너지적인 높이를 보여준다. 반응의 전이상태(transition state)에 존재하는 이 중간생성물은 특히 에너지적으로 매우 높고 불안정하여, 분광학적 분석으로도 그 실체의 유무와 형태에 관한 확인이 매우 어렵다.

활성화에너지는 반응물의 에너지 준위에서부터 반응중간생성물이 가지는 높은 에너지 준위로 올라가는 에너지장벽(energy barrier)의 높이를 가리킨다. 이것의 크기를 낮추는 방법은 촉매를 넣어주는 것이 유일하다.

## 1-8-3 화학평형과 평형상수

화학평형(chemical equilibrium)은 화학반응이 평형상태를 이루고 있는 것을 가리킨다. 이것은 반응계와 생성계가 평형을 이루어, 시간의 변화에 따른 농도변화가 양쪽 모두에서 없는 상태를 가리킨다.

즉, 시간의 경과와 상관없이 반응물 농도의 감소도 더 이상 없고, 생성물 농도의 증가 역시 더 이상 나타나지 않는 상태이다.

$$\text{화학평형} : -dC_{\text{반}}/dt = dC_{\text{생}}/dt = 0 \qquad \text{(식 1-64)}$$

위 식에서 $-dC_{\text{반}}/dt$ 항은 시간의 변화에 따른 반응물농도의 감소를 나타내고, $dC_{\text{생}}/dt$ 항은 시간의 변화에 따른 생성물농도의 증가를 의미한다.

화학적인 평형상태는 이 두 항이 모두 0인 상태이며, 시간이 아무리 흘러가도 반응물의 농도와 생성물의 농도가 전혀 변화하지 않는 상태이다.

그러나 외부적인 변화의 유무와 무관하게 화학평형은 동적인 평형(dynamic equilibrium)이다. 이것은 외부적으로는 농도의 변화가 없다 하더라도 내부적으로는 화학반응이 여전히 지속되고 있음을 의미한다. 즉, 반응물이 생성물로 바뀌는 속도와 생성물이 다시 반응물로 되돌아가는 속도가 동일하기 때문에, 겉으로 보기에는 반응이 더 이상 진행되지 않는 것처럼 보일 뿐이다.

화학평형은 정반응의 속도와 역반응의 속도가 같은 상태이다. 반응 초기에는 정반응의 속도가 역반응의 속도에 비해 압도적으로 컸었지만, 반응이 지속됨에 따라 정반응의 속도는 점차 감소하고 역반응의 속도는 점차 증가하게 된다.

결국 화학평형은 정반응의 속도와 역반응의 속도가 같아져서, 두 방향의 속도 상수값이 같아진 상태이다.

$$\text{반응물} \underset{k_r}{\overset{k_f}{\rightleftarrows}} \text{생성물} \qquad \text{(식 1-65)}$$

화학평형은 반응계를 구성하는 물질들의 상에 따라 균일평형(homogeneous equilibrium)과 불균일평형(heterogeneous equilibrium)으로 구분한다. 화학반응이 평형상태일 경우, 반응물질과 생성물질의 상(phase)이 모두 동일하면 균일평형, 그 중 한 물질이라도 상이 다르면 불균일평형이다.

$$\text{균일평형 : } 2H_2(g) + O_2(g) \rightleftarrows 2H_2O(g) \qquad \text{(식 1-66)}$$

$$\text{불균일평형 : } CaCO_3(s) \rightleftarrows CaO(s) + CO_2(g) \qquad \text{(식 1-67)}$$

화학평형에 관한 지금까지의 설명은 크게 다음의 세 가지로 요약할 수 있다.

첫째, 시간의 변화에도 (반응물 또는 생성물)농도의 변화가 없는 상태
둘째, 겉보기와는 달리 반응은 여전히 진행되고 있는 동적인 평형 상태
셋째, 정반응의 속도와 역반응의 속도가 같은 상태

지금까지 언급하진 않았지만, 여기에 열역학적인 표현 한 가지를 더 추가할 수 있다. 그것은 화학반응의 용이성을 나타내는 자유에너지로 설명하는 방법이다. 즉, 화학평형은 깁스(Gibbs) 자유에너지 변화량($\Delta G$)이 0인 상태이다.

화학반응의 진행상태가 평형상태에서 얼마나 이탈되어 있는 정도와 평형상태에서의 구체적인 반응속도를 표현한 항이 평형상수(equilibrium constant, $K$)이다. 즉, 평형상수가 클수록 정반응의 경향이 상대적으로 강함을 의미한다.

$$평형상수(K) = \frac{k_f}{k_r} \quad (식\ 1\text{-}68)$$

각각의 농도가 $a$와 $b$인 반응물 $A$와 $B$가 화학반응을 통해 그 농도가 각각 $c$와 $d$인 생성물 $C$와 $D$로 바뀌는 과정은 일반적으로 다음과 같이 표현할 수 있다.

이 경우 평형상수는 아래와 같이 농도로 표현되는 $K_c$와 압력으로 표현되는 $K_p$의 두 형태로 나타낸다.

$$aA + bB \rightleftarrows cC + dD \quad (식\ 1\text{-}69)$$

$$K_c = \frac{[C]^c\,[D]^d}{[A]^a\,[B]^b} \quad (식\ 1\text{-}70)$$

$$K_p = \frac{P_C^c \cdot P_D^d}{P_A^a \cdot P_B^b} \quad (식\ 1\text{-}71)$$

위 식에서 [ ]는 농도를, $P$는 압력을 나타낸다.

## 1-8-4 르샤틀리에의 원리

르샤틀리에의 원리(Le Chatelier's principle)는 평형상태에 있는 계를 대상으로 한 법칙이며, 평형상태에 있는 계에 외부로부터 자극이 주어지면, 그 계는 평형상태가 깨어지고 자극을 감소시키는 방향으로 다시 반응이 진행된다는 것이다.

르샤틀리에 원리에서의 자극은 농도의 변화, 온도의 변화, 압력 또는 부피의 변화 등이 있으며, 이런 자극에 의해 다시 시작된 반응은 또 다른 평형상태에 도달할 때까지 지속된다.

이에 관한 구체적인 예로서, 평형상태에 있는 계에 반응물질을 조금 더 첨가한다면 평형상태는 깨어지고, 반응물질을 감소시키기 위해 정반응의 속도가 더 증가하게 된다.

## 1-8-5 공통이온효과와 완충용액

공통이온효과(common ion effect)는 르샤틀리에 원리에 따른 결과로서, 용액 내 존재하는 이온을 포함한 다른 용질을 용액에 추가적으로 넣어주면 먼저 용해되어 있던 용질의 용해도가 감소하는 현상을 말한다.

이것은 르샤틀리에의 원리에 의해, 공통된 이온 농도의 상승을 억제하기 위해 최초 용해과정의 역반응이 다시 진행되기 때문이다.

완충용액(buffer solution)은 소량의 산이나 염기를 첨가하여도 용액의 산성도(pH)가 변함이 없는 용액을 말한다.

완충용액의 이러한 특성 또한 르샤틀리에 원리에 의한 결과이며, 용질 성분 중의 약산(weak acid)이나 약염기(weak base)가 쉽게 평형상태에 도달되는 특성 때문이다.

실제로 완충용액은 약산이나 약염기에 그것의 짝이 되는 짝염(conjugated salt)을 추가하여 용해시켜 제조한다.

완충용액은 제조하는 과정에 들어가는 용질의 종류에 따라 다양한 pH영역에서 완충작용을 나타내는 용액을 만들 수 있다.

## 문제

1. 4 g의 수소기체와 16 g의 산소기체로부터 6 g의 수증기가 생성되었다. 이 반응에서 한계반응물과 %수득률을 바르게 나타낸 것은?

① 수소기체 – 33.3%　　② 산소기체 – 33.3%
③ 수소기체 – 66.7%　　④ 산소기체 – 66.7%

2. 반응차수가 1차인 어떤 화학반응의 속도상수가 2 $sec^{-1}$이라면 반감기의 크기는 얼마인가?

① $0.5 \times \ln 2$　　② $\ln 2$　　③ $2 \times \ln 2$　　④ $4 \times \ln 2$

3. 화학반응의 속도에 관한 다음 설명들 중 옳지 않은 것은?

① 반응온도를 높여주면 빈도인자가 커지므로 반응속도가 증가한다.
② 촉매를 넣어주면 활성화에너지가 커지므로 반응속도가 증가한다.
③ 저어주면 반응물 사이의 빈도인자가 커지므로 반응속도가 증가한다.
④ 연속반응의 경우에는 가장 느린 단일단계가 속도결정단계이다.

4. 화학평형에 관한 다음 설명들 중 옳은 것은?

① 정반응과 역반응이 모두 종결된 상태이다.
② 정반응은 종결되었으나 역반응은 진행되는 상태이다.
③ 역반응은 종결되었으나 정반응은 진행되는 상태이다.
④ 정반응과 역반응이 모두 진행되고 있는 상태이다.

5. 다음의 설명들 중 틀린 것은?

① 평형상수가 클수록 화학반응은 잘 진행된다.
② 평형상수는 정반응과 역반응의 속도상수 비로 나타낸다.
③ 균일평형은 반응물과 생성물이 골고루 잘 분산된 상태이다.
④ 화학반응이 진행됨에 따라 [반응물] / [생성물]이 점점 작아진다.

6. 다음 르샤틀리에 원리에 관한 설명들 중 옳은 것은?

① 평형상태인 계에 반응물을 첨가하면 역반응이 다시 진행된다.
② 평형상태인 발열반응을 가열하면 역반응이 다시 진행된다.
③ 평형상태인 팽창반응을 가압하면 정반응이 다시 진행된다.
④ 평형상태인 팽창반응을 냉각하면 역반응이 다시 진행된다.

7. 완충용액에 관한 다음 설명들 중 옳지 못한 것은?

① 완충용액은 소량의 산 첨가 시에도 pH변화가 없다.
② 완충용액은 약산과 그 짝염으로 제조할 수 있다.
③ 완충용액은 pH가 항상 7을 유지한다.
④ 완충용액은 강산 + 강염기로는 제조할 수 없다.

## 풀이

1. 먼저 수소 분자와 산소 분자로부터 수증기가 생성되는 반응식을 완성한다.

$2H_2(g) + O_2(g) = 2H_2O(g)$

여기에서 수소는 2몰이므로 4 g이, 산소는 1몰이므로 32 g이 필요하다. 그러나 산소가 16 g이라고 했으므로 필요한 양의 절반임을 알 수 있다. 따라서 한계반응물은 산소 기체이다. 또한 위 식에서 산소기체 16 g에 해당하는 수증기 발생량은 18 g이어야 하지만, 실제적으로는 6 g밖에 생성되지 않았으므로 수득률은 1/3이다. 따라서 %수득률은 33.3%이다.

2. 1차반응에서의 반감기와 속도상수 관계는 다음과 같다.

$$\text{반감기}\,(t_{0.5}) = \frac{\ln 2}{k}$$

따라서 속도상수가 2 $\sec^{-1}$이므로 반감기는 0.5 × ln2 초(sec)이다.

3. ①, ③, ④는 모두 옳은 표현들이다. 그러나 화학반응에서 촉매를 넣는 이유는 활성화에너지를 작게 함으로써 반응속도를 증가시키기 위함이다. 따라서 ②번이 옳지 않은 설명이다.

4. 화학평형은 동적인 평형이어서 겉으로 보기에는 농도변화가 없으므로 반응이 종결된 것 같으나, 실제로는 정반응과 역반응이 모두 다 진행되고 있으며, 정반응의 속도와 역반응의 속도가 같을 뿐이다.

5. 화학반응에서 평형상수는 생성물 농도를 반응물 농도로 나눈 값이므로 그 값이 클수록 반응물 농도는 작고 생성물 농도가 큰 것을 의미하므로 ①의 표현은 맞다. 또한 평형상수는 정반응의 속도상수를 역반응의 속도상수로 나눈 값이므로 ②의 표현도 맞다. 그러나 균일평형은 반응물과 생성물이 골고루 잘 분산된 상태가 아니라 반응물과 생성물이 모두 동일한 상(phase)일 경우를 가리키는 용어이므로 ③은 틀린 표현이다. 그리고 화학반응이 진행됨에 따라 반응물은 점점 줄어들고, 생성물은 점점 많아지기 때문에, [반응물] / [생성물]은 반응이 진행됨에 따라 점점 작아진다는 ④의 표현은 옳다.

6. 평형상태에 있는 계에 반응물을 첨가하면 반응물 농도의 증가라는 외부자극이 왔으므로 르샤틀리에 원리에 의해 이를 감소시키기 위한 정반응이 다시 진행된다. 따라서 역반응이 다시 진행된다는 ①의 표현은 맞지 않다. 평형상태인 발열반응에 온도를 높이면 역반응이 다시 진행되므로 ②의 표현은 맞다. 그러나 평형상태인 팽창반응에 압력을 주면 역반응이 다시 진행되므로, 정반응이 다시 진행된다는 ③의 표현은 틀렸다. 그리고 평형상태인 팽창반응을 냉각하면 부피가 감소하므로 정반응이 다시 진행되게 된다. 따라서 역반응이 다시 진행된다는 ④의 표현은 맞지 않다.

7. ①, ②, ④는 모두 완충용액에 관해 옳은 표현들이지만, pH가 7이 아닌 완충용액도 많이 있으므로, ③은 옳은 표현이 아니다.

**정답** 1. ② 2. ① 3. ② 4. ④ 5. ③ 6. ② 7. ③

# 1-9 화합물의 명명법

물질의 이름을 정하는 방법이 명명법이다. 물질을 분류하는 것과 같이 명명법도 그 대상에 따라 다르다. 무기화합물은 이온화합물, 공유화합물, 배위화합물, 그리고 산에 대한 명명법이 따로 있다. 유기화합물의 명명법은 지방족, 방향족, 지환족, 그리고 작용기에 따른 명명법이 서로 다르다.

## 1-9-1 무기화합물 명명법

무기화합물에 대한 명명법은 그 대상을 이온화합물, 공유화합물, 산－염기 물질로 구분하는 것이 편리하다.

이온화합물(ionic compound)은 양이온과 음이온이 정전기적인 인력으로 결합한 화합물이다. 따라서 이온들의 이름을 먼저 알아야 한다.

이온화합물의 이름은 화합물을 형성하는 두 이온 이름을 순서대로 불러주면 된다. 한글명일 경우에는 화학식의 뒤 쪽 이온부터 불러주고, 영어명일 경우에는 앞 이온부터 먼저 불러준다.

다만, 먼저 불러주는 이온의 원소명의 어미를 변화시켜야 하는데, 한글명은 '～소'를 '～화'라고 하며, 영어명은 뒤 쪽 원소명의 어미를 '～ine'에서 '～ide'로 바꾸어주면 된다.

이온화합물의 명명법에 관한 대표적인 예로서 NaCl을 적용해보자.

위에서 언급한 것처럼 적용하면 한글명은 염화나트륨이 되고, 영어명은 Sodium Chloride이다. 왜냐하면 NaCl을 구성하는 두 이온인 $Na^+$와 $Cl^-$ 이온은 그 이름이 각각 나트륨이온(sodium ion)과 염소이온(chloride ion)이므로 염소의 '소' 대신 '화'를 넣어주고, chlorine의 'ine' 대신 'ide'로 바꾸어주면 한글명과 영어명이 된다.

그리고 이온화합물은 결합하는 이온의 전하량에 따라 이온의 개수가 결정된다.

예로서 알루미늄 이온은 그 전하가 +3이므로 −1의 전하를 가진 음이온과 결합하여 이온화합물을 형성할 경우에는 반드시 3개의 음이온이 결합하여야 한다. 만약 알루미늄 이온이 전하가 −2인 음이온과 결합할 경우라면 3개의 음이온과 두 개의 알루미늄이 결합해야 한다.

이온화합물의 명명법에서 가장 중요한 부분이 이온들의 개수를 불러주지 않는다는 점이다.

위의 예들처럼 $AlCl_3$는 삼염화알루미늄이 아니라 그냥 염화알루미늄(Aluminium Chloride)이며, $Al_2O_3$는 삼산화이알루미늄이 아니라 산화알루미늄(Aluminium Oxide)이다.

이것은 이온화합물을 형성하는 이온들의 전하가 모두 합하여 화합물의 전체의 전하가 0이 되어야 하기 때문이다. 따라서 이온화합물의 명명법에서는 이온의 이름과 함께 결합하는 각 이온들의 전하도 반드시 알아야 한다.

**표 1-10 기본적인 단원자이온과 다원자이온**

| 단원자이온(monoatomic ion) | | 다원자이온(polyatomic ion) | |
|---|---|---|---|
| $H^+$ | 수소(hydrogen)이온 | $H_3O^+$ | 히드로늄(hydronium)이온 |
| $Na^+$ | 나트륨(sodium)이온 | $NH_4^+$ | 암모늄(ammonium)이온 |
| $K^+$ | 칼륨(potassium)이온 | $OH^-$ | 수산화(hydroxide)이온 |
| $Ca^{2+}$ | 칼슘(calcium)이온 | $NO_3^-$ | 질산(nitrate)이온 |
| $Al^{3+}$ | 알루미늄(aluminium)이온 | $NO_2^-$ | 아질산(nitrite)이온 |
| $H^-$ | 수소음(hydride)이온 | $ClO_4^-$ | 과염소산(perchlorate)이온 |
| $F^-$ | 불소(fluoride)이온 | $ClO_3^-$ | 염소산(chlorate)이온 |
| $Cl^-$ | 염소(chloride)이온 | $ClO_2^-$ | 아염소산(chlorite)이온 |
| $Br^-$ | 브롬(bromide)이온 | $ClO^-$ | 하이포아염소산(hypochlorite)이온 |
| $I^-$ | 요오드(iodide)이온 | $HCO_3^-$ | 중탄산(bicarbonate)이온 |
| $O^{2-}$ | 산소(oxide)이온 | $MnO_4^-$ | 과망간산(permanganate)이온 |
| $S^{2-}$ | 황(sulfide)이온 | $CO_3^{2-}$ | 탄산(carbonate)이온 |
| $N^{3-}$ | 질소(nitride)이온 | $SO_4^{2-}$ | 황산(sulfate)이온 |
| $P^{3-}$ | 인(phosphide)이온 | $Cr_2O_7^{2-}$ | 중크롬산(dichlomate)이온 |

표 1-11 전이금속이온들의 전하와 라틴어명

| 금속이온 | 전하 | 영어명 | 라틴어명 |
|---|---|---|---|
| Cu | +1 | Copper (I) | cuprous |
| | +2 | Copper (II) | cupric |
| Fe | +2 | Iron (II) | ferrous |
| | +3 | Iron (III) | ferric |
| Sn | +2 | Tin (II) | stannous |
| | +4 | Tin (IV) | stannic |

주기율표에서 주족원소인 이온들은 그 전하가 한 개로 고정되어 있지만 전이원소인 이온들은 적어도 두 개 이상의 전하값을 가지므로 명명 시 그것의 확인이 필요하다. 예를 들어, 구리(Cu) 이온은 +1과 +2의 두 전하를, 철(Fe) 이온은 +2와 +3의 두 전하를 가진다. 이러한 전이원소이온의 이온화합물은 그 명명법이 두 가지 형태로 표현되는데, 표준 방법과 라틴어 방법이 있다.

표준 방법은 금속이온들의 전하를 각각 괄호 속에 로마 숫자로 표기하고, 라틴어 방법은 그 전하에 따른 고유한 이온명으로 표현한다.

전이금속이온들의 전하들 중에서 그 값이 작은 것을 '제1' 또는 '제일'이라고 하며, 큰 전하를 '제2' 또는 '제이'로 나타낸다.

이에 대한 예로서 $FeCl_3$를 보자. $FeCl_3$에서 Fe이온은 3개의 Cl이온과 결합하므로 전하가 +3이다. 또한 +3가인 철이온의 라틴어식 이름이 Ferric이므로 표준방식과 라틴어방식의 이름은 다음과 같이 표현되어야 한다.

- 표준 방식 : 염화철 (III), 염화제이철, Iron (III) Chloride
- 라틴어 방식 : Ferric Chloride

공유화합물(covalent compound)은 공유결합으로 생성된 분자로서 그 명명법이 이온화합물과 같지 않다. 이에 관한 가장 큰 차이점은 화합물을 구성하는 원자들의 개수를 공유화합물에서는 불러준다는 점이다.

그러므로 먼저 이온화합물과 공유화합물을 구분하는 것이 중요하다.

이온화합물은 금속 원소와 비금속 원소가 결합한 것이며, 공유화합물은 비금속

원소와 비금속 원소 사이의 결합이다. 따라서 주기율표에서 왼쪽편의 금속 원소와 오른쪽의 비금속원자가 만나서 결합하는 것인지, 아니면 오른쪽에 있는 비금속 원자들끼리의 결합인지를 확인하는 것이 중요하다.

만약 공유화합물로 판단된다면 아래와 같은 명칭을 숫자에 따라 원소명 앞에 불러주어야 한다.

| 일 : mono | 이 : di | 삼 : tri | 사 : tetra | 오 : penta |
|---|---|---|---|---|
| 육 : hexa | 칠 : hepta | 팔 : octa | 구 : nona | 십 : deca |

예로서 NO와 $CO_2$는 반드시 일산화질소(Nitrogen Monoxide), 이산화탄소(Carbon Dioxide)라고 해야 한다. 영어명에서는 숫자명과 원소명이 모음과 모음으로 만날 경우, 단모음 'o'만으로 표현한다. 예로서 CO의 영어명은 carbonmonooxide가 아니라 Carbon Monoxide이며, $N_2O_4$의 영어명은 dinitrogentetraoxide가 아니라 Dinitrogen Tetroxide이다.

배위화합물(coordinated covalent compound)은 공유결합에 필요한 전자쌍을 받아들이기만 하는 금속 원자와 전자쌍을 제공하는 리간드(ligand) 사이에서 생성된 화합물이다.

배위화합물은 그 구조가 다른 화합물들에 비해 상대적으로 복잡하며, 일반적인 표현법은 금속(metal, M)과 리간드(ligand, L)의 집합체인 $ML_n$으로 나타낸다.

배위화합물의 명명법은 다음과 같은 몇 가지 원칙이 있다.

첫째, 금속 원자의 이름보다 리간드의 이름을 먼저 불러야 하고, 리간드의 개수를 표현할 때에 리간드의 이름 내부에 di, tri, tertra와 같이 개수를 나타내는 부분이 있으면, 이를 각각 bis, tris, tetrakis로 그 개수를 표현해야 한다.

둘째, 전하가 다른 여러 개의 배위자가 있을 경우에는 음성배위자, 중성배위자, 양성배위자의 순서로 불러주어야 하며, 영어명에서는 음성배위자의 끝이 항상 알파벳 'O'로 끝나게 해야 한다. 다만 리간드명이 관용적인 경우는 예외이다.

셋째, 금속이 가지는 양전하의 크기는 반드시 괄호 속 로마숫자로 표기한다.

넷째, 배위화합물 전체가 음이온인 경우에는 금속 원자의 어미를 'ate'로 바꾸어야 하며, 전이금속은 라틴어명을 우선으로 한다. 또한 양이온이 뒤에 올 경우에는 한글명 맨 뒤에 '산'이라는 말을 붙여주어야 한다.

위와 같은 배위화합물의 명명법을 적용하기 위해서는 먼저 아래와 같은 리간드의 이름[1)]을 익혀야 한다.

배위화합물의 명명법을 몇 개의 예로서 살펴보자.

표 1-12 대표적 리간드의 종류와 명칭

| 리간드 | 한글명(외래어명) | 영어명 |
|---|---|---|
| $F^-$ | 불화(플루오로) | fluoro |
| $Cl^-$ | 염화(클로로) | chloro |
| $Br^-$ | 브롬화(브로모) | bromo |
| $I^-$ | 요오드화(요오도) | iodo |
| $O^{2-}$ | 옥소 | oxo |
| $CN^-$ | 시아노 | cyano |
| $NCS^-$ | 티오시아나토 | thiocyanato |
| $NO_2^-$ | 아질산 | nitro |
| $OH^-$ | 수산화(히드록소) | hydroxo |
| $CO_3^{2-}$ | 탄산(카보나토) | carbonato |
| $SO_4^{2-}$ | 황산(술파토) | sulfato |
| $NH_3$ | 암민 | ammine |
| $H_2O$ | 아쿠오 | aquo |
| CO | 카르보닐 | carbonyl |
| NO | 니트로실 | nitrosyl |
| $NH_2CH_2CH_2NH_2$ | 에틸렌디아민 | ethylenediamine(en) |
| $(OCOCH_2)_2NCH_2CH_2N(OCOCH_2)_2^{4-}$ | 에틸렌디아민사초산이온 | ethylenediaminetetraacetic acid (EDTA) |

1) 소방화학, 김명철, 녹문당, p.55(2016)

$K_4[Co(CN)_6]$는 여섯 개의 시아노(CN) 리간드와 +2가인 코발트 금속이 배위화합물을 형성하여 네 개의 칼륨 양이온과 결합되어 있는 모양이다. 시아노이온은 전하가 −1이고, 칼륨은 +1이므로 코발트의 전하가 +2임을 알 수 있다. 또한 한글명에서 마지막에 양이온이 있으므로 '산'을 붙여주어야 한다. 따라서 육시아노코발트(II)산칼륨과 Potassiumhexacyanocobalt (II)가 한글명과 영어명이다.

또한 예로서 $[Co(en)_3]^{2+}$는 에틸렌디아민이라는 중성리간드 세 개가 코발트라는 금속과 배위결합한 것이며, 리간드의 이름 내부에 '디(di)'라는 개수를 의미하는 어휘가 들어있음을 유의해야 한다. 그러므로 삼에틸렌디아민코발트(II)와 Trisethylenediaminecobalt (II)가 그 한글명과 영어명이다.

무기화합물 명명법 중 마지막으로 산과 염기 분자들의 이름에 대해 알아보자.

염기 분자들은 이온화합물의 일반적인 명명법에 의해 결정되지만, 염산이나 황산과 같은 대표적인 산(acid) 분자들은 표현하는 규칙이 있다. 예로서 HCl 분자는 이온화합물의 명명법에 의해 염화수소(Hydrogen chloride)이다. 그러나 염산(hydrochloric acid)이라는 용어가 더 익숙하다. 이와 같이 무기화합물인 산의 이름은 분자 내 음이온의 이름이 중요하고, 특히 영어명에서는 음이온의 영어명 끝에 따라 아래와 같이 세 가지로 구분한다.

염소이온(chloride ion)처럼 끝이 '~ide'로 끝나면, 산의 이름 맨 앞에 hydro라는 접두사를 붙인 뒤 맨 끝은 다시 '~ic acid'라고 한다. 이와 같은 방법으로 '~ate'로 끝나는 음이온의 경우에는 '~ric acid'로, '~ite'로 끝나는 음이온의 경우에는 '~rous acid'로 표현한다. 따라서 황산이온($SO_4^{2-}$)이 sulfate이므로, $H_2SO_4$의 이름은 황산(sulfuric acid)이 된다.

이 외도 염소산과 같이 산소 원자의 개수가 서로 다른 동일한 계열의 산소산(oxy acid)의 명명법에서는 산소 개수에 따라 다음과 같이 규칙적인 어미를 부여한다.

- $ClO_4^-$ 과염소산 이온(perchlorate ion)
  $HClO_4$ 과염소산(perchloric acid)
- $ClO_3^-$ 염소산 이온(chlorate ion)
  $HClO_3$ 염소산(chloric acid)
- $ClO_2^-$ 아염소산 이온(chlorite ion)

$HClO_2$ 아염소산(chlorous acid)

- $ClO^-$ 차아염소산 이온(hypochlorite ion)

$HClO$ 차아염소산(hypochlorous acid)

이러한 무기화합물의 명명법은 위험물의 분류와 특성을 이해하는데 매우 중요하다.

## 1-9-2 유기화합물 명명법

유기화합물은 탄소와 수소가 주성분인 탄화수소(hydrocarbon)들로서 구조적인 특성과 기능기(functional group)에 따라 다양하게 분류된다.

먼저 구조적인 특징에 따라서 벤젠 분자를 가지지 않는 지방족탄화수소(aliphatic hydrocarbon)와 적어도 한 개 이상의 벤젠 분자를 가지는 방향족탄화수소(aromatic hydrocarbon)로 구분한다. 또한 지방족 화합물은 탄소원자 개수에 대한 수소원자 개수비에 따라 알케인(alkane), 알켄(alkene), 알킨(alkyne), 지환족(alicyclic)으로 분류한다.

유기화합물에서 가장 대표적인 골격을 가진다고 할 수 있는 알케인 분자들은 분자 내 탄소 원자와 수소 원자의 구성비가 $C_nH_{2n+2}$의 형태를 가진 포화탄화수소이다. 포화탄화수소라는 의미는 탄소 개수에 대해 수소가 최대 개수로 결합되어 있다는(포화, saturated) 것이며, 이 경우 분자 내 탄소－탄소 결합이 모두 단일결합으로 되어 있음을 의미하기도 한다.

알케인계 탄화수소는 탄소 개수에 따라 다음 도표와 같은 이름을 가진다.

알케인계 탄화수소는 이런 분자 골격에 수소 대신 교환되는 치환기들의 종류와 위치에 따라 명명법이 정해진다. 예를 들어, 프로판 분자 내 2번 탄소에 염소 원자가 수소와 치환되어 있다면 2염화프로판(2-chloropropane)이다. 유기화합물에서 가장 흔하게 볼 수 있는 치환기는 알킬기(alkyl group, R)이며, 일반식은 $-C_nH_{2n+1}$이다. 알칼기는 탄소 원자의 개수가 1개이면 메틸($-CH_3$), 2개이면 에틸($-C_2H_5$), 3개이면 프로필($-C_3H_7$) 등과 같이 부른다.

표 1-13 알케인계 탄화수소의 명칭

| 탄소(C) 개수 | 화학식 | 물질명 | 탄소(C) 개수 | 화학식 | 물질명 |
|---|---|---|---|---|---|
| 1 | $CH_4$ | 메탄(methane) | 6 | $C_6H_{14}$ | 헥산(hexane) |
| 2 | $C_2H_6$ | 에탄(ethane) | 7 | $C_7H_{16}$ | 헵탄(heptane) |
| 3 | $C_3H_8$ | 프로판(propane) | 8 | $C_8H_{18}$ | 옥탄(octane) |
| 4 | $C_4H_{10}$ | 부탄(butane) | 9 | $C_9H_{20}$ | 노난(nonane) |
| 5 | $C_5H_{12}$ | 펜탄(pentane) | 10 | $C_{10}H_{22}$ | 데칸(decane) |

지방족 탄화수소 중에서 탄소－탄소 결합에 이중결합이 있는 불포화탄화수소가 알켄(alkene)이다. 알켄의 명명법은 이중결합의 위치와 개수, 그리고 치환기의 종류와 위치 등에 의해 이름이 정해진다. 특히 이중결합이 분자 내 두 군데 이상 있는 경우에는 이중결합이 있는 탄소 원자의 번호들을 콤마( , )로 구분하고, 그 개수를 나타내는 접두사와 함께 'ene'라고 표현한다. 예로서 탄소가 두 개이고 이중결합이 두 개인 $H_2C=CH-CH=CH_2$ 알켄계 지방족탄화수소의 이름은 1,3-butadiene이다.

그리고 한 분자 내 여러 개의 치환기가 있을 경우 동일한 종류의 치환기 두 개가 같은 쪽에 위치하는 경우를 'cis'라고 하며, 서로 반대쪽에 위치하는 경우를 'trans'라고 표현한다.

알킨계 지방족탄화수소는 분자 내 탄소－탄소 결합에 한 개 이상의 삼중결합이 있다. 알킨계 분자의 명명법 역시 탄소 원자의 개수, 삼중결합의 개수와 위치, 치환기의 종류와 개수와 위치에 따라 결정된다. 분자 내 삼중결합이 두 개 이상 있는 경우에는 알켄계열과 동일한 방법으로 이름을 붙이되, 'yne'를 개수와 함께 표현한다. 즉, $HC\equiv C-C\equiv C-H$ 분자는 그 이름이 1,3-Butadiyne이 된다.

지환족탄화수소(alicyclic)는 고리 형태 구조를 가진 지방족 탄화수소분자들을 말한다. 지환족탄화수소의 명명법은 탄소 개수에 의한 분자명칭 앞에 'cyclo'라는 표현을 넣어주면 된다.

방향족(aromatic)탄화수소는 분자 내 한 개 이상의 벤젠 분자 고리가 있으므로 대부분 벤젠유도체(benzene derivatives)들의 고유한 이름(톨루엔, 알코올 등)에 치환기의 종류와 위치로서 이름이 결정된다.

특히 크레졸(cresol) 등과 같이 치환기가 두 개 이상인 방향족화합물의 경우, 치환기의 위치에 따라 가까운 순서부터 오르토(ortho, o), 메타(meta, m), 파라(para, p)라는 접두어를 붙인다.

유기화합물의 명명법 중에는 탄화수소 분자의 골격 형태에 따라 알코올(alcohol), 에테르(ether), 케톤(ketone), 알데히드(aldehyde), 에스테르(ester), 카복실산(carboxylic acid) 등으로 표현한다.

유기화합물에서 알코올은 알킬기와 OH기가 결합되어 있는 분자들이다. 이를 일반식으로 표현하면 ROH로 나타낼 수 있고, 알킬기의 종류에 따라 메틸기가 결합된 메틸알코올($CH_3OH$), 에틸기가 결합된 에틸알코올($C_2H_5OH$), 프로필기가 결합된 프로필알코올($C_3H_7OH$) 등이 그 대표적인 예이다.

또한 알코올 분자 내 탄소 원자에 결합된 이웃 탄소 원자의 개수에 따라 1개는 1차(primary)알코올, 2개는 2차(secondary)알코올, 3개는 3차(tertiary)알코올이라고 한다.

그리고 알코올기(OH)가 분자 내부에 있는 유기화합물들 중에는 알코올과는 달리 서로 다른 탄소 원자에 알코올기가 각각 2개 또는 3개가 결합된 것도 있다. 이 경우 2개의 서로 다른 탄소에 알코올 기가 각각 1개씩 결합되어 있으면, 그 끝을 '~디올(diol)'이라고도 하지만 일반적으로는 글리콜(glycol)이라고 한다. 또한 3개의 경우에는 마찬가지로 '~트리올(triol)'이라고도 하나, 일반적으로는 글리세린(glycerin)이라고 한다.

알코올과 유사한 구조이지만 ROH가 아니라 RSH로서, 산소 원자 대신에 황 원자가 들어가 있는 분자들은 '~티올(thiol)'이라고 부르며 상업적인 명칭은 메르캅탄(mercaptan)이라고 한다.

유기화합물 분자 구조가 R-O-R로서 산소 원자를 중심으로 좌우 양쪽에 알킬기를 가진 구조를 에테르(ether)라고 한다. 에테르 분자들의 이름은 결합된 알킬기의 이름을 통해 표현한다. 예로서 양쪽의 알킬기가 모두 메틸기인 $H_3COCH_3$는 디메틸에테르(dimethylether)이고, 한 쪽은 메틸기이며 다른 한 쪽은 에틸기가 결합된 에테르 분자는 그 이름이 메틸에틸에테르(methylethylether)이다.

그리고 알코올의 변형인 티올 분자와 같이 에테르에서도 산소 원자 대신 황원자가 들어가 있는 R－S－R 구조의 분자를 티오에테르(thioether)라고 한다.

알코올과 에테르뿐만 아니라 유기화합물의 대표적인 구조로는 케톤(ketone)을 빼놓을 수 없다. 케톤은 카르보닐기(CO)를 중심으로 양 쪽에 알킬기(R)가 결합된 구조이며, 그 일반식은 R－CO－R로 표현할 수 있다. 케톤 역시 카르보닐기의 양 쪽에 들어가는 알킬기의 종류에 따라 이름이 결정된다. 다만 알길기가 들어가는 자리에 알킬기 대신 이중결합이 있는 치환기가 들어가 있을 경우에는 '～one'으로 표현하기도 한다.

예로서, 케톤의 가장 대표적인 분자인 $H_3C-CO-CH_3$는 그 이름이 디메틸케톤(dimethylketone)이며, 흔히 아세톤(acetone)이라고 한다.

또한 $CH_3COCH=CH_2$는 카르보닐기가 2번 탄소에 있고 이중결합이 있는 탄소 4개의 케톤구조이므로, 그 이름은 2-부타논(2-Butanone)이다.

유기화합물의 대표적인 기능기 구조로서 알데하이드(aldehyde)가 있다. 알데하이드는 카르보닐기(CO)를 중심으로 양쪽에 각각 알킬기와 수소 원자가 결합된 구조이며 일반식은 RCHO로 표현한다. 알데하이드 분자의 명명법은 알킬기내 탄소 원자의 개수에 의해 결정된다. 다만 탄소 개수에 따른 이름의 끝을 알데하이드라는 의미에서 '～알(al)'로 마치는 것이 특징이다. 특히 유의할 점은 탄소의 개수가 한 개의 경우는 특별히 포름(form)이라고 하고, 두 개인 경우에는 아세트(acet)라고 하는 점이 독특하다.

이 명명법을 예로 들자면, HCHO와 $CH_3CHO$는 각각 그 이름이 포름알데하이드(formaldehyde)와 아세트알데하이드(acetaldehyde)가 된다.

알데하이드 명명법의 가장 전형적인 예로서는 $CH_3CH_2CH_2CHO$를 들 수 있는데, 탄소 원자의 개수가 4개인 알데하이드 구조이므로 부틸알데하이드(butylaldehyde) 또는 부탄알(butanal)이라고 한다.

알킬기가 지방족 포화탄화수소에서 수소 한 개를 제거한 기(group)이라면, 아릴기(aryl group)는 방향족 탄화수소에서 수소 원자 한 개를 제거한 기이다.

알코올, 에테르, 케톤, 알데하이드와 함께 대료적인 유기화합물 기능기 구조인 에스테르는 독특한 과일향이 나는 분자들인데 COO를 중심으로 양쪽에 알킬기 또는 아릴기가 결합된 구조이며 일반식은 RCOOR′로 표현한다.

에스테르의 명명법은 RCOOR′ 중 순서적으로 뒷부분(back end, R′)을 먼저 명명한 후 앞부분(front end, R)을 명명해야 한다는 점이 독특하다. 그리고 앞부분을 표현할 때도 COO를 포함한 탄소 개수를 기준으로 명명하되, 영어명의 끝은 항상 'ate' 또는 'oate'로 마쳐야 한다.

대표적인 예로서 $CH_3CH_2COOCH_3$는 뒷부분 알킬기(R′)에 해당하는 메틸기를 먼저 부른 뒤, COO를 포함한 앞부분의 탄소 개수가 3개이며 끝을 ate로 마쳐야 하므로 메틸프로필레이트(methylpropylate)가 그 이름이다.

유기화합물 분자들 중 카복실산(carboxylic acid)은 COO 양 쪽에 각각 알칼기와 수소 원자가 결합된 구조이며, 일반식은 RCOOH이다.

카복실산의 명명법은 공식명(IUPAC name)과 관습명(common name)이 있으며, 공식명칭은 탄소 원자 개수에 따른 탄화수소명의 끝 부분에 산(~oic acid)을 붙여주면 되지만, 관습명은 분자 자체적으로 고유한 이름을 가지고 있는 점이 특징적이다.

카르복실산으로서 HCOOH 분자는 메타노익산(methanoic acid)이 공식명이며, 관습명은 포름산(formic acid)이다.

또한 $CH_3CH_2COOH$은 공식명이 프로파논산(propanoic acid)이며, 관습명은 프로피온산(propionic acid)이다.

## 1-9-3 유지와 비누화값

유지는 문자적으로 액체상인 기름(oil)과 고체상인 지방(fat)을 함께 가리키는 말로서 주성분이 지방산글리세린이다.

유지의 특성을 종류별로 구분해주는 대표적인 성질은 유지의 불포화도를 나타내는 요오드가(iodine value)인데, 유지 100 g속에 흡수되는 요오드의 g수를 의미한다. 요오드가가 큰 유지는 유지 내 이중결합의 개수가 많으므로 불포화도가 높다.

유지는 요오드가에 따라 건성유(drying oil), 반건성유(semidrying oil), 불건성유(nondrying oil)의 세 종류로 구분한다.

건성유는 요오드가가 130 이상인 유지로서 공기 중에 방치하면 고체 피막을 형성한다. 아마유(flaxseed oil)와 테레빈유(turpentine oil)가 여기에 속한다.

반건성유는 요오드가가 100을 넘고 130 미만인 유지이며, 공기 중에서 서서히 산화하여 점성이 증가되긴 하지만 고체 피막을 형성하지는 않는다. 참기름이나 미강유, 옥수수기름 등이 좋은 예이다.

불건성유는 요오드가가 100 이하이며, 공기 중에서도 잘 산화하지 않고 액체 상태를 안정적으로 유지한다. 올리브유, 야자유, 피마자유 등이 여기에 속한다.

비누화값(soaponification value)은 검화값이라고도 하며, 유지 1 g으로부터 비누화하는데 필요한 NaOH 또는 KOH의 mg수를 가리킨다. 비누화값이 클수록 소비되는 알칼리의 양이 많아지므로 제조된 비누의 강도가 커진다.

## 문제

1. 다음의 화학식과 물질명이 바르게 연결된 것은?

① $KCl$ - 염화나트륨
② $(NH_4)_2SO_4$ - 황산이암모늄
③ $Al(OH)_3$ - 삼수산화알루미늄
④ $Mg(ClO_4)_2$ - 과염소산마그네슘

2. 다음의 화학식과 물질명이 바르게 연결되지 못한 것은?

① $CaCl_2$ - 이염화칼슘
② $P_2O_5$ - 오산화이인
③ $N_2O_4$ - 사산화이질소
④ $SO_3$ - 삼산화황

3. 다음의 배위화합물과 물질명이 바르게 연결된 것은?

① $[PtCl_6]^{2-}$ - 육염화백금(II)
② $[Ag(NH_3)_2]^+$ - 이암민은(I)
③ $[Fe(H_2O)_4SO_4]^+ NO_2^-$ - 아질산사아쿠오황산철(III)
④ $(NH_4)_2[CuBr_4]$ - 사브롬화구리(II)암모늄

4. 다음 유기화합물들의 화학식과 물질명이 바르게 연결되지 못한 것은?

① $C_6H_5Cl$ - 염화벤젠(chlorobenzene)
② $CH_3CH=C=CH_2$ - 2,3-부타디엔(2,3-butadiene)
③ $C_6H_5CH_3$ - 톨루엔(toluene)
④ $CH_3CH_2CH_2CH(F)CH=CHCH_3$ - 4-불화-2-헵텐(4-Fluoro-2-heptene)

5. 다음의 설명들 중 틀린 것은?

① $CH_3CH_2CH(CH_3)OH$의 영어명은 sec-butylalcohol이다.
② $ClCH_2CH_2CH_2OH$의 영어명은 1-chloro-3-propanol이다.
③ $CH_3CHOHCH_2OH$의 영어명은 1,2-propanediol이다.
④ $CH_2OHCHOHCH_2OH$의 영어명은 propylene glycerin이다.

6. $CH_3CH_2COCH_2CH_3$ 분자에 관한 설명들 중 옳은 것은?

① 케톤계열의 분자이다.
② 알데히드계열의 분자이다.
③ 에스테르계열의 분자이다.
④ 카복실산계열의 분자이다.

7. $CH_3COOH$ 분자에 대한 설명 중 옳지 않은 것은?

① 산의 명명법으로는 초산(acetic acid)이다.
② 유기화합물로서는 카복실산 계열의 분자이다.
③ 관습명으로는 포름산(formic acid)이다.
④ 공식명으로는 에타노익산(ethanoic acid)이다.

8. 유지(oil and fat)에 대한 다음 설명들 중 옳은 것은?

① 올리브유는 건성유이다.
② 요오드값이 클수록 포화도가 높다.
③ 공기와 접촉 시 참기름이 야자유보다 점성이 더 증가한다.
④ 동일 조건에서 말랑말랑하고 강도가 낮은 비누는 비누화값이 크다.

## 풀이

1. ①번의 KCl은 염화나트륨이 아니라 염화칼륨이며, ②번의 $(NH_4)_2SO_4$는 이온화합물이므로 이온의 개수를 불러주지 않아야 하므로 황산이암모늄이 아니라 그냥 황산암모늄이며, ③번의 $Al(OH)_3$도 이온화합물이므로 삼수산화알루미늄이 아니라 수산화알루미늄이 옳은 명칭이다. ④번의 $Mg(ClO_4)_2$는 과염소산마그네슘이 바른 물질명이다.

2. 명명법에서 ② $P_2O_5$, ③ $N_2O_4$, ④ $SO_3$는 모두 공유화합물이므로 분자 내 원자들의 개수를 모두 불러주어야 하는 것이 옳다. 그러나 ① $CaCl_2$는 Ca와 Cl이 각각 금속과 비금속이므로 이온화합물이다. 따라서 이온의 개수를 불러주면 틀린다. 이염화칼슘이 아니라 그냥 염화칼슘이 맞다.

3. ①의 $[PtCl_6]_2^-$는 염소이온의 전하가 –1이므로 백금의 산화수는 +4이다. 따라서 물질명은 육염화백금(II)가 아니라 육염화백금(IV)가 맞다.
②의 $[Ag(NH_3)_2]^+$는 암민리간드가 중성리간드이고, 은의 산화수는 +1이므로 물질명은 이암민은(I)이 맞다.
③의 $[Fe(H_2O)_4SO_4]^+NO_2^-$는 괄호 내 황산이온은 음성리간드이고 물(아쿠오)은 중성리간드이므로 황산을 먼저 불러주어야 한다. 따라서 아질산사아쿠오황산철(III)이 아니라 아질산황산사아쿠오철(III)이라고 해야 한다.
④의 $(NH_4)_2[CuBr_4]$는 괄호안의 $CuBr_4$가 –2가의 음이온이므로 끝에 '산'을 붙여주어야 한다. 즉, 사브롬화구리(II)암모늄이 아니라 사브롬화구리(II)산암모늄이 맞다.

4. ① $C_6H_5Cl$ 염화벤젠(chlorobenzene), ③ $C_6H_5CH_3$ 톨루엔(toluene), ④ $CH_3CH_2CH_2CH(F)CH=CHCH_3$ 4-불화-2-헵텐(4-Fluoro-2-heptene)은 모두 바르게 표현된 물질명이지만 ②는 $CH_3CH=C=CH_2$의 물질명이 이중결합의 위치가 2와 3이 아니라 1과 2이므로 2,3-부타디엔(2, 3-butadiene)이 아니라 1,2-부타디엔(1,2-butadiene)으로 표현해야 맞다. 분자 내 원자의 번호는 앞과 뒤의 기준이 없으며, 숫자가 작게 나오도록 번호를 매기는 것이 우선이기 때문이다.

5. ① $CH_3CH_2CH(CH_3)OH$는 알코올기가 결합된 탄소가 두 개의 이웃 탄소와 결합하고 있으므로 2차(secondary) 알코올이며, 탄소의 전체 개수가 4개이므로 영어명은 sec-butylalcohol이 맞다. 그러나 ②는 $ClCH_2CH_2CH_2OH$의 알코올기가 결합한 탄소를 1번으로 불러줘야 하므로 영어명은 1-chloro-3-propanol이 아니라 3-chloro-1-propanol이라고 해야 한다. ③ $CH_3CHOHCH_2OH$는 3개의 탄소를 가지며, 2개의 알코올기가 있으므로 영어명은 1,2-propanediol이 맞다. 또한 ④ $CH_2OHCHOHCH_2OH$는 각기 다른 탄소 원자 세 군데에 모두 알코올기가 결합되어 있으므로 영어명은 propylene glycerin이 맞다.

6. $CH_3CH_2COCH_2CH_3$는 물질명이 디에틸케톤(diethyl ketone)으로서, 구조적으로 CO 양 쪽에 에틸기를 두 개 가진 전형적인 케톤 계열의 분자이다. 다른 방법으로 명명하면 3-펜타논(3-pentanone)이라고 할 수도 있다.

7. $CH_3COOH$ 분자는 무기산으로서의 명칭은 초산이며, 카복실산 계열의 유기화합물로서 관습명은 아세트산이다. 또한 학술적인 공식명은 에타노익산(ethanoic acid)이다. 따라서 ③번이 틀린 표현이다.

8. 올리브유는 불건성유이며, 요오드값이 클수록 불포화도가 높다. 또한 비누의 강도가 낮다는 것은 비누화값이 작은 경우이므로, ①, ②, ④는 모두 틀린 표현이다. 그러나 참기름은 반건성유이며 야자유는 불건성유이므로 공기와 접촉 시 반건성유인 참기름이 더 큰 점성을 가지게 된다. 따라서 ③번만이 바른 설명이다.

| 정답 | | | | | |
|---|---|---|---|---|---|
| | 1. ④ | 2. ① | 3. ② | 4. ② | 5. ② |
| | 6. ① | 7. ③ | 8. ③ | | |

# 1-10 고분자

고분자(macromolecule)는 용어 자체의 의미처럼 거대한 분자이며, 분자량이 10,000 이상인 것으로 규정한다.

천연고무와 DNA같은 천연고분자들도 있지만 주변에 있는 대부분의 고분자들은 기본이 되는 단분자(단량체, monomer)를 인위적으로 중합하여 만든 거대분자들이므로 이를 중합체(polymer)라고 한다.

## 1-10-1 단량체와 중합체

단량체는 중합반응이라는 지속적인 부가반응을 통해, 중합체를 제조하는 기본분자 한 개를 가리킨다. 따라서 모든 중합체들의 물성은 단량체의 종류와 중합방법에 따른 분자량에 의해 결정된다. 예로서 폴리에틸렌(polyethylene, PE)은 일반식으로 $n(C_2H_4)$로 표현할 수 있으며, 단량체인 에틸렌(ethylene, $H_2C=CH_2$)이 무수히 연결되어 만들어진다.

이런 중합과정은 단량체들의 연속적인 부가반응이 기본이므로 단량체 내 이중결합이 단일결합으로 바뀌어야 하고, 지속적인 단량체 사이의 결합반응으로 인해 매우 큰 중합열을 발생한다.

단량체들의 결합방식에 따른 대표적인 중합법으로는 부가중합(addition polymerization)과 축중합(condensation polymerization)이 있다.

부가중합은 단량체 내 다중결합이 단일결합으로 바뀌면서 단량체들이 서로 결합하는 형태이다. 그러나 축중합은 두 단량체 말단의 수산기(OH) 등으로부터 물분자가 빠져나오는 과정을 통해 단량체들이 결합해 나가는 형태이다.

합성고분자의 제조를 위한 중합과정은 대부분 수율이 좋지 못하고 반응조건 또한 고온, 고압인 경우가 대부분이다. 이를 극복하기 위해 중합반응에서는 촉매를 사용하여 낮은 온도와 압력 하에서도 결정성이 우수한 중합체를 합성한다.

중합반응에 사용되는 대표적인 촉매는 에틸렌이나 프로필렌으로부터 폴리에틸렌과 폴리프로필렌을 제조하는 과정에 넣어주는 지글러-나타(Ziegler-Natta) 촉매가 있다.

고분자 중합체는 분자량과 단량체의 종류에 따라 그 용도와 특성이 달라진다. 용도별 대표적인 형태는 합성섬유(synthetic fiber), 플라스틱(plastics), 합성고무(synthetic rubber), 기능성 고분자(functional polymer) 등이 있다.

합성섬유로는 나일론으로 대표되는 폴리아미드(polyamide)계, 폴리프로필렌 등의 폴리올레핀(polyolefin)계, 스판덱스(spandex)와 같이 탄성섬유인 폴리우레탄계(polyurethane), 폴리에스테르(polyester)계, 폴리아크릴(polyacryl)계 등이 있다.

플라스틱은 열을 가했을 때 외형이 변할 수 있는 열가소성 수지(thermoplastic resin)와 그 반대의 열경화성 수지로 구분되며, 단량체의 종류에 따라 폴리에틸렌(polyethylene, PE), 폴리프로필렌(polypropylene, PP), 폴리에틸렌프탈레이트(polyethylenephthalate, PET), 폴리염화비닐(polyvinylchloride, PVC), 폴리스틸렌(polystyrene, PS), 폴리카보네이트(polycarbonate, PC) 등이 있다.

특히 폴리염화비닐(PVC)은 건축용 자재로, 폴리스틸렌(PS)은 발포시켜 단열재인 스티로폼(styrofoam)으로, 폴리카보네이트(PC)는 기계적 강도가 우수한 산업용플라스틱(engineering plastic)으로 널리 이용되고 있다.

합성고무는 부타디엔고무(butadiene rubber, BR), 스틸렌부타디엔고무(styrene butadiene rubber, SBR), 아크릴로니트릴부타디엔고무(acrylonitrile butadiene rubber, NR), 클로로프렌고무(chloroprene rubber, CR), 이소부틸렌이소프렌고무(isobutylene isoprene rubber, IIR) 등이 대표적인 예이다.

부타디엔고무(BR)는 입체규칙성으로 인한 높은 강도와 내마모성이 우수하여 스노타이어용 합성고무로 사용되고 있으며, 스틸렌부타디엔고무는 여러 용도가 있어서 사용량이 가장 많은 합성고무이다.

아크릴로니트릴부타디엔고무(NBR)는 기름에 견디는 성질이 강한 내유성 고무로서, 각종 기계장치의 부품제조에 이용되고 있다.

클로로프렌고무(CR)는 내열성과 난염성(nonflammable)이 우수할 뿐만 아니라 인장강도가 커서, 전선 피복재와 기계설비의 벨트 등에 사용되고 있다.

이소부틸렌이소프렌고무(I.I.R)는 공중합체 중 이소부틸렌 성분이 지배적이며, 내열성과 내약품성이 우수하여 타이어용 내부 튜브 제조에 이용된다.

기능성 고분자는 물질에 첨가하여 물질 고유의 성질 이외의 물성을 갖게 하는 기능이 있다. 이로 인해 그 용도가 점증하고 있으며, 대표적인 예로서 전도성고분자(conductive polymer), 광반응성고분자(photosensitive polymer), 분리막고분자(separating membrane polymer) 등이 있다.

중합체가 전기전도성을 가진 것이 전도성 고분자이며 전지의 전극이나 전해질로 사용하면 전지 부피의 축소와 전기저장량 증가를 기대할 수 있다. 또한 박막의 우수한 발광 효과를 이용해 유기발광다이오드(organic light emitting diode, OLED)와 가변성 화면(flexible panel) 등의 우수한 디스플레이 재료 물질로 이용되고 있다.

광반응성고분자는 빛에 의해 쉽게 중합되거나 분해되는 성질을 가진 중합체이다. 따라서 반도체 제조공정에서 가장 널리 이용되고 있다.

분리막고분자는 중합체 말단에 전하를 띤 중합체로서, 정수기와 인공투석기 이외도 해수의 담수화플랜트 등에 박막 형태로 이용되고 있다.

## 1-10-2 공중합체

공중합체(copolymer)는 한 종류의 단량체만으로 중합된 단중합체(homopolymer)와는 달리 중합되는 단량체의 종류가 두 개 이상인 경우이다. 공중합체는 단량체를 두 종류 이상 함께 중합함으로써 특별한 물성과 용도를 갖게 한 것이다. 대표적인 예는 타이어 또는 내유성 고무로 사용되는 합성고무들이다.

SBR고무와 NBR고무는 모두 공중합체의 대표적인 예로서 각각 스틸렌(styrene)과 부타디엔(butadiene), 아크로니트릴(acronitrile)과 부타디엔(butadiene)을 공중합 한 것이며, 자동차용 타이어와 기름용 호스 제조에 사용된다.

공중합체는 단량체들의 결합 방식에 따라 크게 불규칙공중합체(random copolymer), 교대공중합체(alternating copolymer), 블록공중합체(block copolymer),

그라프트공중합체(graftcopolymer)의 네 종류가 있다.

불규칙 공중합체는 각기 다른 단량체의 연결 상태가 불규칙한 것으로서, 자연적으로 진행되는 중합법에 의해 생성되는 대표적인 형태이다.

교대 공중합체는 서로 다른 단량체들이 중합체 내 교대로 배열되어 있는 형태로서, 특별한 촉매에 의한 중합으로 가능하다.

블록 공중합체는 한 종류의 단량체가 여러 개 배열되다가 다시 다른 종류의 단량체들이 여러 개 배열되는 형태이다. 이것은 마치 단중합체가 교대로 반복되는 것과 같은 구조이다.

그라프트 공중합체는 한 종류의 단량체들이 지속적으로 배열되지만 이 배열에 가지처럼 다른 단량체들이 배열되는 구조를 가리킨다.

공중합체들은 구성 단량체의 종류가 같다고 하더라도 그 물성은 서로 간에 매우 다르다. 특히 중합체들의 강도는 분자량 이외도 중합체의 결정성과 직접적인 연관성이 있으며, 구조적인 규칙성이 있는 중합체는 결정성(crystallinity, tacticity)이 상대적으로 커서 강도도 높은 편이다.

## 1-10-3 분자량의 분산성

인간이 중합하여 제조한 중합체의 분자량은 수백만 또는 수십억과 같이 대부분 매우 크고, 고정된 분자량을 나타내지 못한다. 동일한 반응기에서 동일한 중합조건과 촉매를 사용하더라도 매번 분자량은 달라진다.

이 같은 현상을 분자량의 다분산성(polydispersity)이라고 한다. 따라서 합성 고분자의 분자량은 평균치로 나타내며, 여기에는 수평균분자량, 중량평균분자량, 점도평균분자량 등의 방법이 있다.

그러나 천연고무와 같은 천연고분자들은 그 분자량이 항상 고정된 값을 가지고 있다. 즉, 천연고분자는 단분산성(monodispersity)이 합성고분자와 다른 가장 큰 특징이라 할 수 있다.

## 문제

1. 분자량이 5,000 amu인 분자는 어디에 속하는가?

① 모노머(monomer)
② 폴리머(polymer)
③ 트라이머(trimer)
④ 올리고머(oligomer)

2. 폴리에틸렌에 관한 설명으로 바르지 못한 것은?

① 단량체는 에틸렌(ethylene)이다.
② 단량체들의 중합법은 축중합이다.
③ 중합과정에서 다량의 열이 발생된다.
④ 지글러나타(Ziegler-Natta) 촉매가 대표적이다.

3. 다음 중 나머지 셋과 용도상 다른 종류의 물질은?

① 나일론　② 스판덱스
③ 폴리아크릴　④ 폴리카보네이트

4. 다음의 합성고무 중 내유성이 가장 큰 것은?

① 부타디엔고무(BR)
② 스틸렌부타디엔고무(SBR)
③ 이소부틸렌이소프렌고무(I.I.R)
④ 아크릴로니트릴부타디엔고무(NBR)

5. 다음 중 공중합체의 단량체 배열방식이 아닌 것은?

① 블록공중합　② 교대공중합
③ 혼합공중합　④ 불규칙공중합

6. 다음 중 고분자의 분자량에 관한 설명들 중 옳지 않은 것은?

① 천연고분자는 다분산성(polydispersity)을 가진다.
② 합성고분자의 분자량은 수평균분자량으로 나타낸다.
③ 합성고분자의 분자량은 점도평균분자량으로 나타낸다.
④ 합성고분자의 분자량은 중량평균분자량으로 나타낸다.

## 풀이

1. ① 모노머(monomer)는 분자 한 개를 가리키는 단량체이므로 분자량이 5,000 amu를 가진다고 보기는 어렵다. 또한 ② 폴리머(polymer)는 중합체이므로 그 기준이 10,000 amu 이상이므로 맞지 않다. ③ 트라이머(trimer)는 단량체 분자 3개가 결합된 형태를 가리키는 용어이므로 이것 역시 분자량이 5,000 amu가 되기는 어렵다. 그러나 ④ 올리고머(oligomer)는 분자량이 1,000 ~ 10,000 amu 사이의 분자를 가리키는 용어이므로 바른 표현이다.

2. 폴리에틸렌은 지글러나타(Ziegler-Natta) 촉매 하에서 에틸렌을 부가중합시켜 제조한 중합체이며, 중합과정은 발열과정이다. 그러므로 ①, ③, ④는 모두 바른 표현이나, ②는 축중합이 아니라 부가중합이므로 틀린 표현이다.

3. ① 나일론, ② 스판덱스, ③ 폴리아크릴은 모두 합성섬유로 사용되는 물질들이지만 ④ 폴리카보네이트는 산업용 초강도 자재로 사용되는 플라스틱이다.

4. 내유성이 가장 큰 합성고무는 ④ 아크릴로니트릴부타디엔고무(NBR)이다.

5. ① 블록공중합, ② 교대공중합, ④ 불규칙공중합은 모두 전형적인 공중합 형태의 종류들이지만, ③의 혼합공중합이라는 형태는 없다.

6. 천연고분자는 단분산성을 가지므로 다분산성(polydispersity)을 가진다는 ①번의 표현은 옳지 않다. 그러나 합성고분자는 그 분자량을 수평균분자량, 중량평균분자량, 점도평균분자량으로 표현하므로 ②, ③, ④는 모두 바른 표현들이다.

**정답** 1. ④ 2. ② 3. ④ 4. ④ 5. ③ 6. ①

Chapter

# 02

# 화재 예방과 소화방법

## 2-1 연소와 화재

연소는 가연물이 산소와 함께 열과 빛을 방출하며 빠르게 진행되는 산화반응이다. 또한 화재는 소화의 필요성이 있는 연소로서, 인간의 신체나 재산상의 손실을 가져오는 것을 말한다.

화재는 연소되는 물질(=가연물)에 따라 종류를 구분한다. A급화재는 가연물이 고체로서 연소 후 재를 남기는 일반화재이며 백색으로 나타낸다. B급화재는 가연성 액체가 연소되는 유류화재로서 황색으로 표현한다. C급화재는 전기가 화재의 원인인 전기화재로서 청색으로 나타내며, 금수성 금속이나 금속 분진에 의해 발화된 금속화재는 D급화재로 분류하며 무색으로 상징한다. 이외도 가연물이 가스인 화재를 E급화재라고 하는데 유류화재와 동일한 황색으로 표현한다.

## 2-1-1 연소의 요소

연소는 4가지 요소인 가연물, 산소(공급원), 점화원, 연쇄반응에 의해 진행된다.

가연물(combustible)은 연소가 가능한 물질을 의미하므로 산화반응이 진행될 수 있는 분자이어야 한다. 따라서 이산화탄소($CO_2$)와 같이 이미 완전히 산화된 상태로서 더 이상 산화반응이 일어날 수 없는 산화물들은 가연물이 될 수 없다. 또한 화학적 활성이 없어서 화학반응이 진행될 수 없는 불활성기체(noble gas)나 산화반응이 진행되더라도 발열반응이 아닌 경우도 가연물이 아니다.

화재에 의한 발열량은 가연물의 양과 종류에 의해 결정된다. 이것은 건축물 화재에서 단위 면적당 발열량을 나타내며, 화재하중(fire load)이라고 한다. 화재하중의 전통적인 표현법은 단위 면적당 발열량을, 연소 시 동일한 발열량을 나타내는 목재의 무게로 표현한다.

따라서 화재하중의 단위는 $kg/m^2$이지만, $cal/m^2$와 같이 단위 면적당 에너지의 크기로 나타내기도 한다.

가연물의 상(phase)에 따라 연소의 형태도 달라진다.

가연물이 기체상일 경우에는 화염의 형성과 특성이, 공간적 위치에 의해 점진적으로 변화하는 가연물 농도와 산소 농도에 따르는 형태이므로 확산연소(diffusion combustion)라고 한다.

**표 2-1 건축물 유형별 화재하중**

| 유형 | 화재하중($kg/m^2$) |
|---|---|
| 호텔 | 5~15 |
| 병원 | 10~15 |
| 사무실 | 10~20 |
| 주택 | 30~60 |
| 상가 점포 | 100~200 |
| 서점 | 250 |
| 창고 | 200~1000 |

확산연소는 기체 가연물의 자연적으로 연소되는 대표적인 연소형태이다.

그러나 기체 가연물을 효율적으로 연소시키기 위해, 두 종류 이상의 기체 가연물을 미리 혼합시킨 후 연소시키는 방법도 있다. 기체 가연물을 대상으로 하는 이런 인위적인 연소형태를 예혼합연소(premixed combustion)라고 한다.

가연물이 액체인 경우에는 대부분의 연소가 가연물로부터 증발된 기체가 연소하는 형태이므로 증발연소(vaporization combustion)라고 한다.

나프탈렌과 같이 고체상에서 기체상으로의 승화(sublimation)되는 성질이 강한 가연물들은 가연성 기체의 생성이 증발현상과 같이 자발적 과정이므로, 증발연소라고 한다. 나프탈렌 이외도 실온에서 고체 가연물이지만 증발연소의 연소형태를 나타내는 물질로는 황(sulfur), 왁스(wax), 파라핀(paraffin), 장뇌(camphor) 등이 있다.

고체상 가연물의 대표적인 연소형태는 분해연소(pyrolysis combustion, decomposition combustion)이다.

고체 가연물은 산소 농도가 충분치 않은 경우, 가열에 의해 고체가 가연성 기체로 분해되는 현상을 나타낸다. 실제로 고체 가연물의 연소반응에서 생성되는 화염은 분해가스가 연소되는 것이다.

중유와 같이 점도가 큰 중질유 등은 실온에서 액체상이긴 하나, 가연성 기체의 생성이 증발에 의한 것보다 오히려 열분해에 의한 것이 더 지배적이어서 분해연소에 포함된다.

고체 가연물의 연소형태는 분해연소 이외도 표면연소(surface combustion)가 있다. 숯, 흑연, 코크스와 금속분 등은 가열을 해도 가연성 기체가 발생되지 않는다. 그러므로 가연물이 공기 중의 산소에 의해 열을 발산하며 연소되지만 화염이 생성되지 않는다. 즉, 표면연소는 화염이 생성되지 않으므로 무염연소(flameless combustion)이며, 가연물이 기체로 바뀌지 않고 표면이 직접 연소되므로 직접연소(direct combustion)이다. 표면연소는 무염연소의 형태로 진행되므로 연소온도가 일반적인 유염연소에 비해 상대적으로 낮다.

가연물들 중에는 화재 확대가 상대적으로 큰 경우의 것을 특수가연물로 분류하고, 이를 관련 법규[2)]에 의해 규정하고 있다.

**표 2-2 특수 가연물의 종류와 수량**

| 품명 | | 수량 |
|---|---|---|
| 면화류 | | 200 kg 이상 |
| 나무 껍질 및 대팻밥 | | 400 kg 이상 |
| 넝마 및 종이 부스러기 | | 1,000 kg 이상 |
| 사류(絲類) | | 1,000 kg 이상 |
| 볏짚류 | | 1,00 0kg 이상 |
| 가연성 고체류 | | 3,000 kg 이상 |
| 석탄·목탄류 | | 10,000 kg 이상 |
| 가연성 액체류 | | 2 $m^3$ 이상 |
| 목재 가공품 및 나무 부스러기 | | 10 $m^3$ 이상 |
| 합성수지류 | 발포시킨 것 | 20 $m^3$ 이상 |
| | 그 밖의 것 | 3,000 kg 이상 |

**표 2-3 기체 가연물의 한계산소농도(vol.%, 25℃, 1기압)**

| 가연물 | 화학식 | 한계산소농도 |
|---|---|---|
| 일산화탄소 | $CO$ | 5.9 |
| 에틸렌 | $C_2H_4$ | 11.7 |
| 에탄 | $C_2H_6$ | 13.4 |
| 프로필렌 | $C_3H_6$ | 14.1 |
| 프로판 | $C_3H_8$ | 14.3 |
| 메탄 | $CH_4$ | 14.6 |

2) 소방기본법 제15조 제2항, 소방기본법 시행령 제6조[별표 2]

연소의 요소들 중 산소공급원은 공기 중의 산소가 대표적이다. 이외는 산화제(oxidant, oxidizing agent)에 의한 산소와 가연물 분자 자체 내 산소 등이 연소에 사용될 수 있다.

공기 중의 산소는 연소가 진행되기 위해 최소한의 농도가 필요하다. 이것을 한계산소농도(limited oxygen concentration, LOC) 또는 한계산소지수(limited oxygen index, LOI)라고 한다. 일반적으로 A급화재에서의 한계산소농도는 15%이다. 그러나 한계산소농도는 가연물의 종류와 상태, 그리고 연소형태에 따라 달라진다.

연소의 요소 중 점화원은 가연물이 연소반응을 시작할 수 있는 최소의 에너지원(energy source)을 가리킨다. 이것은 가연물의 산화반응이 가지는 활성화에너지(activation energy, $E_a$)의 크기이다.

점화원은 크게 세 종류가 있으며, 기계적 에너지, 전기적 에너지, 화학적 에너지가 대표적이다. 기계적 에너지로는 압축열(compression heat), 마찰열(friction heat), 충격스파크(impact spark)가 대표적인 에너지이다. 전기적 에너지로는 저항열(resistance heat), 유도열(induction heat), 유전열(dielectric heat) 등이 대표적이며, 화학적 에너지로는 중합열(polymerization heat), 산화열(oxidation heat), 분해열(decomposition heat), 흡착열(adsorption heat) 등이 있다.

연소의 요소들 중 연쇄반응(chain reaction)은 점화에너지에 의해 시작된 연소반응이 지속적으로 진행되는 과정을 가리킨다. 연쇄반응은 반응의 경로 중 생긴 가장 높은 에너지 상태의 활성화된 중간생성체(activated intermediate)가 또 다른 이웃 가연물 분자를 활성화시킴으로써 진행된다. 연소반응에서 발생하는 활성화된 중간생성체는 여러 형태의 화학종(chemical species)이 있으나 H*와 OH*가 대표적이다.

연소반응은 이와 같은 네 가지 연소 요소가 모두 있어야만 가능하며, 한 요소가 없어도 지속적인 진행이 불가능하다.

## 2-1-2 연소의 종류

연소의 종류는 관점에 따라 다양한 분류가 가능하다.

연소는 단위 시간 당 가연물의 질량유속(mass flux)과 발산되는 화염의 열유속(heat flux)의 크기에 따라 다양한 형태로 진행된다.

정상연소(normal combustion)는 화염의 형태와 연소속도가 보편적인 모습의 연소를 말하며, 그렇지 못한 경우는 비정상연소(abnormal combustion)이다.

기체 가연물이 노즐(nozzle) 통해 나오는 연소의 경우, 가스의 분출속도와 연소속도가 동일하면 가스 노즐 입구에 정상적인 화염이 형성된다. 그러나 연소속도에 비해 가스의 분출속도가 느리면 화염의 일부분이 약간은 관 내부에서부터 형성되는 역화(back fire) 현상이 발생한다. 이와는 반대로 가스의 분출속도가 연소속도보다 더 빠르면 화염이 관 입구로부터 위쪽으로 떨어진 상태로 흩날리는 선화(lifting fire) 현상이 나타난다. 그리고 선화현상이 더욱 심해지면 바람에 의해 촛불이 꺼지듯이 화염 자체가 날려가 없어져버리는 블로우오프(blow off)현상이 나타낸다. 역화와 선화, 블로우오프 현상은 모두 비정상적인 연소이다.

정상연소는 연소반응의 발열량과 화염에 의한 발산열량이 동일한 크기로 균형을 이룬 상태이나, 발생열량이 발산열량보다 클 경우에는 비정상연소인 폭발을 나타낸다.

폭발(explosion)은 대표적인 비정상연소이다. 연소속도가 매우 빨라서 연소 현상이 순간적으로 진행되는 현상이며, 연소에 의한 충격파의 속도가 음속과 비교된다. 연소에 의해 발생한 충격파의 이동속도가 음속보다 빠른 폭발을 폭굉(detonation)이라 하고, 충격파의 생성 없이 연소속도가 음속 이하에서 빠르게 진행되는 것을 폭연(deflagration)이라 한다. 폭굉은 폭약의 폭발에서 흔히 볼 수 있는 현상이고, 폭연은 도화선이나 불꽃봉과 같은 것의 연소에서 잘 볼 수 있다.

폭발의 한 형태로서 분진폭발(dust explosion)도 있다.

분진은 75$\mu$m 이하의 입자상 물질을 가리키며 수 $\mu$m 정도로 매우 작은 입자상 가연물이 점화에너지를 공급받아 공기 중에서 폭발하는 현상이다. 분진폭발 시 공기 중 입자농도는 대략 25~80 mg/L 정도이다. 대부분의 물질들은 분진폭발의 가능성을 가지고 있으며, 그 대표적인 물질은 금속분, 설탕, 밀가루, 석탄,

황 등이다.

그러나 분진폭발을 잘 일으키지 않는 물질로서는 모래와 같은 규소화합물이나 석회석, 대리석, 시멘트 같은 칼슘화합물이 있다.

분진폭발은 주변의 습도가 낮을수록, 산소농도가 높을수록 발생 가능성은 높아진다. 그러므로 분진폭발을 방지하는 방법은 크게 세 가지가 있으며, 분진의 제거, 점화원의 제거, 불활성기체의 첨가 등이다. 분진폭발을 방지하기 위해 공기 중 상대습도를 70% 이상 유지하거나, 기계류를 접지해 두면 분진폭발의 대표적인 점화원인 방전현상을 차단하게 된다.

정상적인 연소로부터 시작하여 비정상적인 폭굉으로 바뀔 때까지의 거리를 폭굉유도거리(detonation inducement distance, DID)라고 한다. 여기서 거리의 개념은 물리적 공간을 나타내긴 하나, 실제적으로는 시간적 경과를 의미한다고 할 수 있다.

폭굉유도거리가 짧아지는(=최초의 발화 후 폭굉이 시작되는 때까지의 시간이 단축되는) 경우는 압력이 높거나, 점화원의 에너지가 크거나, 연소 온도가 높거나, 관 내부에 이물질이 있거나 관 내경이 좁은 경우이다.

연소의 형태 중에는 분해연소, 증발연소, 확산연소와 같이 가연물의 상에 따라 구분하지만 훈소(smoldering)와 같이 제한된 산소 농도 하에서 다량의 연기를 발생하며 속불 형태로 진행되는 연소도 있다. 훈소는 작열연소(glowing combustion)라고도 하며 연소 온도는 화염이 있는 유염연소에 비해 상대적으로 낮다.

이 밖의 연소형태로는 가연물 분자 내 산소를 산소공급원으로 사용하는 자기연소(self combustion)가 있으며, 니트로화합물과 같은 폭약류에서 볼 수 있다.

## 2-1-3 연소범위

연소 시 산소 농도가 일정한 수준이 되어야 하듯이 기체 상태 가연물의 경우에도 연소 가능한 농도가 있다. 이를 연소범위(flammability range)라고 한다. 연소범위는 연소하한계와 연소상한계 사이의 범위로서 연소하한계 아래에서는 가연물의 양적인 부족으로 연소가 불가능하고, 연소상한계 위쪽에서는 상대적인 산소 농도의 부족으로 연소가 진행될 수 없다. 가연물이 속한 공기 중 가연물의 부피 백분율로 표현하는 연소범위는 클수록 연소가능성도 커지고, 가연물의 종류에 따라 그 범위는 각기 다르다.

특히 연소반응이 폭발적으로 진행되는 기체 가연물들은 연소범위를 폭발범위라고 하며 산소 농도 또는 기체의 압력이 높아질수록 그 범위도 더 넓어진다. 따라서 기체 가연물의 폭발위험성은 폭발범위와 직접적인 관계가 있다.

표 2-4 기체 가연물의 폭발범위

| 물질명 | 연소범위(vol.%) |
|---|---|
| 아세틸렌 | 2.5 ~ 81.0 |
| 산화에틸렌 | 3.0 ~ 80.0 |
| 수소 | 4.0 ~ 75.0 |
| 일산화탄소 | 12.5 ~ 74.0 |
| 에테르 | 1.9 ~ 48.0 |
| 이황화탄소 | 1.2 ~ 44.0 |
| 아세트알데히드 | 4.1 ~ 57.0 |
| 메틸알코올 | 7.3 ~ 36.0 |
| 부탄 | 1.6 ~ 8.5 |
| 가솔린 | 1.4 ~ 7.6 |
| 헥산 | 1.1 ~ 7.5 |
| 에틸알코올 | 3.3 ~ 19 |
| 초산 | 4.0 ~ 19.9 |

## 2-1-4 연소온도와 자연발화 조건

연소반응이 진행될 가능성과 속도는 연소 온도에 의해 결정된다.

점화원의 존재 하에서 가연물의 연소 가능 최저 온도가 인화점(flash point)이다. 만약 연소온도가 인화점 아래이라면 가연물의 농도가 연소범위 안에 있더라도 연소반응은 시작되지 못한다.

연소점(fire point)은 가연물의 연소가 시작된 후 연속적인 진행이 가능한 온도이다. 연소점은 인화점에 비해 몇 도 정도 높은 온도로서, 인화점과 마찬가지로 가연물의 종류에 따라 각각 달라진다. 디젤엔진처럼 점화원이 없어도 가연물 자체의 온도에 의해 연소가 시작될 수 있는 온도는 발화점(ignition point)이다. 발화점은 인화점이나 연소점에 비해 매우 높은 온도이며, 최소 수백도 이상으로서 가연물의 자연발화가 시작될 수 있는 온도이다.

자연발화는 가연물의 자체 열에 의해 연소가 시작되는 현상이며, 발화의 가능성은 몇 가지 조건들의 복합적인 작용에 의해 결정된다.

자연발화는 열의 축적이 용이해야 한다는 것이 가장 큰 조건이므로 이를 위해 공기의 흐름이 제한적이며, 습도는 높을수록, 열 발생률은 클수록, 열전도율은 낮을수록 가능성이 높아진다.

표 2-5 가연물의 연소온도

| 물질명 | 인화점(℃) | 발화점(℃) |
|---|---|---|
| 부탄(butane) | －72 | 365 |
| 가솔린(gasoline) | －43 | 287.2 |
| 헥산(hexane) | －22 | 223 |
| 아세톤(acetone) | －20 | 465 |
| 벤젠(benzene) | －11 | 498 |
| 톨루엔(toluene) | 4 | 480 |
| 에틸알코올(ethylalcohol) | 13 | 363 |
| 초산(acetic acid) | 39 | 463 |

연소온도는 화재 현장에서 화재가 진행됨에 따라 달라진다. 건축물 실내 화재의 경우는 플래시오버(flash over) 현상 직후의 최성기 단계에서 연소온도가 가장 높다. 플래시오버는 실내 전체에 차있던 가연성 분해가스가 어느 순간 점화되어 방 안 전체가 폭발적으로 연소되는 현상이다. 플래시오버 때의 온도는 건축물의 종류에 따라 달라지지만, 내화구조의 경우는 950℃ 정도이고 목조건물은 1100℃ 정도이다.

발화와 함께 화재가 확산되는 과정은 전적으로 열전달(heat transfer)에 의존되어 있다. 열전달의 방법은 크게 세 형태로서 전도(conduction), 대류(convection), 복사(radiation)가 있다

열전달의 양적인 기준은 세 가지로 표현된다.

고온 발열체가 방출하는 총열량은 열방출율(heat release rate, HRR, $Q$), 저온 열수용체가 받아들이는 총열량은 열유동율(heat flow rate, HFR, $q$), 열유동율을 열수용체의 단위 면적으로 나눈 값을 열유속(heat flux, $q''$)이라 한다.

전도 열전달에 의해 전달되는 열량($q$)은 두 물체의 온도차($\Delta T$)와 접촉 면적($A$)에 비례하고, 두 물체 사이의 거리($d$)에 반비례 한다.

$$\text{전도열유동율}(q) = k \cdot A \cdot \Delta T / d \qquad \text{(식 2-1)}$$

위 식에서 $k$는 열전도상수(heat conduction constant)이며 그 값이 클수록 열전도도도 높아진다. 사용되는 단위는 J/m · sec · K 또는 W/m · k이다.

대류에 의해 전달되는 열량의 크기는 열전달 물체 사이의 온도차와 접촉 면적에 비례한다.

$$\text{대류열유동율}(q) = h \cdot A \cdot \Delta T \qquad \text{(식 2-2)}$$

여기서, $h$는 경막열전달계수(heat transfer coefficient of boundary layer)인데, 경막(boundary layer)은 열전달 고온 유체와 고체상 저온 열수용체 사이의 경계면을 의미한다. 경막열전달계수의 단위는 J/m$^2$ · sec · K 또는 W/m$^2$ · k이며, 대부분의 대류 열전달에서는 그 값이 5~10 J/m$^2$ · sec · K 정도이지만 층류화염 또는 화염 접촉 시는 5~50 J/m$^2$ · sec · K 정도로 증가한다.

복사에 의한 열전달 크기는 스테판-볼츠만 법칙(Stefan-Boltzmann law)에 그

근거를 두고 있으며, 온도의 4제곱에 비례한다.

$$\text{스테판-볼츠만 법칙 : 복사열의 크기}(E) = \sigma \cdot T^4 \quad \text{(식 2-3)}$$

위 식에서 $\sigma$는 스테판-볼츠만 상수로서 $5.67 \times 10^{-8}\ \mathrm{J/m^2 \cdot sec \cdot K^{-4}}$이다.

따라서 복사 열전달량은 열전달면적($A$), 열수용체의 형상계수(configuration factor, $F$), 두 물체 간 온도차에 의해 결정된다. 특히 고온 발열체와 저온 열수용체가 가지는 표면 온도의 4제곱에 비례한다.

$$q = \sigma \cdot A \cdot F \cdot (T_h^{\ 4} - T_l^{\ 4}) \quad \text{(식 2-4)}$$

위 식에서 $T_h$와 $T_l$은 각각 고온 발열체와 저온 열수용체의 온도를 가리키며, $F$는 형상계수로서 열수용체의 표면적 특성에 따라 감소되는 복사에너지의 크기를 의미한다.

## 2-1-5 건축물화재의 종류별 특성과 현상

건축물화재는 건축물의 종류에 따라 그 양상이 다르다. 화재는 발화, 성장기, 최성기, 감쇠기의 단계를 거쳐 소멸에 이른다. 이런 과정은 건축물의 종류, 가연물의 양, 층의 높이, 개구부의 유무와 크기, 구획실의 크기 등에 의해 단계별 진행되는 소요시간과 연소온도가 달라진다.

건축물화재에서 볼 수 있는 가장 대표적인 화재 현상은 앞에서 언급한 플래시오버(flash over)이다. 그런데 밀폐성이 좋은 내화건물의 경우에는 백드래프트(back draft) 현상과 중성대(neutral plane)를 볼 수 있다.

백드래프트는 말 그대로 화염이 실내로부터 바깥으로 튀어나오는 현상이다. 이것은 화재 단계로서는 최성기에 나타나는 현상으로서 실내에 축적되어 있던 가연성 기체가 갑작스런 산소 유입으로 인해 산소 유입구 쪽으로 폭발적인 연소가 진행되면서 화염이 밖으로 발산되어 나가는 것을 가리킨다. 이와 같이 백드래프트는 실내 화재가 지속됨에 따라 열분해로 인해 생긴 가연성 기체는 많으나 산소가 부족한 상태에서, 화재진압을 위해 진입하는 소방관이 문을 개방했을 때에 나타난다.

플래시오버와 백드래프트는 실내에 축적된 가연성 기체가 순간적으로 화염에 휩싸인다는 점에서는 유사한 것 같이 보이지만, 근본적으로는 전혀 다른 현상이며 크게 세 가지 부분에서 구분된다.

첫째, 화재진행의 단계에서 플래시오버는 최성기 직전에 나타나며, 백드래프트는 최성기 중후반에 나타난다.

둘째, 플래시오버는 화염이 방 안 전체로 확대되는 현상이지만, 백드래프트는 산소 유입구 방향의 화재실 바깥으로 화염이 폭발적으로 튀어나오는 현상이다.

셋째, 가연성 기체가 축적되어 있다는 점은 동일하지만 축적되어 있던 기체의 갑작스런 발화의 원인이 플래시오버는 복사열에 의한 발화에너지의 공급이며, 백드래프트는 산소의 공급이라는 점이 전혀 다르다.

밀폐성이 우수한 내화건물에서 볼 수 있는 또 다른 화재 현상은 중성대의 형성을 들 수 있다.

중성대는 화재가 진행 중인 건물 내 압력이 건물 외부의 압력과 동일한 구역을 말한다. 건축물 화재 시 일반적으로는, 뜨거워진 기체의 상승으로 인해 밀폐된 건물의 하층부에 비해 상층부의 압력이 상대적으로 높다. 따라서 건물 내 연기를 외부로 배연하기 위해서는 중성대 위쪽을 개방해야 한다.

## 2-1-6 유류저장탱크 화재의 현상

유류저장시설의 화재 시 나타나는 대표적인 현상들은 다음과 같다.

블레비(BLEVE)는 비등액증기팽창폭발(boiling liquid expanding vapor explosion, BLEVE)을 가리키며, 유류저장탱크 주변 화재에 의해 유류탱크 내 증기압 상승으로 탱크가 폭발하는 현상이다. 이 때 탱크 위쪽으로 분출된 유증기가 점화되어 파이어볼(fire ball)을 형성하기도 한다.

또한 윤화(ring fire)는 유류탱크 화재 시 소화를 위해 방사된 포소화약제에 의해 표면의 중앙부는 쉽게 소화되지만, 탱크 벽면 부근에는 거품이 깨어져 소화가 되지 못하고 고리 모양의 화염이 남아 있는 현상을 말한다.

보일오버(boil over)는 유류탱크 화재에서 화재가 지속됨에 따라 표면에서 형성된 뜨거운 열류층(heat layer)이 하강하여 바닥 부근에 있던 물을 비등시켜 발생한다. 액체인 물이 큰 부피의 수증기로 변하므로, 저장된 유류를 탱크 바깥으로 끓어 넘치게 하여 급격한 화재 확산을 가져오게 하는 현상이다.

프로스오버(froth over)는 말 그대로 유류탱크에서 기름이 거품처럼 넘쳐나는 현상이다. 이 현상의 원인은 보일오버와 유사하지만 저장탱크 외부로 끓어 넘치는 거품이 기름과 물의 혼합성분일 뿐, 거품에 의한 화염 발생은 필연적이지 않다.

슬롭오버(slop over)는 말 그대로 사방으로 기름이 튀는 현상이다. 슬롭오버는 유류탱크 화재 시 소화를 위해 방사된 포소화약제 속 물 성분이 뜨거운 기름과 접촉하여 발생된다. 이것은 물의 증발에 의한 갑작스런 부피팽창으로 인해, 유류 표면으로부터 불이 붙은 유류가 폭발적으로 비산되는 현상이다.

오일오버(oil over)는 블래비와 같이 유류저장탱크로부터 상층부로의 유증기 분출이 있지만 유류탱크 내 유류 저장량이 50% 이하 상태에서의 유증기 분출을 가리키며, 유증기에 의한 파이어볼의 발생은 필연적이지 않다.

## 문제

**1.** 다음 중 가연물이 될 수 있는 것은?

① 오존($O_3$) ② 일산화탄소(CO)
③ 중탄산칼륨($KHCO_3$) ④ 제1인산암모늄($NH_4H_2PO_4$)

**2.** 화재하중이 커지는 순서대로 바르게 나열된 것은?

① 호텔 < 창고 < 상가 점포 < 서점
② 주택 < 호텔 < 창고 < 서점
③ 병원 < 사무실 < 주택 < 상가 점포
④ 사무실 < 주택 < 상가 점포 < 호텔

**3.** 다음 중 실온에서의 대표적 연소 형태가 바르지 못한 것은?

① 황 – 증발연소 ② 왁스 – 분해연소
③ 금속분 – 표면연소 ④ 트리니트로톨루엔 – 자기연소

**4.** 표준상태에서 기체 가연물의 한계산소농도가 바르게 나열된 것은?

① 메탄 < 에틸렌 < 일산화탄소
② 메탄 < 에탄 < 프로판
③ 일산화탄소 < 에탄 < 에틸렌
④ 일산화탄소 < 프로판 < 메탄

**5.** 다음 중 나머지 셋과 공통적이지 않는 것은?

① 산화열 ② 발효열 ③ 유도열 ④ 압축열

**6.** 가스의 분출속도가 가스의 연소속도보다 느린 경우에 볼 수 있는 현상은?

① 백파이어 ② 파이어볼 ③ 링파이어 ④ 보일오버

7. 폭발에 관한 다음의 설명들 중 틀린 것은?

① 폭연(deflagration)은 충격파가 없다.
② 수산화칼슘은 분진폭발을 일으키지 않는다.
③ 공기 중 상대습도와 분진폭발의 가능성은 비례한다.
④ 공기 중 산소 농도에 따라 분진폭발의 가능성이 달라진다.

8. 폭굉유도거리(DID)에 관한 다음 설명들 중 옳은 것은?

① 압력이 증가하면 DID도 증가한다.
② 연소온도가 증가하면 DID도 증가한다.
③ 관의 내경이 증가하면 DID도 증가한다.
④ 점화에너지의 크기가 증가하면 DID도 증가한다.

9. 기체 가연물의 폭발범위가 크기 순서로 바른 것은?

① 일산화탄소 < 수소 < 에테르
② 이황화탄소 < 일산화탄소 < 산화에틸렌
③ 가솔린 < 아세틸렌 < 수소
④ 에테르 < 산화에틸렌 < 수소

10. 다음의 온도들이 높은 순서로 바르게 표현된 것은?

① 발화점 < 인화점 < 연소점
② 발화점 < 연소점 < 인화점
③ 인화점 < 발화점 < 연소점
④ 인화점 < 연소점 < 발화점

11. 열전달에 관한 다음의 설명들 중 옳지 않은 것은?

① 전도 열전달의 크기는 접촉 면적에 비례한다.
② 복사 열전달의 크기는 온도의 제곱에 비례한다.
③ 대류 열전달의 속도는 두 물체 간 온도차에 비례한다.
④ 플래시오버 현상에 가장 큰 영향을 준 것은 복사열 전달이다.

12. 건축물화재 현상에 관한 다음 설명들 중 옳은 것은?

① 플래시오버는 최성기 중간에 나타난다.
② 백드래프트 발생의 원인은 축적된 복사열이다.
③ 중성대 아래쪽의 압력은 건물 외부 압력보다 낮다.
④ 플래시오버는 내화건물이 일반건물보다 빨리 나타난다.

13. 유류저장탱크에서 볼 수 있는 현상들 중 다음의 설명에 해당되는 것은?

| 유류저장탱크 화재 시 포소화약제에 포함된 물 성분의 비등으로 인해 불붙은 기름이 유류 표면으로부터 사방으로 튀는 화재확산현상 |
|---|

① 슬롭오버(slop over) ② 보일오버(boil over)
③ 오일오버(oil over) ④ 프로스오버(froth over)

## 풀이

1. 가연물은 발열과정의 산화반응을 할 수 있는 물질이어야 한다. 그런데 ① 오존($O_3$)은 이미 완전히 산화된 상태이므로 산화반응을 진행할 수 없으므로 가연물이 될 수 없다. ② 일산화탄소(CO)는 이산화탄소로 산화반응이 가능하며, 발열반응(−283.5 kJ/mol)이므로 가연물이 될 수 있다. 그러나 ③ 중탄산칼륨($KHCO_3$)과 ④ 제1인산암모늄($NH_4H_2PO_4$)은 대표적인 분말소화약제이므로 가연물이 될 수 없다.

2. 화재하중의 크기는 호텔 < 병원 < 사무실 < 주택 < 상가 점포 < 서점 < 창고의 순서이므로, 바르게 나열된 것은 ③ 병원 < 사무실 < 주택 < 상가 점포뿐이다.

3. ① 황 − 증발연소, ③ 금속분 − 표면연소, ④ 트리니트로톨루엔 − 자기연소는 모두 바르게 짝지어졌으나, 왁스는 나프탈렌, 황, 파라핀, 캄포와 함께 실온에서의 대표적인 연소형태가 증발연소이므로 ②번이 틀렸다. 특히 트리니트로톨루엔은 니트로화합물로서 TNT폭약이며, 전형적인 자기연소 물질이다.

4. 실온이나 표준상태에서의 한계산소농도는 기체가연물들에 대해 다음과 같은 대략적인 크기(vol.%)를 나타낸다. 일산화탄소(5.9) < 에틸렌(11.7) < 에탄(13.4) < 프로판(14.3) < 메탄(14,6)이므로 따라서 이 순서로 바르게 나열된 것은 ④ 일산화탄소 < 프로판 < 메탄뿐이다.

5. 연소의 요소들 중 대표적인 점화원은 기계적에너지, 전기적에너지, 화학적에너지이다. 따라서 ① 산화열은 대표적인 화학에너지의 형태이며, ③ 유도열은 대표적인 전기적에너지이고, ④ 압축열은 대표적인 기계적에너지이다. 그러나 ② 발효열은 점화원으로서의 대표적 에너지 형태가 아니다.

6. ①번의 백파이어(back fire)가 역화로서 설명에 해당되는 바른 답이다. ②번의 파이어볼(fire ball)은 블래비 현상에 나타나는 공 모양의 화염 덩어리(화구)를 가리키는 용어이며, ③번의 링파이어(ring fire)는 유류저장탱크 화재 시 벽체 부근의 화염이 나타내는 고리 모양의 불을 의미한다. ④의 보일오버(boil over)는 유류탱크 화재 시 열류층의 하강으로 인해 밑바닥에 있던 물이 끓어오르는 현상을 가리키는 용어이다.

7. 폭연은 폭굉과는 달리 충격파를 발생하지 않으며, 수산화칼슘은 칼슘화합물이므로 분진폭발을 일으키지 않는다. 그리고 동일 조건 하에서는 공기 중 산소 농도가 높을수록 분진폭발의 위험성도 증가한다. 그러나 공기 중의 상대습도가 증가하면 방전의 위험성이 감소하여 분진폭발의 위험성도 감소한다. 그러므로 상대습도와 분진폭발의 가능성은 서로 간에 반비례 관계이다. 따라서 정답은 ④번이다.

8. 폭굉유도거리는 압력이 증가하거나, 점화에너지의 크기가 증가하거나, 연소온도가 증가하거나, 관 내경이 감소하거나, 관 내 이물질이 있을 경우에는 모두 짧아진다. 따라서 ①, ②, ④번은 모두 틀린 표현이며, ③번의 관의 내경이 증가하면 DID도 증가한다는 것만 바른 표현이다.

9. 기체 가연물의 폭발범위는 가솔린(1.4～7.6), 아세트알데히드(4.1～57.0), 이황화탄소(1.2～44.0), 에테르(1.9～48.0), 일산화탄소(12.5～74.0), 수소(4.0～75.0), 산화에틸렌(3.0～80.0), 아세틸렌(2.5～81.0)의 순서이므로 정답은 ②번뿐이다.

10. 가연물이 가지는 연소 관련 온도는 인화점이 가장 낮고, 그 다음이 연소점이며, 가장 높은 온도는 발화점이다. 그러므로 바른 순서로 나열된 것은 ④ 인화점 < 연소점 < 발화점이다.

11. ①, ③, ④는 모두 바른 표현들이지만 ②는 복사 열전달의 크기가 온도의 제곱이 아니라, 4제곱에 비례하므로 틀린 표현이다(스테판－볼츠만 법칙).

12. ①번 플래시오버는 최성기 중간이 아니라, 최성기 직전에 나타나므로 틀렸고, ②번 백드래프트 발생의 원인은 축적된 복사열이 아니라 산소의 공급이므로 틀렸으며, ④번 플래시오버는 내화건물이 일반건물보다 빨리 나타나는 것이 아니라 더 늦게 나타나므로 틀린 표현이다. 그러나 ③번 중성대 아래쪽의 압력은 건물 외부 압력보다 낮다는 표현은 옳으므로 정답이다.

13. 문제 속 설명은 슬롭오버를 가리키므로 ① 슬롭오버(slop over)가 정답이다.

| 정답 | | | | | |
|---|---|---|---|---|---|
| | 1. ② | 2. ③ | 3. ② | 4. ④ | 5. ② |
| | 6. ① | 7. ③ | 8. ③ | 9. ② | 10. ④ |
| | 11. ② | 12. ③ | 13. ① | | |

# 2-2 소화원리와 소화약제

소화는 연소반응을 저지하고 종결시키는 과정이므로 연소의 요소와 직접적인 관계가 있다. 또한 소화에 이용되는 약제들은 상(phase)과 성분, 방출방법에 따라 그 효과가 달라진다.

## 2-2-1 소화원리

대표적인 소화원리는 연소의 4요소를 억제하거나 차단하는 것이다.

먼저, 가연물과 관련된 소화법이 제거소화이다. 제거소화는 가연물을 화염으로부터 격리하거나 제거하는 것이다. 가스화재에서 가스밸브를 잠그는 행위나 또는 촛불을 불어서 끄는 것이 모두 대표적인 제거소화법이라 할 수 있다.

점화원과 관련된 소화법은 냉각소화이다. 냉각소화는 가연물과 연소반응이 진행되는 현장의 온도를 낮추어 줌으로써 연소반응에 필요한 활성화에너지의 공급을 차단하여 소화한다. 또한 냉각소화는 연소반응 전반에 걸쳐 온도를 내려가게 하여, 연소반응의 속도를 느려지게 하고 연쇄반응 활성체의 생성을 제한시키는 작용도 나타낸다.

아레니우스식에서 화학반응의 속도는 반응온도와 비례관계이므로, 연소반응 역시 낮은 온도에서는 연소속도가 느려질 수밖에 없다.

산소(공급원)와 관련된 소화법은 질식소화이다. 질식소화는 연소반응이 진행되는 공간의 산소농도를 한계산소농도(LOC) 아래로 떨어뜨려 불을 끄는 소화법이다. 질식이라는 문자적 의미처럼 산소를 전혀 없게 한다는 것이 아니라, 연소반응이 진행될 수 없을 정도로 산소농도를 제어하는 소화법이다.

화재가 진행 중인 실내에 이산화탄소를 대량으로 분사하여 불을 끄는 행위가 질식소화의 대표적인 예이다.

질식소화에 필요한 가스계 소화약제의 양을 공간의 크기로 나눈 것이 질식소화농도이다. 이것은 가연물 종류가 가진 각각의 한계산소농도에 따라 달라진다.

$$\text{질식소화농도(\%)} = \frac{21 - \text{LOC}}{21} \times 100\% \qquad \text{(식 2-5)}$$

연쇄반응과 연관된 소화법이 부촉매소화이다. 부촉매소화는 연소반응이 지속되도록 해주는 활성화된 중간생성체를 제거함으로써 연소가 더 이상 진행되지 못하게 하는 소화법이다. 부촉매소화법은 연소반응을 억제한다고 하여 억제소화라고도 하며, 그 방법이 앞의 세 가지 소화법과는 달리 화학적인 방법이어서 화학소화라고도 한다.

그 밖의 소화법으로는 방진소화, 유화소화, 희석소화, 탈수소화, 피복소화가 있다.

방진소화는 점성을 가진 끈적한 액체가 가연물 표면에 점착되어 연소를 저지하는 소화작용이며, 제3종분말소화약제인 제1인산암모늄($NH_4H_2PO_4$)에서 대표적으로 나타난다. 제1인산암모늄이 화염과 만나면 점성 액체인 메타인산($HPO_3$)이 생성되어 방진소화작용을 나타낸다.

유화소화는 유류탱크 화재 시 포소화약제에 의해 생긴 유화층(emulsified layer)이 유류표면에서 화염과 가연물을 분리시킴으로써 불이 꺼지는 소화작용이다.

희석소화는 유체 가연물 내 희석 가능한 불용성 물질을 다량 첨가함으로써 가연물의 농도가 연소범위를 벗어나게 하여 불을 끄는 소화방법이다. 알코올 화재 시 물을 다량으로 공급하는 방법이 대표적인 예이다.

탈수(dehydration)소화는 가연물 내 물을 제거함으로써 연쇄반응을 주도하는 화학종인 활성화된 중간생성물(H*, OH*)의 생성을 억제하는 소화방법이다. 탈수소화를 나타내는 대표적인 물질은 오르토인산($H_3PO_4$)이며, 방진소화작용을 나타내는 제1인산암모늄의 열분해 시 생성된다.

제1인산암모늄은 이밖에도 탈수과정과 약제의 열분해과정을 통해서 냉각소화작용을 나타내며, 암모늄이온($NH_4^+$)의 생성을 통해 약간의 부촉매소화작용도 가진다.

피복소화는 가연물의 표면을 비가연성 물질이 덮어줌으로써 가연물으로의 산소 차단을 통해 소화하는 방식이다. 즉, 건축물 화재 시 공기보다 무거운 이산화탄소 소화약제를 사용하여 바닥 층의 가연물들을 피복함으로써, 화염과 격리시켜 소화하는 방법이다. 모래에 의한 소화작용도 대표적인 예이다.

피복소화도 넓은 의미에서는 질식소화에 포함되지만, 좁은 의미에서 피복소화가 질식소화와 다른 차이점은 기체상태의 산소 농도이다. 질식소화는 가연물 주위의 공기가 한계산소농도 아래로 내려가서 소화되는 것이나, 피복소화는 공기 중의 산소 농도와 무관하게 가연물과 산소가 차단되어 소화되는 것을 가리킨다.

## 2-2-2 수계소화약제

수계소화약제는 물을 기반으로 하는 소화약제들이다. 여기에는 크게 분류하여 물소화약제, 포(foam)소화약제, 강화액(loaded)소화약제, 산－알칼리소화약제의 네 종류가 있다. 이를 다시 구분하자면 소화작용이 물에 의한 냉각소화가 절대적인 물소화약제와 강화액소화약제, 그리고 거품에 의한 질식작용이 가장 큰 소화작용인 포소화약제와 산－알칼리 소화약제로 양분할 수 있다.

물소화약제는 물의 큰 증발열(539 cal/g)과 비열(1 cal/g)에 의한 냉각소화작용이 가장 대표적이지만, 수증기 발생과 무상주수에 의한 질식작용도 있다.

물소화약제의 가장 큰 장점은 용수 확보와 사용이 용이하고 경제적이며, 냉각소화작용이 우수하다는 것이다. 그러나 동절기 동결되기 쉽고 2차적인 수손피해가 있다는 것이 단점이다.

포소화약제는 거품을 이용한 질식소화작용으로 화재를 진압한다. 또한 일부 포소화약제는 유화소화작용을 나타내기도 한다.

포소화약제는 거품을 발생시키는 방법에서 화학적인 방법과 기계적인 방법으로 구분된다. 화학반응을 통해 거품을 발생시키는 소화약제를 화학포(chemical foam)라고 하고, 기계적인 교반과 송풍을 통해 거품을 발생시키면 기계포(mechanical foam)이다. 화학포는 화학반응에 의해 발생시킨 거품 속 기체(포핵)가 이산화탄소($CO_2$)이지만, 기계포는 거품 속 기체가 공기이다. 그래서 기계포를 공기포(air foam)라고도 한다.

화학포는 과거에 소화기용으로 사용되었으나, 현재 포소화약제는 모두 기계포 소화약제이다. 화학포소화약제는 산성인 황산알루미늄과 알칼리성인 중탄산나트륨을 반응시켜서 거품을 발생하는 약제이다. 화학포의 발포반응은 다음과 같다.

$$6NaHCO_3 + Al_2(SO_4)_3 \cdot 18H_2O \rightarrow 2Al(OH)_3 + 3Na_2SO_4 + 6CO_2 + 18H_2O \quad \text{(식 2-6)}$$

기계포소화약제는 계면활성제 성분의 포원액을 물에 희석한 후, 제조된 포수용액으로 발포기를 통해 거품을 발생시킨다. 기계포소화약제는 많은 양의 거품을 단시간에 발생시킨다는 장점이 있어서, 유류화재에 가장 적합한 소화약제로 사용되고 있으며, 그 종류에 따라 알코올화재 등 다양한 형태의 화재에 폭넓게 사용되고 있다.

기계포소화약제는 그 성분과 용도에 따라 크게 단백포, 합성계면활성제포, 수성막포, 알코올형포의 네 종류로 구분할 수 있으나, 단백포소화약제를 세분하여 단백포와 불화단백포로 나누면 다섯 종류가 된다.

기계포소화약제들 중 최초로 개발된 단백포소화약제는 동물의 뿔이나 발굽 등의 천연단백질(natural protein)을 강한 알칼리용액과 반응시켜 제조한다. 이것은 강한 알칼리성 수용액이 단백질을 펩톤(peptone)[3]에 이르기까지 가수분해(hydrolysis)시킨 점성 액체이다. 단백포의 거품은 화염에 대한 내화성과 가연물 유류에 대한 내유성이 우수하지만, 천연물 성분으로 인한 원료 획득의 어려움과 보관상의 변질, 그리고 낮은 유동성으로 인해 소화 시 포의 전개가 느리다는 것이 대표적인 단점이다.

불화단백포소화약제는 천연물인 단백포소화약제가 지닌 여러 가지 단점들을 개선하기 위하여 단백포에 탄화불소계 합성계면활성제를 첨가한 것이다. 이로써 불화단백포는 포의 유동성과 내염성[4]이 우수하여 포의 전개방법으로서 표면하주입(subsurface injection, SSI)방식[5]이 가능하다.

3) 아미노산(amino acid) 분자가 2～3개 정도 붙은 크기 정도의 단백질 가수분해물

4) 오염되지 않는 성질

5) 유류탱크 하부에 거품(포)을 주입하는 방식. 포의 표면 전개가 균등하며, 포의 액 중 상승에 따른 일부 냉각작용도 있다.

합성계면활성제포소화약제는 발포성이 우수한 합성계면활성제를 사용하는 소화약제이다. 이것은 단백포의 단점을 개선하기 위한 것이어서 원료획득의 용이성, 높은 유동성, 장기간 보관이 가능하다는 점 등이 장점이다.

또한 합성계면활성제포소화약제는 기계포 약제들 중 유일하게 고발포가 가능하다는 점이 특징적이다. 합성계면활성제포의 원료인 합성계면활성제는 여러 종류의 계면활성제가 이용될 수 있으나, 술폰산염과 같은 음이온성 계면활성제가 많이 사용된다.

수성막포(aqueous film forming foam, AFFF)소화약제는 합성계면활성제포소화약제들 중 유류표면에 방사 시 수성막을 형성하는 합성계면활성제포를 가리킨다. 수성막포의 대표적인 용도는 유류화재의 진화이며, 질식소화, 냉각소화, 유화소화 등의 소화작용이 가능하다. 또한 수성막포는 기계포들 중 포의 유동성이 가장 크다는 특성과 함께, 불화단백포와 마찬가지로 거품의 표면하주입방식이 가능하다는 장점도 있다.

그리고 제3종분말소화약제와 함께 사용할 경우(twin agent unit, TAU), 소화능률을 크게 향상시킬 수 있어서 기계포소화약제들 중 가장 널리 사용되고 있다. 그러나 내열성이 약하여 연소온도가 높은 유류화재에서 나타나는 높은 소포현상[6] 등은 대표적인 단점이다.

알코올형포소화약제는 비석유계 인화성 액체인 알코올류 또는 에테르류의 화재에 사용가능한 포소화약제로서 내알코올포소화약제라고도 한다. 알코올과 에테르류는 화재 시 포소화약제들의 거품이 깨어지는 소포현상이 심하여 소화효율이 매우 낮다. 따라서 이런 단점을 개선한 포소화약제가 알코올형포소화약제이다.

알코올형포소화약제는 비석유계 액체 가연물 화재에 효과적인 포소화약제로서 단백질 가수분해물과 비누(soap)를 혼합한 금속비누형(metal soap type)과 단백질 가수분해물에 불소계 합성계면활성제를 일부 첨가한 불화단백형(fluoroprotein type), 그리고 액체 상태의 가연물 표면에서 고분자겔이 형성되는 고분자겔생성형(polymer gel formation type)으로 그 종류가 분류된다.

6) 화염이나 열에 의해 거품이 깨어지는 것

기계포소화약제의 제조과정은 먼저 계면활성제 성분의 포원액을 물과 혼합하여 포수용액을 만드는 것이다. 이 혼합과정에는 프레져 푸로포셔너방식(차압혼합방식, pressure proportioner type), 라인 푸로포셔너방식(관로혼합방식, line proportioner type), 펌프 푸로포셔너방식(펌프혼합방식, pump proportioner type), 프레져사이드 푸로포셔너방식(압력혼합방식, pressure side proportioner)의 네 가지 형태[7]가 있다.

프레져 푸로포셔너방식은 차압혼합방식이라고 하는데, 기계포소화약제의 포수용액 제조 과정 중 가장 보편적으로 사용하는 방식이며, 펌프와 발포기의 중간에 설치된 벤튜리관(venturi tube)의 벤추리작용을 이용한 흡입식과 격막을 이용한 압송식이 있다. 이 혼합방식은 혼합기에 의한 압력손실이 작고 혼합효율이 좋다는 장점이 있지만, 혼합 시 소요시간이 상대적으로 길다는 것이 단점이다.

라인 푸로포셔너방식은 관로혼합방식이라고 하며, 가장 단순하고 소규모 혼합기에 사용되는 방법이다. 이 방식은 약제탱크로부터 벤튜리관의 흡인력만으로 약제를 혼합기 내로 유입하는 방식이어서 압력손실이 큰 것이 단점이다.

펌프 푸로포셔너방식은 펌프혼합방식이라고 하며, 펌프의 토출관과 흡입관 사이 배관에 설치한 흡입기에 펌프로부터 송출된 물의 일부를 보내고, 농도 조정밸브에서 조정된 포원액의 필요량을 약제탱크로부터 펌프 흡입측으로 보내어 혼합하는 방식이다. 따라서 펌프혼합방식은 펌프의 작용을 통해 물대신 묽은 포수용액을 혼합기내로 흡인한다는 점이 특징적이다. 이 방식은 주로 화학소방차 등에 적용되는데, 유량계와 농도조절기를 이용함으로써 정확한 비율의 조정이 가능하다. 그러므로 약제의 손실이 작다는 장점은 있으나 장치의 부식이 크다는 점은 단점이다.

프레져사이드 푸로포셔너방식은 압력혼합방식이라고 하며, 급수펌프와 약제펌프를 가압용으로 각각 사용한다는 점이 특징적이다. 따라서 흡입을 위한 벤튜리관이 없으며, 포원액의 장기 보관과 가압에 의한 대량발포가 가능하다는 장점이 있어서 유류탱크 등의 대규모 고정식 포소화설비에 적합하다. 그리고 초기 설치비가 다른 혼합방식에 비해 상대적으로 크다는 점은 단점이지만 특수화학소방차

7) 국가화재안전기준(NFSC 105, 2015.12.28)

에도 적용가능한 방식이다.

기계포는 혼합기에서 제조된 포수용액을 기계적으로 교반하고 송풍하여 거품을 발생시킨다. 이 경우 포수용액의 부피에 대한 거품의 부피를 발포비 또는 팽창비(expanding ratio)라고 한다. 발포비가 클수록 동일 포수용액에 대한 거품의 발생량이 많고, 그 값이 6 이상 20 이하를 저발포(low expansion foam), 80 이상 1000 미만을 고발포(high expansion foam)라고 한다. 일반적으로는 3%용과 6%용은 저발포이고, 1%용, 1.5%용, 2%용은 고발포이다.

강화액소화약제(loaded stream extinguisher)는 물소화약제가 가지는 단점을 극복하기 위해 물 속에 염(salt) 등의 첨가제를 넣은 수계소화약제이다. 물소화약제가 가지는 동절기 결빙을 개선하기 위해 탄산칼륨($K_2CO_3$)이나 암모늄염(ammonium salt) 등의 염(salt)을 첨가하고, 소화성능을 높이기 위해 합성계면활성제 등의 포소화약제를 추가적으로 넣어준 약제이다. 따라서 강화액소화약제는 첨가한 염에 의해 －20℃ 이하에서도 사용할 수 있다(빙점강하현상). 강화액소화약제의 주된 소화작용은 물에 의한 냉각소화작용과 함께 암모늄이온($NH_4^+$)에 의한 부촉매소화작용도 일부 나타난다.

산알칼리소화약제는 거품을 이용한 포소화약제의 한 종류로서 화학포소화약제와 유사하다. 화학포소화약제와 다른 점은 산성 물질로 들어가는 고체 상태의 황산알루미늄 대신에 액체 상태의 황산수용액이 들어간다는 것이 가장 큰 차이점이다. 이 소화약제는 대량의 거품을 발생할 수 없다는 근본적인 문제점으로 인해 현재는 거의 사용되지 않는다.

### 2-2-3 가스계소화약제

가스계소화약제는 말 그대로 약제의 상이 기체인 소화약제이며, 실제로 사용되는 대표적인 약제는 이산화탄소소화약제, 할론소화약제, 할로겐화합물 및 불활성기체소화약제의 세 종류이다.

밀폐 용기 내 저장된 가스계소화약제량은 충전비(filling ratio)와 충전밀도(filling density)로 표현한다. 충전비는 가스계 소화약제 1 kg이 차지하는 저장용기의 부피(L)를 의미하며(L/kg), 그 크기가 작을수록 용기 내 저장된 약제량이 많음을 의미한다.

가스계 소화약제는 분사압력에 따라 고압식과 저압식으로 구분한다. 고압식은 68 L 가스표준용기에 소화약제를 보관하며, 방호구역이 작은 곳에 적합하다. 그러나 저압식은 대형 저장용기 내부에 가스계 소화약제를 보관하므로 공간활용도가 큰 편이며 상대적으로 넓은 곳의 소화에 적합하다.

충전밀도는 충전비의 역수 개념이다. 즉, 가스 저장 용기 1 $m^3$ 부피에 대한 약제무게(kg)의 비($kg/m^3$)를 의미한다.

가스계 소화약제들 중 이산화탄소소화약제와 할론소화약제의 저장량 은 충전비로 표현하고, 할로겐화합물 및 불활성기체소화약제의 저장량은 충전밀도로 나타낸다.

이산화탄소소화약제는 이산화탄소($CO_2$)가 주성분인 소화약제로서 질식소화작용이 대표적인 소화기능이다. 또한 줄－톰슨 효과[8]에 의한 냉각소화작용과 공기에 비해 1.52배 무거운 특성으로 인해 피복소화작용을 나타낸다. 그러나 주된 소화작용이 질식소화이므로 사람이 상주하는 곳에서는 사용상의 제한을 받는다. 이외도 분자 내 산소를 가진 자기반응성 가연물이나 이산화탄소와 반응하는 활성금속[9](reactive metal)이 있는 곳에서는 운용의 제한성이 있다.

할론소화약제는 약제분자 내 할로겐족 원소인 불소(F), 염소(Cl), 브롬(Br), 요오드(I) 중 한 개 이상이 들어있는 소화약제이다.

할론소화약제의 소화작용은 부촉매소화작용이 대표적이며, 이 외도 화염과 접촉 시 진행되는 열분해반응으로 인해 냉각소화와 질식소화도 나타난다.

부촉매소화작용은 활성화된 중간체의 작용을 소멸하는 것이므로, 연소온도가 낮은 무염연소의 경우에는 활성화된 중간체의 생성이 제한적이어서 부촉매소화작용이 거의 나타날 수 없다. 따라서 할론소화약제가 부촉매소화작용으로 인해

8) 고압의 저장용기로부터 저압의 대기 중으로 방출 시, 단열팽창에 의해 기체 자체의 온도가 내려가는 현상

9) 화학반응성이 강한 금속으로서 Na, K, V, Mo, Ti, Zr, W 등이 있다.

소화약제들 중에서는 가장 우수한 소화성능을 나타내지만, 표면연소와 같은 무염연소에 대해서는 소화작용을 거의 나타내지 못한다는 것이 단점이다.

할론소화약제는 국가화재안전기준에서 인정하는 약제의 종류로서 할론1301($CF_3Br$), 할론1211($CF_2ClBr$), 할론2402($C_2F_4Br_2$)의 세 종류가 있다.

할론소화약제의 이름은 할론(Halon)이라는 명칭 뒤에 네 개의 숫자로 그 성분을 표기한다. 첫 번째 자리는 분자 내 탄소원자의 개수를, 두 번째 숫자는 불소의 개수를, 세 번째 숫자는 염소의 개수를, 마지만 네 번째 숫자는 브롬의 개수를 나타낸다.

할론1301은 실온에서 기체이며 할론약제 중 가장 대표적이며 뛰어난 소화능력을 나타낸다. 약제 자체의 독성은 약하지만, 화염과 접촉 시 분자 내 할로겐 원소로 인해 생성되는 불화수소(HF)와 브롬화수소(HBr)는 독성기체이다.

할론1211은 할론1301과 마찬가지로 실온에서 기체이지만 인체독성이 더 강하다. 또한 할론1211은 분자 내 불소, 염소, 브롬이 모두 들어있음에도 불구하고 오존파괴지수(ODP)[10)]가 할론소화약제들 중 가장 작고, ABC급 화재에 폭넓게 사용가능하다는 점이 특징적이다.

할론2402는 할론약제들 중 분자량과 비중이 가장 크고 실온에서 액체이다. 인체에 대한 강한 독성으로 인해 국가화재안전기준에서는 할론소화약제로 인정되어 있으나, 소화약제의 형식승인에서는 소화약제로 인정하지 않는다.

할론소화약제를 운용하는 소화설비의 경우, 전역방출방식의 분사헤드 압력은 소화약제의 종류에 따라 각각 다르다. 할론1301이 가장 높은 압력으로 분사되는데, 0.9 MPa 이상이며, 할론1211은 0.2 MPa 이상, 할론2402는 0.1 MPa 이상이다. 압력 단위에서 0.1 MPa은 1기압에 해당된다.

할로겐화합물 및 불활성기체소화약제는 지구환경오염의 대표적인 두 지표인, 오존파괴지수(ODP)[10)]와 지구온난화지수(GWP)[11)]가 다른 가스계 소화약제들에

10) 할로겐화유기화합물들이 성층권 오존층을 파괴하는 정도를 나타내는 수치. 그 값이 클수록 환경오염도가 높다. ODP는 Ozone Depletion Potential의 약자이며, CFC11의 오존파괴 정도에 대한 상대치

11) 할로겐화유기화합물들이 가진 지구온난화 정도를 나타내는 수치. 그 값이 클수록 환경오염도가 높다. GWP는 Global Warmth Potential의 약자이며, 이산화탄소의 지구온난화 정도에 대한 상대치

비해 현저히 작은 소화약제이다.

$$\text{오존파괴지수(ODP)} = \frac{\text{물질 1 kg의 오존파괴량}}{\text{CFC11 1 kg의 오존파괴량}} \qquad \text{(식 2-7)}$$

$$\text{지구온난화지수(GWP)} = \frac{\text{물질 1 kg에 의한 기온 상승}}{CO_2 \text{ 1 kg에 의한 기온 상승}} \qquad \text{(식 2-8)}$$

국내에서는 현재 국가화재안전기준을 통해 13개의 소화약제를 인정하고 있으며, 할로겐화합물계열과 혼합가스계열이 있다.

그 중의 할로겐화합물계열은 할론소화약제와 유사한 분자구조와 성분을 가지고 있으나, 환경오염지수가 기존의 할론소화약제에 비해 수십 분의 일 정도로 매우 낮은 소화약제들이다.

그리고 혼합가스계 소화약제는 질소($N_2$), 아르곤(Ar), 이산화탄소($CO_2$)를 주성분으로 하되, 그 성분비를 각기 다르게 구성한 비활성기체(inert gas) 혼합물들이다.

할로겐화합물계 소화약제는 할론과 마찬가지로 부촉매소화작용이 대표적인 소화작용이나, 혼합가스계 소화약제는 질식소화작용이 대표적이다.

할로겐화합물 및 불활성기체소화약제의 인체독성은 할로겐화합물계열의 경우는 주로 부작용무관측최대농도(no observed adverse effect level, NOAEL)로, 혼합가스계열의 경우는 부작용준위(no effect level, NEL)로 나타낸다. 이것들은 모두 인체에 부작용이 나타나지 않는 최고농도를 의미한다.

소화약제를 분사하는 방호공간의 크기에 대한 소화가능한 약제량의 크기를 (이론)소화농도(extinguishing concentration)라고 한다. 그러나 소화설비의 설계농도(design concentration)는 일반적으로 이론적인 소화농도에 20%를 더 높여준 농도[12]이다. 따라서 NOAEL이 설계농도보다 작다면 그 청정소화약제는 인간이 상주하는 공간에 사용할 수 없다.

할로겐화합물계의 이름은 CFC명명법[13]으로 표현한다. 이 명명법은 CFC 뒤에

12) 소화설비의 실제 운용 시 약제손실량을 감안한 소화농도. B급화재의 경우에는 30%

13) 프레온(freon)식 명명법이라고도 한다. CFC는 chlorinated fluorinateded carbon(염화불화탄소)의 약자

세 개의 숫자를 적는데, 첫 번째 숫자는 분자 내 탄소 원자의 개수에서 1을 뺀 숫자를, 두 번째는 수소의 개수에 1을 더한 숫자를, 세 번째는 불소의 개수를 그대로 나타내는 방식이다. 이때 첫 번째 자리가 0이라면 생략할 수 있다.

예로서 ODP의 기준 물질인 CFC11은 두 자리이므로 탄소원자가 1개, 수소원자는 없으며, 불소가 1개 있음을 알 수 있다. 따라서 결합의 수가 4개인 탄소에서 불소 원자기 결합된 한 군데 이외 세 자리는 전혀 언급되지 않았다.

아무런 지정이 없으면 할로겐족 원소의 서열대로 넣어주면 된다. 즉, 불소 다음은 염소이므로 CFC11의 화학식은 $CFCl_3$이다.

혼합가스계 소화약제의 명명법은 비활성기체(inert gas, I.G)를 의미하는 IG뒤에 성분을 나타내는 세 개의 숫자를 적는다. 각각의 숫자는 순서대로, 질소, 아르곤, 이산화탄소의 상대적 백분율 비를 의미한다. 다만 숫자가 두 자리뿐인 경우는 맨 뒷자리가 0인 경우이므로, 이산화탄소는 전혀 없다는 의미이다. 예로서 IG541은 질소가 50%, 아르곤이 10%, 이산화탄소가 10%이며, IG01은 아르곤 100%이다.

할로겐화합물 및 불활성기체소화약제는 소화성능의 차이를 기준으로 하여 제1세대소화약제와 제2세대소화약제로 구분한다. 먼저 개발된 제1세대소화약제는 환경오염지수가 낮아짐과 동시에 소화능력까지 낮아져 버렸다. 그러나 제2세대소화약제는 환경오염지수도 낮고 소화능력도 우수하다는 점이 특징적이다.

제1세대 할로겐화합물계열 소화약제의 종류에는 HCFC계열, HFC계열, FC계열(=PFC계열) 등이 있으며, 혼합가스계로는 IG541, IG100, IG01, IG55가 있다.

제2세대 소화약제는 두 종류로서 FIC13I1과 FK 5-1-12가 있다. 두 약제 모두 할로겐화합물계열이며, FIC13I1은 분자 내 요오드 원자가 들어있으며, FK 5-1-12는 분자 내 케톤(ketone)구조가 있다. 특히 FK 5-1-12는 탄소 6개와 불소 12개, 그리고 케톤기를 구성하는 산소 1개로 구성된 분자인데, '젖지 않는 물'이라고도 불리며 NOVEC(Northern Virginia Electric Cooperative)이라는 상업명이 있다.

분말소화약제(dry chemical powder)는 방습가공된 고체 분말상 소화약제이다. 성분에 따라 1종부터 4종까지 네 종류로 구분하고 있으나 소화기와 소화설비에 사용되는 것은 ABC급 소화약제인 제3종분말소화약제뿐이다.

## 2-2-4 분말소화약제

분말소화약제의 소화작용은 종류에 따라 차이가 있으나, 질식소화, 부촉매소화, 냉각소화가 공통적이다. 질식소화는 분말 자체와 분말의 화염 접촉 시 발생된 열분해가스에 의한 것이며, 냉각소화작용은 열분해 과정이 흡열과정이므로 나타난다. 또한 부촉매소화작용은 열분해과정에서 발생된 $Na^+$, $K^+$, $NH_4^+$ 등의 양이온들에 의한 것이다. 특히 제3종의 경우에는 열분해 과정에서 탈수소화작용과 방진소화작용을 나타낸다.

분말소화약제의 품질은 성분의 순도와 함께 입자의 유동성이 결정한다. 분말약제는 보관 시 덩어리짐이 없어야 유동성이 우수하여 약제의 방사가 원활하다. 그러므로 분말 입자의 크기와 방습성이 매우 중요하며, 안식각(angle of repose)[14]으로 평가할 수 있다. 즉, 안식각의 크기가 작을수록, 입자간 뭉침이 작고 우수한 분말소화약제이다.

제1종분말소화약제는 중탄산나트륨($NaHCO_3$)이 주성분이며, 성분 구분을 위한 색상은 백색이다. 제1종분말소화약제는 화염과 접촉 시 이산화탄소와 수증기가 열분해가스로 발생된다. 특히 제1종분말소화약제는 저렴한 가격과 큰 유동성이라는 장점이 있으나, A급 화재에 대한 소화능이 약하다는 것이 단점이다.

제2종분말소화약제는 중탄산칼륨($KHCO_3$)이 주성분이며, 색깔은 담회색으로 구분한다. 제1종에 비해 가격이 비싸고, 분말의 흡습성이 크다는 단점뿐만 아니라 A급 화재에 대한 소화작용 역시 약하여 실제로는 사용되지 않는다.

제3종분말소화약제는 주성분이 제1인산암모늄($NH_4H_2PO_4$)이며, 담홍색으로 나타낸다. 제3종분말소화약제는 ABC급 소화약제로서 실제로 사용되고 있는 유일한 분말약제이며, 표면화재에도 소화작용이 있다. 질식소화작용은 열분해가스인 암모니아($NH_3$)와 수증기에 의한 것이며, 부촉매소화작용은 열분해 시 발생된 $NH_4^+$에 의해 진행된다. 또한 1차열분해(166℃) 시에는 오르토인산($H_3PO_4$)이 생성되어 탈수소화작용을 나타내고, 2차열분해(360℃) 시에는 메타인산($HPO_3$)이 생성되어 방진소화작용을 나타낸다.

14) 평면에 쌓인 분체 덩어리가 평면과 이루는 각도

제4종분말소화약제는 중탄산칼륨과 요소[$CO(NH_2)_2$]의 혼합물이며 구분 색상은 회색이다. 제4종 분말소화약제는 BC급 약제로서 소화성능이 분말약제들 중 가장 우수하지만, A급 화재에 대한 소화작용이 없고 가격도 비싼 편이어서 실제로는 사용되지 않는다.

이 밖에도 분말소화약제는 CDC와 금속화재용 분말소화약제 등의 종류가 더 있다. CDC는 compatible dry chemical의 약자로서 포소화약제와 함께 사용할 수 있는 분말소화약제를 가리킨다. 일반적으로는 분말소화약제로 먼저 소화한 후, 포소화약제로 재착화를 방지하는 방식이지만 분말에 의한 소포성으로 인해 비효율적이다. 따라서 그 중에서도 소포성이 가장 작은 제3종분말소화약제를 개량하여 수성막포와 함께 사용하는 것이 포소화약제에서 언급한 TAU 시스템이다.

금속화재용 분말소화약제는 가연성 금속의 연소 시 사용가능한 분말약제를 가리키며 화염확산보다는 산소차단에 의한 질식소화가 우수한 분말소화약제를 말한다. 이것은 일반적인 분말약제에 유기물을 혼합한 것으로서, 화염과 접촉 시 발생되는 유리질 성분의 질식소화작용와 피복소화작용을 이용한다.

## 문제

1. 다음 중 연소의 요소와 관련된 소화법이 아닌 것은?

① 방진소화 ② 질식소화
③ 화학소화 ④ 냉각소화

2. 소화작용과 관련된 것들이 바르게 연결된 것은?

① 냉각소화 – 한계산소농도 ② 피복소화 – 아레니우스식
③ 희석소화 – 알코올화재 ④ 제거소화 – 제1인산암모늄

3. 일산화탄소의 한계산소농도가 6 vol.%이라면, 다음 중 질식소화작용으로 인해 소화가 가능할 이산화탄소의 농도(vol.%)에 해당되는 것은?

| A(65%) | B(75%) | C(85%) | D(95%) |
|---|---|---|---|

① D ② C, D
③ B, C, D ④ A, B, C, D

4. 제1인산암모늄($NH_4H_2PO_4$)을 소화약제로 사용할 경우에 기대할 수 없는 소화작용은?

① 방진소화 ② 유화소화
③ 탈수소화 ④ 부촉매소화

5. 다음 수계소화약제의 종류들 중 소화작용이 유사한 것을 바르게 짝지은 것은?

① 포소화약제 – 물소화약제
② 물소화약제 – 강화액소화약제
③ 포소화약제 – 강화액소화약제
④ 물소화약제 – 산알칼리소화약제

6. 다음의 수계소화약제에 관한 설명들 중 옳은 것은?

① 물소화약제의 냉각소화작용은 큰 융해열 때문이다.
② 기계포의 거품 속 기체(포핵)는 이산화탄소이다.
③ 단백포소화약제는 펩톤성분으로 인해 유동성이 우수하다.
④ 합성계면활성제포소화약제는 고발포가 가능하다.

7. 다음의 기계포소화약제들 중 거품의 표면하주입방식(SSI)이 가능한 것들로만 짝지어진 것은?

① 수성막포 - 불화단백포 ② 단백포 - 불화단백포
③ 단백포 - 합성계면활성제포 ④ 알코올형포 - 합성계면활성제포

8. 알코올형포소화약제의 유형이 아닌 것은?

① 금속비누형 ② 불화단백형
③ 유화층형성형 ④ 고분자겔생성형

9. 포소화약제와 관련된 다음 용어들 중 나머지 셋과는 관련이 없는 것은?

① TAU ② SSI
③ AFFF ④ NOAEL

10. 기계포의 포수용액 제조를 위한 혼합방식에서 유량계와 농도조절기를 통해 물 대신 묽은 포수용액을 혼합기 내로 흡인하는 방식은?

① 펌프 푸로포셔너 ② 라인 포로포셔너
③ 프레져 푸로포셔너 ④ 프레져사이드 푸로포셔너

11. 강화액소화약제와 관련 있는 용액의 총괄성은?

① 증기압강하현상 ② 끓는점오름현상
③ 어는점내림현상 ④ 삼투압

12. 가스계 소화약제의 저장에 관한 다음 설명들 중 옳은 것은?

① 충전비(filling ratio)의 단위는 kg/L이다.
② 청정소화약제의 저장량은 충전비로 나타낸다.
③ 68 L 가스표준용기를 사용하는 것은 고압식이다.
④ 이산화탄소소화약제의 저장량은 충전밀도로 나타낸다.

13. 할론1301에 관한 다음의 설명들 중 틀린 것은?

① 화학식이 $CH_3F$이다.
② 실온에서 기체상태이다.
③ 화염과 접촉 시 HF가 발생된다.
④ 전역방출방식의 분사헤드 압력은 0.9 MPa 이상이다.

14. 할로겐화합물 청정소화약제에 관한 다음의 설명들 중 틀린 것은?

① ODP가 낮다.
② GWP가 낮다.
③ 부촉매소화작용이 있다.
④ 소화농도는 NOAEL보다 커야 한다.

15. 청정소화약제인 HCFC227의 화학식은?

① $C_2H_2F_7$ ② $C_3HF_7$ ③ $CF_2Cl_2Br_7$ ④ $CH_2F_2Cl_7$

16. 청정소화약제인 FIC13I1의 화학식은?

① $CH_3F$ ② $CF_3I$ ③ $C_2H_2I$ ④ $C_2H_4I$

17. FK 5-1-12에 관한 다음의 설명들 중 틀린 것은?

① 탄소와 불소로만 구성되어 있다.
② 질식소화작용이 주된 소화기능이다.
③ 분자 내 케톤(ketone) 구조가 있다.
④ 'NOVEC' 또는 '젖지 않는 물'이라고 한다.

18. 분말소화약제에 관한 다음의 설명들 중 옳은 것은?

① 제3종분말소화약제의 색상은 백색이다.
② 제1종분말소화약제는 A급 화재에 효과적이다.
③ 냉각소화작용과 부촉매소화작용이 공통적이다.
④ 안식각이 클수록, 방습성도 크고 우수한 약제이다.

19. 분말소화약제의 종류와 성분이 바르게 연결된 것은?

① 제1종분말소화약제 − $NaHCO_3$
② 제2종분말소화약제 − $K_2CO_3$
③ 제3종분말소화약제 − $NH_4H_2SO_4$
④ 제4종분말소화약제 − $CO(NH_2)_2$

20. 제3종분말소화약제의 열분해반응과 생성물의 소화작용을 바르게 연결한 것은?

① 1차열분해(166℃) − $H_3PO_4$ − 방진소화작용
② 1차열분해(166℃) − $HPO_3$ − 탈수소화작용
③ 2차열분해(360℃) − $H_3PO_4$ − 탈수소화작용
④ 2차열분해(360℃) − $HPO_3$ − 방진소화작용

## 풀이

1. 연소의 4요소와 관련된 4대 소화원리는 냉각소화(점화원), 제거소화(가연물), 질식소화(산소), 부촉매소화(연쇄반응)이며, 부촉매소화를 화학소화 또는 억제소화라고 한다. 그러나 ① 방진소화는 여기에 속하지 않는다.

2. 알코올과 에테르 등의 수용성 액체 가연물들의 화재 시 다량의 물을 주입하여 가연물의 농도를 묽혀줌으로써 불을 끄는 방법이 희석소화이므로 정답은 ③번이다. ①번의 한계산소농도는 질식소화와 관련이 있고, ②번의 아레니우스식은 냉각소화와 관련이 있다. 그리고 ④번의 제1인산암모늄은 제3종분말소화약제의 주성분으로서 제거소화와는 아무런 관련이 없다.

3. 일산화탄소의 한계산소농도치 6 vol.%를 다음 식에 넣어주면 소화에 필요한 이산화탄소의 농도를 계산할 수 있다.

$$\text{질식소화농도}(\%) = \frac{21 - \text{LOC}}{21} \times 100(\%) = 71.43\%$$

따라서 71.43% 이상인 B, C, D가 질식소화 가능농도이다.

4. 제1인산암모늄은 제3종분말소화약제의 주성분으로서 질식소화작용, 냉각소화작용, 부촉매소화작용, 방진소화작용, 탈수소화작용을 가진다. 따라서 ②번의 유화소화작용은 나타나지 않는다.

5. 수계소화약제의 대표적 네 종류인 물소화약제, 포소화약제, 강화액소화약제, 산알칼리소화약제들 중 물소화약제와 강화액소화약제는 질식소화작용도 일부 있으나 주된 소화기능이 냉각소화이다. 그러나 포소화약제와 산알칼리소화약제는 약간의 냉각소화작용도 있으나 주된 소화기능은 질식소화이다.
따라서 정답은 ②번의 물소화약제 – 강화액소화약제가 정답이다.

6. ①번의 경우, 물소화약제의 냉각소화작용은 큰 증발열과 비열 때문이며 융해열은 이용되는 에너지가 아니다. 또한 ②번의 경우, 기계포의 포핵은 이산화탄소가 아니라 공기이므로 틀렸다. 또한 ③번의 경우, 단백포소화약제는 펩톤성분으로 인해 점성이 커, 유동성은 오히려 낮다. 그러나 기계포소화약제들 중 고발포가 가능한 것은 합성계면활성제포 밖에 없으므로 ④번이 정답이다.

7. 기계포소화약제들 중 거품의 표면하주입방식이 가능한 것은 불화단백포와 수성막포 뿐이므로 ①번이 정답이다.

8. ① 금속비누형, ② 불화단백형, ④ 고분자겔생성형은 모두 알코올형포소화약제의 대표적인 종류이나, ③ 유화층형성형은 아니다.

9. ①번의 TAU는 twin agent unit의 약자로서 수성막포가 분말소화약제와 함께 소화하는 시스템을 가리키는 용어이고, ②번의 SSI는 susbsurface injection의 약자로서 표면하주입 방법인데 수성막포에서 가능하다. 그리고 ③ AFFF는 aquous film forming foam의 약자로서, 수성막포의 영어명이다. 그러므로 ①, ②, ③은 모두 수성막포와 관련된 용어이나, ④ NOAEL은 청정소화약제의 인체독성을 나타내는 용어이므로 나머지 셋과는 관련이 없다.

10. 농도조절기를 이용하여 물 대신 묽은 포수용액을 흡인하는 방식은 펌프 푸로포셔너 방식(펌프혼합방식)이다.

11. 강화액소화약제는 물이 동절기에 어는 단점을 극복하기 위해 약간의 염을 물에 집어넣어, 어는점을 내려가게 한 것이다. 이것은 용액의 네 가지 총괄성 중 어는점내림현상이 적용된 것이다.

12. 가스계소화약제의 충전비(filling ratio) 단위는 kg/L이 아니라 L/kg이며, 청정소화약제의 저장량은 충전비가 아니라 충전밀도(kg/m$^3$)이고, 이산화탄소소화약제의 저장량은 충전비로 나타낸다. 따라서 ①, ②, ④는 모두 틀렸다. 그러나 68 L 가스표준용기를 사용하는 것은 고압식이 맞으므로 ③번이 정답이다.

13. ②, ③, ④는 모두 할론1301을 설명하는 표현들이지만, 화학식은 $CH_3F$가 아니라 $CF_3Br$이 맞으므로 ①번이 틀렸다.

14. 청정소화약제는 환경을 오염시키지 않는 소화약제이므로 ODP와 GWP가 다른 소화약제들보다 낮다. 또한 할로겐화합물계열 청정소화약제는 부촉매소화작용이 주된 소화작용이다. 그러나 소화농도가 인체독성을 나타내는 NOAEL보다 클 경우에는 사용상의 제한을 받게 된다.

15. 청정소화약제의 명명법은 CFC식 명명법이므로, 세 개의 숫자 중 첫째는 탄소(C)개수에서 1을 뺀 것이며, 두 번째는 수소(H)개수에 1을 더한 숫자이고, 마지막 세 번

째 숫자는 불소(F)의 숫자를 그대로 적는 방식이다. 그러므로 HCFC227의 화학식은 $C_3HF_7$이다.

16. FIC13I1은 숫자부분의 13과 추가적인 정보의 $I_1$로 구성되어 있다. CFC식 명명법에서 숫자 부분이 두 자리이면 첫 번째 자리가 0이어서 생략된 경우이다. 그리고 $I_1$은 요오드(iodine)원자가 1개 있다는 의미이다. 따라서 탄소가 한 개, 수소는 없고, 불소가 세 개, 요오드가 한 개인 분자이다. 즉, 화학식은 $CF_3I$이다.

17. ①, ③, ④는 모두 FK 5-1-12에 관한 바른 설명들이이며, 이것이 할로겐화합물계열의 청정소화약제이므로 주된 소화작용은 부촉매소화이다. 따라서 ②번이 틀린 표현이다.

18. 분말소화약제의 공통적인 소화작용은 질식소화, 냉각소화, 부촉매소화이며, 제3종분말소화약제의 경우에는 여기에 방진소화와 탈수소화가 추가적으로 나타난다. 또한 제3종분말소화약제의 색상은 담홍색이며, 백색으로 나타내는 것은 제1종분말소화약제이다. 제1종분말소화약제는 A급화재에 소화능이 없는, BC급 소화약제이다. 그리고 안식각은 분말들이 뭉쳐지지 않는 성질을 보여주는데, 그 각이 작아야 분말 입자의 방습성도 크고, 우수한 소화약제이다.

19. 분말소화약제의 종류별 성분은 제1종이 $NaHCO_3$, 제2종은 $KHCO_3$, 제3종은 $NH_4H_2PO_4$, 제4종은 $KHCO_3$와 $CO(NH_2)_2$의 혼합물이다. 따라서 정답은 ①번이다.

20. 제3종분말소화약제의 주성분은 제1인산암모늄이며, 화염과 접촉 시 두 단계에 걸쳐 열분해된다. 1차열분해(166℃) 시에는 오르토인산($H_3PO_4$)이 생성되어 탈수소화작용을 나타내고, 2차열분해(360℃) 시에는 메타인산($HPO_3$)이 생성되어 방진소화작용을 나타낸다. 따라서 바르게 표현된 것은 ④번뿐이다.

| 정답 | | | | | |
|---|---|---|---|---|---|
| | 1. ① | 2. ③ | 3. ③ | 4. ② | 5. ② |
| | 6. ④ | 7. ① | 8. ③ | 9. ④ | 10. ① |
| | 11. ③ | 12. ③ | 13. ① | 14. ④ | 15. ② |
| | 16. ② | 17. ② | 18. ③ | 19. ① | 20. ④ |

# 2-3 소화설비

화재의 발생을 인지하거나 화재확산을 억제하여 피해를 감소시키기 위한 설비가 소방시설이다. 소방시설에는 크게 다섯 종류로 분류하며, 소화설비, 경보설비, 피난설비, 소화활동설비, 그리고 소화용수설비가 있다.

## 2-3-1 소화설비의 종류

소화설비는 물이나 소화약제를 분사하는 장치로서 화재의 확산을 차단하는 설비이다. 방호대상물에 설치하는 소화설비는 소화기구, 옥내소화전, 옥외소화전, 스프링클러, 물분무 등 소화설비가 있다. 또한 물분무 등의 소화설비에는 물분무 소화설비 뿐만 아니라 포소화설비, 이산화탄소소화설비, 할론소화설비, 할로겐화합물 및 불활성기체 소화설비, 분말소화설비, 미분무(mist)소화설비가 있다.

## 2-3-2 소화기와 소화능력단위

소화기는 질소기체($N_2$)가 제공하는 압력을 이용하여 내부에 충전된 물이나 소화약제를 방출하는 소화기구이다. 종류에는 소형소화기와 대형소화기가 있으며, 소형소화기와 대형소화기는 소화능력에 따라 구분한다. 소형소화기는 능력단위 1단위 이상에서 대형소화기의 소화능력 미만의 것이다. 대형소화기는 사람이 운반할 수 있는 것으로서 운반대와 바퀴가 있어야 하며, A급화재에는 10단위 이상, B급화재에는 20단위 이상의 것이다.[15)]

15) 소화기구 및 자동소화장치의 화재안전기준(NFSC 101), 2021.1.15

소화기의 소화능력을 표현하는 능력단위는 규정에 따라 공인기관에서 시험하여 결정한다. 국내의 경우에는 한국소방산업기술원(KFI)에서 이를 시행한다. 예를 들자면, 삽 한 자루를 포함한 마른 모래 50 L는 0.5단위이며, 삽 한 자루를 포함한 팽창질석(expanded vermiculite) 또는 팽창진주암(expanded pearlite) 160 L는 1단위이다.

소화기는 압력의 제공 방식에 따라 가압식과 축압식으로 구분한다. 가압식은 용기 내 압력통이 사용 시 터져서 압력을 제공하는 형태이나, 축압식은 보관 시에도 늘 압력이 차 있는 형태이다. 따라서 축압식은 압력게이지가 부착되어 있으며, 0.7～0.8 MPa 정도의 적정압력이 유지되어야 한다.

소화기구에는 사람이 수동으로 조작하는 소화기와는 달리 화재의 감지와 동시에 자동으로 작동하는 자동소화장치가 있다. 여기에는 다음과 같은 여섯 가지가 규정되어 있다.[16)]

주방용자동소화장치는 가스 누출의 감지 시, 자동으로 가스를 차단하고 소화약제를 방사하는 장치이다. 캐비넷형자동소화장치는 캐비넷형태의 소화장치로서 다양한 감지기(열, 연기, 불꽃)로부터 화재를 감지하면 소화약제를 방사하는 설비이다. 가스식자동소화장치와 분말식자동소화장치와 고체에어로졸식자동소화장치는 화재 감지(열, 연기, 불꽃) 시, 각각 가스계소화약제, 분말소화약제, 에어로졸 소화약제를 방사하는 장치이다. 그리고 자동확산소화장치는 화재 발생에 따른 열이나 화염이 있는 곳으로 소화약제가 자동으로 확산되어 국소적인 소화작용을 나타내는 자동소화장치이다.

16) 소화기구 및 자동소화장치의 화재안전기준(NFSC 101), 2021.1.15

## 2-3-3 옥내소화전과 옥외소화전

옥내소화전설비는 건물 내부에 있는 수동식 고정설비이며 초기화재 진압이 주된 용도이다. 주요 설비와 장치로는 수원, 가압송수장치, 배관, 소화전함, 전원, 제어반, 배선, 방수구 등이 있다.

옥내소화전 설치에 필요한 수원량은 옥내소화전의 설치개수가 가장 많은 층의 설치개수에 2.6 $m^3$를 곱한 양 이상이어야 한다. 다만, 옥내소화전의 개수가 2개를 넘는 층은 2개로 계산한다. 수원의 종류에는 자연낙차를 이용하는 고가수조와 인공적인 압력으로 급수하는 압력수조가 있다.

옥내소화전의 가압송수장치는 펌프의 토출량이 옥내소화전이 가장 많이 설치된 층의 설치개수에 130 L/min를 곱한 양 이상이 되어야 하며, 옥내소화전이 2개 이상 설치된 경우에는 2개로 계산한다. 5개의 옥내소화전이 동시에 개방될 경우에도 각각의 소화전 노즐에서의 방수압력은 0.17 MPa 이상이어야 하고, 방수량도 130 L/min 이상이 되어야 한다. 그러나 한 개의 옥내소화전을 사용할 때의 노즐선단압력이 0.7 MPa를 넘을 경우에는 접결구의 인입부에 감압장치를 설치해야 한다.

옥내소화전은 지면으로부터 0.5 m 이상 1 m 이하에 설치하되 직경이 65 mm의 쌍구형 또는 단구형으로 설치해야 한다.[17)]

옥외소화전은 방호대상물의 옥외에 설치하는 소화설비로서 화재확산의 방지를 위해 건축물의 1층과 2층에 대한 소방용수의 방사를 목적으로 하는 설비이다. 주된 구성 요소는 옥내소화전과 동일하다.

옥외소화전의 수원은 옥외소화전의 설치개수에 7 $m^3$을 곱한 양 이상이어야 하며, 옥외소화전이 2개 이상 설치된 경우에는 2개로 계산한다. 또한 옥외소화전함의 개수는 옥외소화전의 개수에 따라 달라지며, 10개 이하의 경우에는 5 m마다 1개 이상, 11개 이상 30개 이하의 경우에는 11개 이상을 분산 배치, 31개 이상의 경우에는 옥외소화전 3개마다 1개 이상을 설치해야 한다.

17) 옥내소화전설비의 화재안전기준(NFSC 102), 2021.4.1

그리고 2개의 옥외소화전이 동시에 개방될 경우에도 각각의 소화전 노즐에서의 방수압력은 0.25 MPa 이상이어야 하고, 방수량도 350 L/min 이상이 되어야 한다. 그러나 한 개의 옥내소화전을 사용할 때의 노즐선단압력이 0.7 MPa를 넘을 경우에는 접결구의 인입부에 감압장치를 설치해야 한다.

옥외소화전의 호스 접결구는 지면으로부터 높이가 0.5 m 이상 1 m 이하로 하되, 특정대상물로부터의 수평거리가 40 m 이하이어야 한다.[18]

## 2-3-4 스프링클러

스프링클러(sprinkler)설비는 초기화재의 확산 방지를 위해 방호대상물의 천정이나 벽면에 고정되어 가압된 물을 방사하는 소화설비이다. 설비의 주요 요소는 수원, 가압송수장치, 유수검지장치, 기동장치, 헤드, 송수구, 전원, 배관, 제어반, 배선 등으로 구성된다.

스프링클러는 헤드가 감열체로 막혀있는 폐쇄형(closed type)과 헤드가 항상 열려 있는 개방형(opened type)으로 구분하는데, 개방형은 일제살수식(deluge system)뿐이지만, 폐쇄형은 습식(wet system), 건식(dry system), 준비작동식(pre-action system)으로 세분할 수 있다.

폐쇄형 스프링클러인 습식은 헤드에 차 있는 가압수가 화재로 인한 감열체의 융해로 인해 살수되는 형태이나, 건식은 가압수가 1차밸브까지만 물이 차 있고 헤드까지는 공기가 차 있는 구조이다. 따라서 화재 발생 시 열에 의한 감열체의 융해로 인해 방수된다. 준비작동식은 건식과 유사하지만 화재 시 감지기에 의해 준비작동밸브(preaction valve)를 개방한다는 점과 함께 헤드측의 압력이 대기압보다 높은 건식에 비해 준비작동식은 대기압과 같다는 점이 다르다.

개방형인 일제살수식은 송수펌프에서 델루즈밸브까지는 가압된 물이 차 있으나 헤드측은 열려져 있다. 그러나 화재가 발생되면 화재 감지기에 의해 델루즈밸브가 개방되어 물을 방사하는 형태이다.

18) 옥외소화전설비의 화재안전기준(NFSC 109), 2021.7.22

스프링클러설비의 수원은 그 저수량이 헤드의 기준개수에 1.6 $m^3$을 곱한 값으로 계산한다. 스프링클러의 헤드 기준개수는 표 2-6[19]과 같고, 폐쇄형의 경우에는 설치된 헤드의 개수가 기준개수보다 작더라도 설치개수로 계산한다.[20]

스프링클러의 가압송수장치는 한 개의 헤드에 0.1 MPa 이상 1.2 MPa 이하의 방수압력이 될 수 있는 토출압력을 가져야 하고, 0.1 MPa의 방수압력으로 모든 헤드가 80 L/min 이상의 방수량을 충족시킬 수 있는 송수량을 가져야 한다. 폐쇄형스프링클러헤드에도 가압송수장치의 분당 송수량은, 헤드개수가 30개까지는 기준개수에 80 L를 곱한 양 이상이다.

또한 폐쇄형 스프링클러헤드는 감열체의 정상적인 기능을 위해 표 2-7[21]과 같은 온도의 것으로 설치해야 하며, 높이가 4 m 이상인 공장 및 창고에 설치하는 스프링클러헤드는 최고 주위온도에 관계없이 표시온도 121℃ 이상의 것으로 할 수 있다.

**표 2-6 스프링클러 설치 기준**

<table>
<tr><th colspan="3">스프링클러설비 설치장소</th><th>기준개수</th></tr>
<tr><td rowspan="6">지하층을 제외한 층수가 10층 이하인 소방대상물</td><td rowspan="2">공장 또는 창고(랙크식 창고를 포함한다)</td><td>특수가연물을 저장・취급하는 것</td><td>30</td></tr>
<tr><td>그 밖의 것</td><td>20</td></tr>
<tr><td rowspan="2">근린생활시설・판매시설・운수시설 또는 복합건축물</td><td>판매시설 또는 복합건축물(판매시설이 설치되는 복합건축물을 말한다)</td><td>30</td></tr>
<tr><td>그 밖의 것</td><td>20</td></tr>
<tr><td rowspan="2">그 밖의 것</td><td>헤드의 부착높이가 8 m 이상인 것</td><td>20</td></tr>
<tr><td>헤드의 부착높이가 8 m 미만인 것</td><td>10</td></tr>
<tr><td colspan="3">아파트</td><td>10</td></tr>
<tr><td colspan="3">지하층을 제외한 층수가 11층 이상인 소방대상물(아파트 제외)・지하가 또는 지하역사</td><td>30</td></tr>
</table>

19) 스프링클러설비의 화재안전기준(NFSC 103), 2021.3.25

20) 스프링클러설비의 화재안전기준(NFSC 103), 2021.3.25

21) 스프링클러설비의 화재안전기준(NFSC 103), 2021.3.25

표 2-7 스프링클러 헤드의 종류

| 설치장소의 최고 주위온도 | 표시온도 |
|---|---|
| 39℃ 미만 | 79℃ 미만 |
| 39℃ 이상 64℃ 미만 | 79℃ 이상 121℃ 미만 |
| 64℃ 이상 106℃ 미만 | 121℃ 이상 162℃ 미만 |
| 106℃ 이상 | 162℃ 이상 |

소화설비 중 물분무 등의 소화설비에 속하는 미분무소화설비는 가압된 물이 헤드 통과 후 미세한 물 입자로 분무되는 설비이다.

미분무의 의미는 헤드로부터 분사되는 물입자 중 99%의 누적체적분포(cumulative volumetric distribution)[22]가 400$\mu$m 이하로서, ABC급화재에 적응성을 갖는 것을 가리킨다. 미분무소화설비의 소화작용은 냉각소화와 질식소화가 대표적이며 약간의 제거소화와 함께 제연효과도 나타난다.

미분무소화설비에 필요한 수원의 양은 헤드의 개수, 설계유량, 방수시간, 안전율(1.2 이상) 등에 의해 다음과 같이 계산된 수치의 이상이어야 한다.

$$\text{수원의 양}(m^3) = \text{헤드 개수} \times \text{설계유량}(m^3/min) \times \text{방수시간}(min) \times \text{안전율} + \text{배관 체적}(m^3)$$

(식 2-9)

22) 입자의 99%가 특정 크기에 포함됨을 의미

## 문제

1. 다음 중 소화설비의 종류에 속하지 않는 것은?

① 소화기
② 연결살수설비
③ 자동확산소화장치
④ 주방용자동소화장치

2. 소화기와 소화능력단위에 관한 다음 설명들 중 옳은 것은?

① 대형소화기는 운반 시 차량을 이동수단으로 한다.
② 마른 모래 50 L와 삽 한 자루는 능력단위가 0.5이다.
③ 소형소화기는 능력단위 1단위 이상 10단위 이하이다.
④ 대형소화기는 AB급 화재에서 10단위 이상 20단위 이하이다.

3. 소화기에 관한 다음의 설명들 중 틀린 것은?

① 축압식은 압력게이지가 있다.
② 소화기의 적정압력은 7기압 정도이다.
③ 소화기 내 가압용 기체는 이산화탄소이다.
④ 소화기의 능력단위는 한국소방산업기술원에서 평가한다.

4. 옥내소화전의 개수가 5개인 층의 수원량은 몇 $m^3$인가?

① 2.6 $m^3$
② 5.2 $m^3$
③ 10.4 $m^3$
④ 13 $m^3$

5. 옥외소화전의 개수가 4개인 경우의 수원량은 몇 $m^3$인가?

① 14 $m^3$
② 21 $m^3$
③ 28 $m^3$
④ 32 $m^3$

6. 옥내소화전과 옥외소화전에 관한 다음 설명들 중 옳은 것은?

① 옥내소화전 모두를 동시 개방했을 경우에도 노즐의 선단압력은 0.15 MPa 이상을 유지해야 한다.
② 옥내소화전의 노즐선단압력이 0.5 MPa를 넘을 경우에는 접결구의 인입부에 감압장치를 설치해야 한다.
③ 옥외소화전의 노즐선단압력이 0.6 MPa를 넘을 경우에는 접결구의 인입부에 감압장치를 설치해야 한다.
④ 옥외소화전 모두를 동시 개방했을 경우에도 노즐의 방수량은 350 L/min 이상이어야 한다.

7. 다음의 스프링클러 형식 중 나머지 셋과는 다른 것은?

① 건식 ② 습식
③ 일제살수식 ④ 준비작동식

8. 폐쇄형 스프링클러가 설치된 아파트의 스프링클러설비 수원량($m^3$)과 가압송수장치의 분당 송수량(L/min)은 얼마 이상이어야 하는가?

① 16 $m^3$ − 800 L/min ② 16 $m^3$ − 1,600 L/min
③ 32 $m^3$ − 800 L/min ④ 32 $m^3$ − 1,600 L/min

9. 폐쇄형 스프링클러 헤드의 주변온도와 표시온도에 관해 바른 설명은?

① 설치장소의 최고 주위온도가 39℃ 미만의 경우에는 헤드의 표시온도는 69℃ 미만이다.
② 설치장소의 최고 주위온도가 64℃ 이상 106℃ 미만의 경우에는 헤드의 표시온도가 121℃ 이상, 152℃ 미만이다.
③ 설치장소의 최고 주위온도가 106℃ 이상의 경우에는 헤드의 표시온도는 172℃ 이상이다.
④ 높이 4 m 이상인 공장에 설치하는 스프링클러헤드는 최고 주위온도에 관계없이 표시온도 121℃ 이상의 것이다.

10. 미분무의 헤드로부터 분사되는 물입자 중 99%의 누적체적분포는?

① 400$\mu$m ② 500$\mu$m ③ 700$\mu$m ④ 800$\mu$m

## 풀이

1. ①번의 소화기, ③번의 자동확산소화장치, ④번의 주방용자동소화장치는 모두 소화설비의 종류에 속하지만, ②번의 연결살수설비는 소화설비가 아니라 소화활동설비이다.

2. 대형소화기는 운반 시 사람의 힘으로 운반가능해야 하고, B급화재에 대한 능력단위는 20 이상이어야 한다. 또한 소형소화기의 능력단위는 1단위 이상에서 대형소화기 능력단위의 미만인 것이므로 10단위 이하가 아니라 10단위 미만이어야 한다. 따라서 ①, ③, ④는 모두 틀렸고, ②번의 표현만이 옳은 설명이다.

3. 압력게이지가 부착된 소화기는 축압식 소화기이며, 축압식 소화기의 적정압력은 질소 기체를 충전하여 0.7~0.8 MPa 정도이어야 한다. 0.1 MPa이 약 1기압에 해당되므로 7기압은 적정압력이다. 또한 소화기의 능력단위에 대한 시험평가는 국가기관인 한국소방산업기술원에서 시행한다. 그러므로 ③번이 틀린 표현이다.

4. 옥내소화전의 수원량은 옥내소화전 개수에 2.6 $m^3$을 곱해주면 된다. 단, 2개를 넘을 경우에는 2개로 계산한다. 따라서 5개의 옥내소화전이 있을 경우, 2개로 계산하면 5.2 $m^3$이 된다.

5. 옥외소화전의 수원량은 옥외소화전 개수에 7 $m^3$을 곱해주면 된다. 단, 2개를 넘을 경우에는 2개로 계산한다. 따라서 4개의 옥내소화전이 있을 경우, 2개로 계산하면 14 $m^3$이 된다.

6. 옥내소화전 모두를 동시 개방했을 경우에도 노즐의 선단압력은 0.17 MPa 이상을 유지해야 하며, 옥내소화전과 옥외소화전의 노즐선단압력이 0.7 MPa를 넘을 경우에는 접결구의 인입부에 감압장치를 설치해야 한다. 그리고 옥외소화전 모두를 동시 개방했을 경우에도 노즐의 방수량은 350 L/min 이상이 유지되어야 한다. 따라서 ①, ②, ③은 모두 바른 표현이 아니고, ④번만이 바른 표현이다.

7. 스프링클러 형식 중 건식, 습식, 준비작동식은 모두 헤드가 감열체로 막혀있는 폐쇄형 스프링클러이며, 일제살수식은 유일하게 개방형 스프링클러이다.

8. 스프링클러의 헤드 기준개수가 아파트의 경우는 10개다. 그리고 수원량은 헤드 기준개수에 1.6 $m^3$을 곱해야 하고, 가압송수장치의 토출 송수량은 헤드 개수에 분당 80 L를 곱해주면 된다. 따라서 수원량은 16 $m^3$, 가압송수장치의 분당 송수량은 800 L 이상이다.

9. 폐쇄형 스프링클러 설치장소의 최고 주위온도가 39℃ 미만의 경우에는 헤드의 표시온도는 79℃ 미만이고, 설치장소의 최고 주위온도가 64℃ 이상 106℃ 미만의 경우에는 헤드의 표시온도가 121℃ 이상, 162℃ 미만이다. 따라서 폐쇄형 스프링클러 설치장소의 최고 주위온도가 106℃ 이상의 경우에는 헤드의 표시온도는 162℃ 이상이다. 그리고 높이 4 m 이상인 공장에 설치하는 스프링클러헤드는 최고 주위온도에 관계없이 표시온도 121℃ 이상이어야 한다. 따라서 ①, ②, ③은 모두 옳지 못한 표현들이며, ④번의 설명만이 맞다.

10. 미분무의 헤드로부터 분사되는 물입자 중 99%의 누적체적분포는 400$\mu$m이다.

| 정답 | | | | | |
|---|---|---|---|---|---|
| | 1. ② | 2. ② | 3. ③ | 4. ② | 5. ① |
| | 6. ④ | 7. ③ | 8. ① | 9. ④ | 10. ① |

# 2-4 경보설비

화재의 발생을 감지하고 이를 알리며 전파하는 장치가 경보설비이다. 경보설비는 비상경보설비, 단독경보형감지기, 자동화재탐지설비, 자동화재속보설비, 누전경보기, 비상방송설비, 시각경보장치, 가스누설경보기 등이 있다.

비상경보설비에는 화재발생상황을 경종으로 알리는 비상벨설비와 사이렌으로 알리는 자동식사이렌설비가 있다.

단독경보형감지기는 화재 발생상황을 자체적으로 감지하여 내부의 음향장치로 알리는 설비이다. 설치기준은 방마다 1개씩을 설치하되, 방의 크기가 150 $m^2$를 초과할 경우에는 150 $m^2$ 마다 1개씩 설치해야 한다.[23)]

## 2-4-1 자동화재탐지설비

자동화재탐지설비는 화재가 발생 시 열, 연기 또는 불꽃을 감지하여 자동적으로 음향을 통해 화재발생을 알려주는 장치이다. 구성 요소는 감지기, 수신기, 발신기, 중계기, 전원, 배선 등이 있다.

감지기는 열감지기, 연기감지기, 불꽃감지기의 세 종류가 있으며, 열감지기는 차동식, 정온식, 보상식으로 구분할 수 있다. 차동식은 비정상적인 온도상승률의 경우에 작동하는 원리이고, 정온식은 일정 온도 이상을 넘을 경우 작동하며, 보상식은 차동식과 정온식의 특성을 모두 적용한 방식이다.

수신기는 감지기나 발신기에서 발생된 화재신호를 직접 또는 중계기를 통해 수신하여 화재의 발생을 경보해주는 장치이다. 여기에는 중계기의 신호변화 여부와 신호수신 배선의 형태에 따라, 구역 당 한 조의 배선으로 독립된 P형과 공통배선인 R형이 있다. 또한 수신기의 스위치는 바닥면으로부터 높이가 0.8 m 이상

23) 국가화재안전기준(NFSC 201), 2021.1.15

1.5 m 이하인 장소에 설치해야 한다.[24)]

자동화재탐지설비의 발신기는 화재발생 시 신호를 수신기에 수동으로 발신하는 장치이고, 중계기는 발신기로부터 받은 전기적 신호를 수신기에 전달하는 장치이다.

발신기는 조작이 용이한 장소에 설치하되, 스위치는 바닥으로부터 높이가 0.8 m 이상 1.5 m 이하의 곳에 설치해야 한다. 또한 특정소방대상물의 각 부분으로부터 발신기까지의 수평거리는 25 m 이하이어야 하고, 복도와 같이 별도로 구획된 공간으로서 보행거리가 40 m 이상일 경우에는 발신기를 추가로 설치하여야 한다.

발신기의 위치를 알게 하는 표시등은 발신기함의 상부에 설치하되, 그 불빛은 부착 벽면으로부터 15° 이상의 범위 안에서는 10 m 이내의 어떤 곳에서도 볼 수 있는 적색등으로 해야 한다. 단, 지하구의 경우에는 설치하지 않을 수 있다.

시각경보장치는 청각장애인을 위한 경보설비로서 공연장 등의 사람이 많이 모이는 장소에 설치하되, 시선이 집중되는 곳에 설치해야 한다. 설치 높이는 바닥으로부터 2 m 이상 2.5 m 이하이고, 천정 높이가 2 m 이하인 경우에는 천정으로부터 0.15 m 이내에 설치해야 한다.[25)]

## 2-4-2 누전경보기와 자동화재속보설비

누전경보기는 내화구조가 아닌 건축물에서 누전에 의해 발생되는 전기화재를 예방하기 위해 전기누설 시 경보를 발생하는 장치이며, 변류기와 수신부로 구성된다. 누전경보기는 60 A의 정격전류를 기준으로 구분되며, 60 A 초과선로는 1급 누전경보기를, 60 A 이하의 경우에는 2급 누전경보기를 설치한다.

변류기는 누설전류를 자동적으로 감지하여 수신부에 신호를 송출하는 장치이며, 수신부는 누전의 발생을 관계인에게 경보하여 주는 역할을 한다.[26)]

24) 자동화재탐지설비 및 시각경보장치의 화재안전기준(NFSC 203), 2021.1.15

25) 자동화재탐지설비 및 시각경보장치의 화재안전기준(NFSC 203), 2021.1.15

26) 누전경보기의 화재안전기준(NFSC 205), 2019.5.24

자동화재속보설비는 자동화재탐지설비와 연동하여, 건축물의 화재 발생 시 자동으로 소방관서에 통보를 보내는 설비이다. 주요 장치는 화재신호를 소방관서에 송출하는 속보기와 유무선 겸용방식의 데이터 전송체인 통신망이 있다. 자동화재속보설비의 조작스위치는 바닥으로부터 0.8 m 이상 1.5 m 이하에 설치해야 한다.[27)]

27) 자동화재속보설비의 화재안전기준(NFSC 204), 2019.5.24

## 문제

1. 다음 중 경보설비의 종류에 속하지 않는 것은?

① 가스누설경보기
② 단독경보형감지기
③ 자동화재탐지설비
④ 무선통신보조설비

2. 방의 면적이 300 $m^2$인 곳에 설치해야할 단독경보형감지기의 개수는?

① 1
② 2
③ 3
④ 4

3. 자동화재탐지설비가 화재발생으로 감지하는 것이 아닌 것은?

① 열
② 음향
③ 불꽃
④ 연기

4. 주변 온도의 비정상적인 상승을 감지하는 열감지기는?

① 차동식 열감지기
② 보상식 열감지기
③ 정온식 열감지기
④ 감광식 열감지기

5. 다음의 설명 중 괄호 속에 들어갈 숫자가 맞는 것은?

> 자동화재탐지설비의 수신기 스위치는 바닥면으로부터
> 높이가 (　　) m 이상 (　　) m 이하인 장소에 설치해야 한다.

① 0.5, 1.5
② 0.6, 2.0
③ 0.8, 1.5
④ 1.0, 3.0

6. 자동화재탐지설비의 발신기에 관한 다음의 설명 중 괄호 안 숫자의 합은?

> 특정소방대상물의 각 부분으로부터 발신기까지의 수평거리는 (  ) m 이하이어야 하고, 복도와 같이 별도로 구획된 공간으로서 보행거리가 (  ) m 이상일 경우에는 추가로 설치하여야 한다.

① 50　　② 55
③ 60　　④ 65

7. 자동화재탐지장치의 발신기에 관한 다음 설명 중 괄호 안에 들어갈 용어는?

> 발신기의 위치를 알게 하는 표시등은 발신기함의 상부에 설치하되, 그 불빛은 부착 벽면으로부터 ( A ) 이상의 범위 안에서는 ( B ) 이내의 어떤 곳에서도 볼 수 있는 적색등으로 해야 한다.

| | A | B |
|---|---|---|
| ① | 15° | 10 m |
| ② | 15° | 20 m |
| ③ | 30° | 10 m |
| ④ | 30° | 20 m |

8. 시각경보장치에 관한 다음의 설명 중 괄호 안에 들어갈 숫자는?

> 설치 높이는 바닥으로부터 ( A ) m 이상 ( B ) m 이하이고, 천정 높이가 2 m 이하인 경우에는 천정으로부터 ( C ) m 이내에 설치해야 한다.

| | A | B | C |
|---|---|---|---|
| ① | 1.0 | 1.5 | 0.05 |
| ② | 1.5 | 2.0 | 0.10 |
| ③ | 2.0 | 2.5 | 0.15 |
| ④ | 2.5 | 3.0 | 0.20 |

9. 누전경보기의 1급과 2급의 구분 기준이 되는 정격전류는?

① 30 A ② 60 A
③ 90 A ④ 120 A

10. 자동화재속보설비에 관한 다음의 설명 중 괄호 안에 들어갈 용어는?

> 자동화재속보설비는 자동화재탐지설비와 연동하여, 건축물의 화재 발생시 자동으로 소방관서에 통보를 보내는 설비이다. 주요 장치는 화재신호를 소방관서에 송출하는 ( A )와(과) 유무선 겸용방식의 데이터 전송체인 ( B )이(가) 있다.

| | A | B |
|---|---|---|
| ① | 발신기 | 중계기 |
| ② | 발신기 | 통신망 |
| ③ | 속보기 | 중계기 |
| ④ | 속보기 | 통신망 |

## 풀이

1. 경보설비에는 비상경보설비, 단독경보형 감지기, 자동화재탐지설비, 자동화재속보설비, 누전경보기, 비상방송설비, 비상경보설비, 가스누설경보기 등이 있으므로 ① 가스누설경보기, ② 단독경보형감지기, ③ 자동화재탐지설비는 모두 경보설비이다. 그러나 ④ 무선통신보조설비는 경보설비가 아니라 소화활동설비에 해당된다.

2. 단독경보형감지기는 방 면적이 150 $m^2$를 초과할 때마다 1개씩 설치해야 하므로 300 $m^2$의 경우에는 2개가 된다.

3. 자동화재탐지설비의 감지기는 열감지기, 연기감지기, 불꽃감지기의 3가지 종류가 있다.

4. 열감지기 중 주변 온도의 비정상적인 온도 변화를 감지하는 방식은 차동식 열감지기이고, 정온식은 일정 온도 이상 온도가 올라가는 것을 감지한다. 그리고 보상식은 차동식과 정온식이 함께 적용되는 방식이다.

5. 자동화재탐지설비의 수신기 스위치 위치는 바닥면으로부터 높이가 0.8 m 이상 1.5 m 이하인 장소이다.

6. 자동화재탐지설비의 발신기는 특정소방대상물의 각 부분으로부터 수평거리는 25 m 이하이고, 복도 등의 별도로 구획된 공간으로서 보행거리가 40 m 이상인 경우에는 발신기를 한 개 더 추가로 설치해야 한다. 따라서 25 + 40 = 65이다.

7. 자동화재탐지설비에서 발신기의 위치 표시등은 발신기함의 상부에 있으며, 불빛은 부착면으로부터 15° 이상의 범위 내에서는 10 m 이내 어떤 곳에서도 볼 수 있어야 한다.

8. 시각경보장치는 바닥으로부터 2 m 이상 2.5 m 이하인 곳에 설치하고, 천정 높이가 2 m 이하인 경우, 천정으로부터 0.15 m 이내에 설치한다.

9. 누전경보기의 기준전류는 60 A이며, 60 A 초과선로는 1급 누전경보기를, 60 A 이하의 경우에는 2급 누전경보기를 설치한다. 따라서 기준이 되는 정격전류는 60 A이다.

10. 자동화재속보설비는 자동화재탐지설비와 연동되어, 건축물 화재 발생 시 화재발생을 소방관서에 자동으로 통보하는 설비이다. 주요 장치는 화재신호를 소방관서에 송출하는 속보기와 유무선 겸용방식의 데이터 전송체인 통신망이 있다.

| 정답 | | | | | |
|---|---|---|---|---|---|
| | 1. ④ | 2. ② | 3. ② | 4. ① | 5. ③ |
| | 6. ④ | 7. ① | 8. ③ | 9. ② | 10. ④ |

# 2-5 피난설비

피난설비는 화재 시 건물 내 거주자들이 화재로부터 긴급히 대피하기 위한 것으로서 피난기구, 인명구조기구, 유도등 및 유도표지, 비상조명설비 등이 있다.

피난기구에는 피난사다리, 완강기, 간이완강기, 구조대, 공기안전매트, 다수인 피난장비, 승강식 피난기, 하향식 피난구용 내림식사다리 등이 있다.

피난사다리는 화재 시 긴급대피용 사다리이며, 완강기는 사용자의 몸무게에 의해 완속으로 하강하는 장치로서 사용자의 교대를 통해 연속적으로 사용할 수 있다. 간이완강기는 1회 사용만 가능한 완강기이다. 구조대는 자루 모양의 것으로서 사용자가 그 내부를 통과하여 하강하는 설비이며, 공기안전매트는 공기가 주입된 형태로서 뛰어내리는 충격을 흡수하게 한 장치이다. 다수인 피난장비는 2인 이상의 사용자가 동시에 지상층이나 피난층으로 하강할 수 있는 설비이며, 승강식 피난기는 사용자의 몸무게에 의해 완속으로 하강하는 것은 완강기와 같으나 사용 후 자동으로 승강하는 것이 다르다. 하향식 피난구용 내림식사다리는 하향식 피난구 해치에 보관된 내림식 사다리이다.

피난기구를 사용할 수 있는 소화활동 상 유효한 개구부는 가로 0.5 m 이상 세로 1 m 이상의 크기로서, 바닥에서 1.2 m 이상일 경우에는 발판을 설치해야 하고 밀폐된 창문은 쉽게 파괴할 수 있는 파괴장치를 갖추어야 한다.

인명구조기구는 화재 발생 시 소방대원의 소화활동과 구조활동에 도움을 주는 장비를 말하며, 방열복, 공기호흡기, 인공호흡기가 대표적이다.

방열복은 화재현장에서 고온의 복사열로부터 소방대원을 보호할 수 있는 내열피복이다. 공기호흡기는 소화활동 시 유독가스로부터 일정시간 보호받을 수 있는 개인용 호흡장치이며, 인공호흡기는 호흡이 곤란한 요구조자에게 인공호흡을 시킬 수 있는 구급장비이다.[28)]

유도등은 화재 시 피난을 유도하는 등(lamp)으로서 정상상태에서는 상용전원에 의해 작동되나 정전 시에는 비상전원으로 전환되어 작동한다. 유도등의 종류

28) 인명구조기구의 화재안전기준(NFSC 302), 2017.7.26

로는 피난구유도등, 통로유도등, 복도통로유도등, 거실통로유도등, 계단통로유도등, 객석유도등이 있다.

소방대상물 전체에 필요한 피난구유도등은 피난구의 바닥으로부터 1.5 m 이상 높이로 출입구에 인접하여 설치하며, 복도통로유도등은 바닥으로부터 높이 1 m 이하의 위치에 설치하며 구부러진 모퉁이 및 보행거리 20 m마다 있어야 한다.

유도등의 비상전원은 축전지로 하되, 유도등을 20분 이상 작동시킬 수 있어야 하며, 지하층을 제외한 층수가 11층 이상이거나 지하상가와 같은 지하층 등에서는 60분 이상 작동할 수 있어야 한다.

유도표지는 피난을 유도하는 표지로서 크게는 유도표지와 유도선으로 구분하며, 이를 더 세분하면 피난구유도표지, 통로유도표지, 피난유도선 등이 있다. 유도표지는 계단과 함께 각 층마다 설치하되 하나의 유도표지까지의 거리가 15 m 이하가 되는 곳과 구부러진 모퉁이에 설치해야 한다.

피난유도선은 구획실로부터 주출입구 또는 비상구까지 설치해야 하며, 바닥면 또는 높이 50 cm 이하의 위치에 50 cm 이내의 간격으로 설치해야 한다.[29)]

비상조명설비는 비상조명등과 휴대용비상조명등을 가리킨다.

비상조명등은 화재로 인한 정전 시 피난활동을 할 수 있도록 피난통로 등에 설치하는 자동 점멸등이며, 설치된 장소의 바닥에서 조도가 1룩스(lx) 이상이어야 한다.

휴대용비상조명등은 화재로 인한 정전 시 피난자가 휴대할 수 있는 조명등이며, 사용 시 자동으로 점등되는 것이어야 한다. 휴대용비상조명등은 숙박시설이나 다중이용업소의 경우는 구획실마다 1개 이상, 대규모점포와 영화상영관의 경우는 보행거리 50 m 이내마다 3개 이상, 지하상가와 지하역사의 경우는 보행거리 25 m 이내마다 3개 이상씩 설치해야 한다.[30)]

29) 유도등 및 유도표지의 화재안전기준(NFSC 303), 2021.7.8

30) 비상조명등의 화재안전기준(NFSC 304), 2017.7.26

## 문제

1. 다음 중 피난기구의 종류에 속하지 않는 것은?

① 구조대 ② 간이완강기
③ 하강식 피난기 ④ 다수인 피난장비

2. 피난기구 중 사용자 한 명의 체중에 의해 완속으로 하강한 후 자동으로 올라가는 장비는?

① 완강기 ② 간이완강기
③ 승강식 피난기 ④ 다수인 피난장비

3. 피난기구를 사용할 수 있는 유효한 개구부에 관한 다음 설명 중 괄호 안에 들어갈 용어는?

> 피난기구를 사용할 수 있는 소화활동 상 유효한 개구부는 가로 0.5 m 이상 세로 ( A ) m 이상의 크기로서, 바닥에서 ( B ) m 이상일 경우에는 발판을 설치해야 하고 밀폐된 창문은 쉽게 파괴할 수 있는 파괴장치를 갖추어야 한다.

| | A | B |
|---|---|---|
| ① | 0.5 | 1.0 |
| ② | 0.5 | 1.2 |
| ③ | 1 | 1.0 |
| ④ | 1 | 1.2 |

4. 다음 중 인명구조기구에 해당되지 않는 것은?

① 휴대용 비상등 ② 방열복
③ 인공호흡기 ④ 공기호흡기

5. 유도등에 관한 다음 설명 중 괄호 안에 들어갈 숫자는?

> 소방대상물 전체에 필요한 피난구유도등은 피난구의 바닥으로부터 1.5 m 이상 높이로 출입구에 인접하여 설치하며, 복도통로유도등은 바닥으로부터 높이 ( A ) m 이하의 위치에 설치하며 구부러진 모퉁이 및 보행거리 ( B ) m마다 있어야 한다.

| | A | B |
|---|---|---|
| ① | 1.0 | 20 |
| ② | 1.0 | 25 |
| ③ | 1.5 | 20 |
| ④ | 1.5 | 25 |

6. 유도등의 비상전원에 관한 다음 설명 중 괄호 안에 들어갈 숫자는?

> 유도등의 비상전원은 축전지로 하되, 유도등을 ( A )분 이상 작동시킬 수 있어야 하며, 지하층을 제외한 층수가 11층 이상이거나 지하상가와 같은 지하층 등에서는 ( B )분 이상 작동할 수 있어야 한다.

| | A | B |
|---|---|---|
| ① | 10 | 70 |
| ② | 20 | 60 |
| ③ | 30 | 50 |
| ④ | 30 | 40 |

7. 유도표지에 관한 다음의 설명 중 괄호 안에 들어갈 용어와 숫자는?

> 유도표지는 계단과 함께 각 ( A )마다 설치하되 하나의 유도표지까지의 거리가 ( B ) m 이하가 되는 곳과 구부러진 모퉁이에 설치해야 한다.

| | A | B |
|---|---|---|
| ① | 방 | 15 |
| ② | 층 | 15 |
| ③ | 방 | 25 |
| ④ | 층 | 25 |

8. 피난유도선에 관한 다음 설명 중 괄호 안에 들어갈 숫자는?

> 피난유도선은 구획실로부터 주출입구 또는 비상구까지 설치해야 하며, 바닥면 또는 높이 ( A ) cm 이하의 위치에 ( B ) cm 이내의 간격으로 설치해야 한다.

| | A | B |
|---|---|---|
| ① | 50 | 50 |
| ② | 50 | 40 |
| ③ | 30 | 30 |
| ④ | 30 | 20 |

9. 비상조명설비에 관한 다음 설명들 중 옳은 것은?

① 휴대용비상조명등은 점멸등이다.
② 비상조명등은 피난자가 휴대할 수 있다
③ 휴대용비상조명등은 피난통로에 설치한다.
④ 비상조명등은 바닥에서의 조도가 1룩스 이상이다.

10. 휴대용비상조명등에 관한 다음 설명 중 괄호 안 숫자를 모두 더한 값은?

> 휴대용비상조명등은 숙박시설이나 다중이용업소의 경우는 구획실마다 ( A )개 이상, 대규모점포와 영화상영관의 경우는 보행거리 50 m마다 ( B )개 이상, 지하상가와 지하역사의 경우는 보행거리 ( C ) m마다 3개 이상씩 설치해야 한다.

① 27　② 28　③ 29　④ 30

## 풀이

1. 피난기구에는 피난사다리, 완강기, 간이완강기, 구조대, 공기안전매트, 다수인 피난장비, 승강식 피난기, 하향식 피난구용 내림식사다리 등이 있다. 따라서 ③번의 하강식 피난기는 피난기구가 아니다.

2. 완강기는 사용자의 몸무게에 의해 완속으로 하강하는 장치이며 교대되는 사용자에 의해 연속적으로 사용할 수 있다. 간이완강기는 1회 사용만이 가능한 완강기이며, 다수인 피난장비는 2인 이상의 사용자가 동시에 지상층으로 하강할 수 있는 설비이다. 그리고 승강식 피난기는 완강기와 유사하나, 1회 사용 후 자동으로 다시 승강하는 것이 다르다. 따라서 정답은 ③번의 승강식 피난기이다.

3. 피난기구를 사용할 수 있는 소화활동 상 유효한 개구부는 가로 0.5 m 이상 세로 1 m 이상의 크기이다. 그 높이가 바닥에서 1.2 m 이상일 경우에는 발판을 설치해야 한다. 따라서 1 m와 1.2 m가 정답이다.

4. 인명구조기구는 화재 발생 시 소방대원의 소화활동과 구조 활동을 도와주는 기구이며, 방열복, 공기호흡기, 인공호흡기가 대표적인 장비이다.

5. 소방대상물 전체에 필요한 피난구유도등은 피난구의 바닥으로부터 1.5 m 이상의 높이로 출입구에 인접한 곳에 설치해야 한다. 또한 복도통로유도등은 바닥으로부터 높이 1 m 이하의 위치에 설치하되, 구부러진 모퉁이 및 보행거리 20 m마다 설치해야 한다.

6. 유도등의 비상전원은 축전지로 해야 하며, 유도등을 20분 이상 유효작동시킬 수 있어야 한다. 그러나 지상 층수가 11층 이상 또는 지하상가와 같은 지하층 등에서는 60분 이상 작동할 수 있어야 한다.

7. 유도표지는 각 층마다 설치하되 하나의 유도표지까지의 거리가 15 m 이하가 되는 곳과 구부러진 모퉁이에 설치해야 한다.

8. 피난유도선은 구획실로부터 주출입구 또는 비상구까지 설치하며, 바닥면 또는 높이 50 cm 이하의 위치에 50 cm 이내의 간격으로 설치해야 한다.

9. 휴대용비상조명등은 점멸등이 아니다. 또한 비상조명등은 피난통로에 설치되는 점멸등이고, 바닥에서의 조도가 1룩스 이상이다. 휴대용비상조명등은 피난자가 휴대할 수 있는 조명등이다.

10. 휴대용비상조명등은 숙박시설이나 다중이용업소의 경우 구획실마다 1개 이상, 영화상영관의 경우는 보행거리 50 m마다 3개 이상, 지하상가와 지하역사의 경우는 보행거리 25 m마다 3개 이상씩 설치해야 한다. 따라서 A + B + C = 29이다.

| 정답 | | | | | |
|---|---|---|---|---|---|
| | 1. ③ | 2. ③ | 3. ④ | 4. ① | 5. ① |
| | 6. ② | 7. ② | 8. ① | 9. ④ | 10. ③ |

## 2-6 소화용수설비

소화용수설비는 화재 시 화재진압에 필요한 추가적인 소방용수를 제공해주는 설비이다. 수원은 상수가 사용되며, 수조를 가리키는 소화수조와 저수조 이외에도 소방호스를 접결하는 채수구가 있다.

소화수조와 저수조의 저수량은 1층과 2층의 바닥면적의 합계가 15,000 $m^2$를 기준으로 정해진다. 즉 15,000 $m^2$ 미만일 경우에는 그 면적을 12,500 $m^2$로 나눈 값에 20 $m^3$을 곱하고, 15,000 $m^2$ 이상일 경우에는 그 면적을 7,500 $m^2$로 나눈 값에 20 $m^3$을 곱한 양 이상이 되어야 한다.

채수구는 지면으로부터 높이 0.5 m 이상 1 m 이하의 위치에 소방차가 2 m 이내로 접근가능한 곳에 설치해야 한다. 채수구의 개수는 수조의 저수량에 의해 결정되며, 수조의 소요수량이 20 $m^3$ 이상 40 $m^3$ 미만의 경우는 1개, 40 $m^3$ 이상 100 $m^3$ 미만의 경우는 2개, 100 $m^3$ 이상에서는 3개를 설치해야 한다.

소화수조와 저수조가 지표면 아래 깊이 4.5 m인 지하에 있을 경우에는 가압송수장치가 있어야 한다. 가압송수장치의 분당 양수량 역시 수조의 저수량에 의해 달라지는데, 20 $m^3$ 이상 40 $m^3$ 미만의 경우는 1,100 L 이상, 40 $m^3$ 이상 100 $m^3$ 미만의 경우는 2,200 L 이상, 100 $m^3$ 이상에서는 3,300 L가 되어야 한다.[31)]

31) 소화수조 및 저수조의 화재안전기준(NFSC 402), 2021.8.5

## 문제

**1.** 1층과 2층의 바닥면적 합이 30,000 $m^2$인 건물에 필요한 소화수조의 저수량은?

① 40 $m^3$　　② 60 $m^3$
③ 80 $m^3$　　④ 90 $m^3$

**2.** 소화수조와 저수조의 채수구 위치에 관한 다음 설명 중 괄호 안에 들어갈 숫자는?

> 채수구는 지면으로부터 높이 ( A ) m 이상 ( B ) m 이하의 위치에 소방차가 ( C ) m 이내로 접근가능한 곳에 설치해야 한다.

| | A | B | C |
|---|---|---|---|
| ① | 0.5 | 1.0 | 1.5 |
| ② | 0.5 | 1.0 | 2.0 |
| ③ | 1.0 | 1.5 | 2.5 |
| ④ | 1.0 | 1.5 | 3.0 |

**3.** 소화수조의 채수구 개수에 관한 다음 설명 중 괄호 안에 들어갈 숫자는?

> 채수구의 개수는 수조의 저수량에 의해 결정되며, 수조의 소요수량이 20 $m^3$ 이상 40 $m^3$ 미만의 경우는 ( A )개, 40 $m^3$ 이상 100 $m^3$ 미만의 경우는 ( B )개, 100 $m^3$ 이상에서는 ( C )개를 설치해야 한다.

| | A | B | C |
|---|---|---|---|
| ① | 1 | 2 | 3 |
| ② | 2 | 3 | 4 |
| ③ | 2 | 3 | 5 |
| ④ | 3 | 4 | 5 |

4. 소화수조 또는 저수조가 지표면 아래에 있을 경우에는 가압송수장치가 필요할 경우가 있다. 가압송수장치가 필요한 깊이는 지하 몇 m 이상인 경우인가?

① 3.0 ② 3.5
③ 4.0 ④ 4.5

5. 소화수조 또는 저수조가 지표면 아래에 있어서 가압송수장치가 필요하다. 수조의 저수량이 20 $m^3$이라면 가압송수장치의 분당 양수량은 얼마이어야 하는가?

① 1,000 L 이상 ② 1,100 L 이상
③ 1,200 L 이상 ④ 1,300 L 이상

## 풀이

1. 소화수조와 저수조의 저수량은 1층과 2층의 바닥면적의 합계가 15,000 $m^2$를 기준으로 정해진다. 만약 바닥면적의 합이 15,000 $m^2$ 이상일 경우에는 그 면적을 7,500 $m^2$로 나눈 값에 20 $m^3$를 곱한다. 따라서 $30,000 \div 7,500 \times 20 = 80$ $m^3$이다.

2. 채수구는 지면으로부터 높이 0.5 m 이상 1 m 이하의 위치에 소방차가 2 m 이내로 접근가능한 곳에 설치해야 한다.

3. 채수구의 개수는 수조의 저수량에 의해 결정되며, 수조의 소요수량이 20 $m^3$ 이상 40 $m^3$ 미만의 경우는 1개, 40 $m^3$ 이상 100 $m^3$ 미만의 경우는 2개, 100 $m^3$ 이상에서는 3개를 설치해야 한다.

4. 소화수조와 저수조가 지표면 아래 깊이 4.5 m인 지하에 있을 경우에는 가압송수장치가 있어야 한다.

5. 가압송수장치의 분당 양수량 역시 수조의 저수량에 의해 달라지는데, 20 $m^3$ 이상 40 $m^3$ 미만의 경우는 1,100 L 이상, 40 $m^3$ 이상 100 $m^3$ 미만의 경우는 2,200 L 이상, 100 $m^3$ 이상에서는 3,300 L가 되어야 한다.

| 정답 | 1. ③ | 2. ② | 3. ① | 4. ④ | 5. ② |
|---|---|---|---|---|---|

## 2-7 소화활동설비

소화활동설비는 화재 시 출동한 소방대원들의 진화활동을 도와줄 수 있는 실비로서 제연설비, 연결송수관설비, 연결살수설비, 비상콘센트설비, 무선통신보조설비, 연소방지설비 등이 있다.

제연설비는 화재발생 시 건물 내 거주자들의 피난과 소방대의 화재 진압작업을 위해 연기를 제거하는 장치이다. 제연의 방법은 크게 네 방식으로 구분할 수 있으며, 연기 자체의 온도로 인한 부력으로 연기를 옥외로 뽑아내는 자연제연식, 송풍기와 배풍기를 이용해 기계적으로 연기를 제거하는 기계제연식, 건물 내 배연샤프트를 통해 연기를 바깥으로 뽑아내는 스모크타워식, 화재발생 공간에 대한 밀폐성 유지를 통해 연기 유출을 차단하는 밀폐제연식이 있다.

제연설비에 속하는 주요 용어와 설비규정은 다음과 같다.[32)]

제연구역은 제연경계로 구획된 건물 내부 공간을 가리키며, 예상제연구역은 화재발생 시 제연이 필요한 구역이다. 제연경계의 폭은 제연경계의 천정(또는 반자)으로부터 수직하단거리를 가리키며, 수직거리는 제연경계의 바닥에서 수직하단까지의 거리이다.

공동예상제연구역은 두 개 이상의 예상제연구역을 가리키는 용어이고, 방화문은 규격에 따라 갑종과 을종의 두 종류로 구분되며 온도상승에 따라 자동으로 닫히거나 항상 닫혀있는 두 형태가 있다.

제연구역은 거실과 통로와 층을 분리해야 하며 하나의 제연구역은 그 면적을 1,000 $m^2$ 이내로 하되, 보행중심선의 길이(통로의 경우) 또는 직경이(원모양의 경우) 60 m를 넘지 않아야 한다.

제연경계는 그 폭이 0.6 m 이상이고 수직거리는 2 m 이내이나, 구조적으로 불가피한 경우는 2 m를 초과할 수 있다.

배출구와 공기유입구 등에 대한 규정은 예상제연구역의 바닥면적이 400 $m^2$를 기준으로 달라지며, 제연설비의 전원은 20분 이상 유효하게 작동될 수 있어야 한다.

32) 제연설비의 화재안전기준(NFSC 501), 2017.7.26

연결송수관설비[33)]는 건물 외벽의 송수구로부터 건물 내 방수구로 가압된 물을 전달하는 설비이다. 연결송수관설비는 송수구, 배관, 방수구, 방수기구함, 가압송수장치, 전원, 배선 등으로 구성된다.

송수구는 지면으로부터 높이가 0.5 m 이상 1 m 이하의 위치에 구경 65 mm 의 쌍구형으로 설치한다. 주배관은 구경 100 mm 이상의 것으로 해야 하며, 방수구는 개폐기능을 가진 구경 65 mm의 것으로 하되 아파트 1, 2층이나 피난층 등을 제외하고는 각 층마다 계단으로부터 5 m 이내에 설치해야 한다. 특히 방수구로부터 층의 각 부분까지의 수평거리가 50 m를 초과하면 새로운 방수구를 설치해야 하고, 지하가(터널 제외) 또는 지하층의 바닥면적의 합이 3,000 $m^2$ 이상인 경우에는 수평거리의 기준이 25 m이다.

연결송수관설비의 방수기구함 속에는 15 m 호스와 방사형 관창이 있으며 피난층과 가장 가까운 층을 기준으로 3개 층마다 방수구에서 보행거리 5 m 이내에 설치해야 한다.

연결송수관설비의 가압송수장치는 펌프의 토출량이 분당 2,400 L(계단식 아파트는 1,200 L) 이상이어야 하며, 해당 층의 방수구가 3개를 초과하면 1개마다 분당 800 L(계단식 아파트는 400 L)씩을 더해주어야 한다. 다만 5개 이상이면 5 개로 계산하고, 펌프의 양정은 최상층 노즐선단의 압력이 0.35 MPa 이상이 되어야 한다.

가압송수장치에서 충압펌프는 배관 내 수압을 보충하는 역할을 하는 펌프이고, 체절운전은 펌프의 성능을 시험하기 위해 토출 개폐밸브를 닫은 상태에서의 운전을 말한다. 연결송수관설비의 전원은 설비를 20분 이상 유효하게 작동할 수 있어야 한다.

연결살수설비는 지하층 화재 시 지상의 송수관을 통해 지하상가 등의 지하층 천정에 설치한 스프링클러 헤드로 물을 송수하여 살수하도록 하는 설비이다.

연결살수설비의 주요 부분은 호스접결구, 체크밸브, 주배관, 교차배관, 가지배관, 송수구 등으로 구성된다. 호스접결구는 호스가 연결되는 장치이며, 체크밸브는 물이 한 쪽 방향으로만 흐르게 하는 장치이다. 주배관은 수직배관으로서 교차

33) 연결송수관설비의 화재안전기준(NFSC 502), 2021.7.22

배관에 물을 공급하고, 교차배관은 대개 수평배관으로서 가지배관에 급수하는 장치이다. 가지배관은 스프링클러 헤드가 연결된 관이며, 송수구는 소화용수를 공급하기 위해 지상층 등의 건물 외벽에 설치된 관이다.

연결살수설비의 송수구는 방호대상물로부터 20 m 이상 떨어진 곳이거나 방호대상물을 향하는 부분이 높이 1.5 m 이상 폭 2.5 m 이상의 철근콘크리트 벽으로 가려진 부분에 설치해야 한다. 송수구의 형태는 구경 65 mm의 쌍구형으로 설치해야 하지만, 한 개의 송수구역 헤드 개수가 10개 이하인 경우에는 단구형으로 할 수 있다.

연결살수설비에서 배관의 굵기는 하나의 배관에 부착하는 전용살수헤드의 개수에 의해 결정된다. 살수헤드의 개수가 1개일 경우에는 32 mm, 2개는 40 mm, 3개는 50 mm, 4～5개는 65 mm, 6～10개는 80 mm 이상 직경의 관을 각각 사용해야 한다.[34)]

비상콘센트설비는 화재 발생으로 인해 정상적인 전원의 공급이 되지 않을 때에도 화재 진화를 위해 공급되는 전원설비이다. 특히 지상 11층 또는 지하 3층 이상인 곳에서의 화재 시 소방차로부터의 전원공급이 어려워, 내화배선으로 미리 준비된 고정식 비상전원이 비상콘센트설비이다.

비상콘세트의 전압은 저압, 고압, 특고압으로 분류하며, 직류 750 V 이하(교류는 600 V 이하)는 저압, 그것을 초과하여 7 kV 이하는 고압이다. 특고압은 7 kV를 초과하는 것이다.

지하층을 제외한 층수가 7층 이상이며, 연면적 2,000 $m^2$ 이상 또는 지하층바닥면적의 합이 3,000 $m^2$ 이상의 특정소방대상물은 비상콘센트설비로서 자가발전설비를 설치해야 하고, 상용전원으로부터 전력공급이 중단되면 자동으로 비상전원이 공급될 수 있어야 한다. 다만 둘 이상의 변전소로부터 전력을 받아서 비상 시 자동으로 다른 변전소로부터 전력을 공급받을 수 있다면 자가설비의 설치는 면제될 수 있다.

비상콘센트는 바닥으로부터 높이 0.8 m 이상 1.5 m 이하의 위치에 설치한다.[35)]

34) 연결살수설비의 화재안전기준(NFSC 503), 2020.8.26

무선통신보조설비는 화재 발생 시 지하 공간에서 소화활동을 수행하는 소방대원 사이의 원활한 무선통신을 도와주는 장치이며, 누설동축케이블, 분배기, 분파기, 혼합기, 증폭기 등으로 구성된다.

누설동축케이블은 동축케이블에 작은 홈을 만들어 전파가 외부로 새어나갈 수 있게 한 케이블이며, 분배기는 신호의 균등분배를 위한 장치이다.

분파기는 서로 다른 주파수의 합성된 신호를 분리해주는 장치이며, 혼합기는 두 개 이상의 입력신호를 조합하여 출력이 가능하게 하는 장치이다. 또한 증폭기는 약한 신호를 수신가능하게 증폭시키는 장치이다.

무선통신보조설비의 무선기기 접속단자는 바닥으로부터 높이 0.8 m 이상 1.5 m 이하의 위치에 설치하되, 지상의 접속단자는 다른 용도의 단자에서 5 m 이상 떨어져야 하고 보행거리 300 m 이내마다 설치해야 한다.

무선통신보조설비의 분배기는 점검이 용이하고 화재로 인한 피해 우려가 없는 곳에 설치하되, 임피던스는 50 Ω의 것이어야 한다.[36]

연소방지설비는 지하에서의 화재 발생 시 지상의 송수구로부터 지하(공동)구 내 설치한 스프링클러 헤드 등으로 송수하는 설비이다. 연소방지설비는 배관, 송수구, 방수헤드로 구성되어 있으며, 전력 사업용 지하 공동구 등이 설치 대상이다.

연소방지설비의 배관은 수평주행배관의 구경이 100 mm 이상이어야 하며, 가지배관의 구경은 배관에 부착된 살수헤드의 개수에 의해 결정된다. 살수헤드의 개수가 1개이면 32 mm, 2개는 40 mm, 3개는 50 mm, 4～5개는 65 mm, 6개 이상이면 80 mm의 구경 배관으로 설치해야 한다.

방수헤드 사이의 수평거리는 전용헤드의 경우는 2 m 이하, 스프링클러헤드의 경우는 1.5 m 이하로 해야 한다.

연소방지설비의 송수구는 소방차가 접근하기 쉬운 장소이거나 눈에 띄기 쉬운 장소이어야 하며, 구경 65 mm 쌍구형으로 하되 지면으로부터 높이가 0.5 m 이상 1 m 이하의 위치에 설치해야 한다.

35) 비상콘센트설비의 화재안전기준(NFSC 504), 2017.7.26

36) 무선통신보조설비의 화재안전기준(NFSC 505), 2021.3.25

## 문제

1. 다음 중 나머지 셋과는 소방시설의 종류가 다른 것은?

① 제연설비 ② 연결살수설비
③ 비상조명설비 ④ 비상콘센트설비

2. 다음 제연방식 중 굴뚝효과를 가장 많이 이용하는 방식은?

① 자연제연방식 ② 기계제연방식
③ 밀폐제연방식 ④ 스모크타워방식

3. 제연경계로 구획된 내부 공간을 가리키는 용어는?

① 제연구역 ② 예상제연구역
③ 제연경계의 폭 ④ 공동예상제연구역

4. 제연구역에 관한 다음 설명들 중 옳지 않은 것은?

① 제연경계의 폭은 1 m 이상이다.
② 제연구역은 거실과 복도를 분리한다.
③ 제연구역은 각 층마다 설치해야 한다.
④ 제연설비의 전원은 유효작동시간이 20분 이상이다.

5. 연결송수관설비에 관한 다음 설명들 중 옳은 것은?

① 방수구에는 개폐기능이 있다.
② 송수구의 주배관은 구경 65 mm 이상이다.
③ 방수구는 각 층마다 계단으로부터 10 m 이내에 설치한다.
④ 지하층의 바닥면적의 합이 4,000 $m^2$이면 수평거리의 기준이 20 m이다.

6. 연결송수관설비에 관한 다음 설명 중 괄호 안에 들어갈 숫자는?

> 연결송수관설비의 방수기구함 속에는 ( A )m 호스와 방사형 관창이 있으며, 피난층과 가장 가까운 층을 기준으로 ( B )개 층마다 방수구에서 보행거리 ( C )m 이내에 설치해야 한다.

| | A | B | C |
|---|---|---|---|
| ① | 10 | 2 | 3 |
| ② | 15 | 3 | 5 |
| ③ | 20 | 4 | 10 |
| ④ | 30 | 5 | 15 |

7. 연결송수관설비의 방수구가 6개인 계단식 아파트에 설치할 가압송수장치의 펌프는 토출량이 분당 몇 L이어야 하는가?

① 1,200 L ② 1,600 L ③ 2,000 L ④ 2,400 L

8. 연결송수관설비에서 가압송수장치의 펌프 양정은 최상층 노즐선단의 압력이 몇 MPa 이상이어야 하는가?

① 0.20 ② 0.25 ③ 0.30 ④ 0.35

9. 연결송수관설비에서 가압송수장치의 펌프작동에 관한 다음 설명 중 괄호 안에 들어갈 용어는?

> 가압송수장치에서 ( A )는 배관 내 수압을 보충하는 역할을 하는 펌프이고, ( B )는 펌프의 성능을 시험하기 위해 토출 개폐밸브를 닫은 상태에서의 운전을 말한다.

| | A | B |
|---|---|---|
| ① | 보충펌프 | 체절운전 |
| ② | 충압펌프 | 체절운전 |
| ③ | 보충운전 | 점검운전 |
| ④ | 충압운전 | 점검운전 |

10. 지하 공간에서의 화재 발생 시 지상의 송수관을 통해 지하층 내 스프링클러에 물을 공급하는 소화활동설비는?

① 제연설비 ② 연결살수설비
③ 연결송수관설비 ④ 연소방지설비

11. 연결살수설비의 배관에 관한 다음 설명들 중 옳지 못한 것은?

① 주배관은 수직배관이다.
② 체크밸브는 물이 한 쪽 방향으로만 흐르게 한다.
③ 교차배관은 스프링클러헤드가 직접 결합된 배관이다.
④ 배관에 부착된 전용살수헤드의 개수가 2개이면 관의 구경은 40 mm이다.

12. 연결살수설비의 송수구에 관한 다음의 설명들 중 옳지 않은 것은?

① 구경 65 mm의 쌍구형으로 설치한다.
② 방호대상물로부터 20 m 이상 떨어진 곳에 설치한다.
③ 헤드 개수가 10개 이하인 경우에는 단구형으로 할 수 있다.
④ 높이 1 m 이상 폭 2 m 이상의 철근콘크리트 벽으로 가려진 부분에 설치한다.

13. 비상콘센트설비의 전압에 관한 다음의 설명들 중 옳은 것은?

① 교류 600 V 이하는 저압이다.
② 직류 800 V 이하는 저압이다.
③ 특고압은 6000 V를 초과한다.
④ 직류 800 V 이상 8000 V 이하는 고압이다.

14. 비상콘센트설비에 관한 다음의 설명들 중 틀린 것은?

① 지하층 바닥면적의 합이 3,000 $m^2$이면 자가발전설비가 필요하다.
② 지상 7층 이상이며, 연면적 2,000 $m^2$ 이상이면 자가발전설비가 필요하다.
③ 비상콘센트는 바닥으로부터 높이 1 m 이상 1.5 m 이하의 위치에 설치한다.
④ 둘 이상의 변전소로부터 전력을 받으면 자가설비의 설치는 면제될 수 있다.

15. 무선통신보조설비 중 전파가 외부로 새어나갈 수 있게 하는 장치는?

① 분배기　　② 혼합기
③ 증폭기　　④ 누설동축케이블

16. 무선통신보조설비에 관한 다음 설명들 중 옳은 것은?

① 보행거리 300 m마다 설치해야 한다.
② 무선통신보조설비의 분배기는 임피던스가 100 Ω의 것이다.
③ 지상의 접속단자는 다른 용도의 단자에서 3 m 이상 떨어져야 한다.
④ 무선기기 접속단자는 바닥으로부터 높이 0.5 m 이상 1.0 m 이하에 설치한다.

17. 연소방지설비의 배관에 대한 다음 설명들 중 옳지 못한 것은?

① 수평주행배관의 구경은 100 mm 이상이다.
② 살수헤드의 개수가 1 개이면 가지배관의 구경은 30 mm이다.
③ 살수헤드의 개수가 2 개이면 가지배관의 구경은 40 mm이다.
④ 살수헤드의 개수가 3 개이면 가지배관의 구경은 50 mm이다.

18. 연소방지설비의 방수헤드에 관한 다음 설명 중 괄호 속에 들어갈 숫자는?

> 방수헤드 사이의 수평거리는 전용헤드의 경우는 ( A ) m 이하,
> 스프링클러헤드의 경우는 ( B ) m 이하로 해야 한다.

| | A | B |
|---|---|---|
| ① | 1.5 | 1.0 |
| ② | 2.0 | 1.5 |
| ③ | 2.5 | 2.0 |
| ④ | 3.0 | 2.5 |

19. 연소방지설비의 송수구에 관한 다음 설명 중 괄호 속에 들어갈 숫자는?

> 연소방지설비의 송수구는 소방차가 접근하기 쉬운 장소이거나 눈에 띄기 쉬운 장소이어야 하며, 구경 ( A ) mm 쌍구형으로 하되, 지면으로부터 높이가 0.5 m 이상 ( B ) m 이하의 위치에 설치해야 한다.

| | A | B |
|---|---|---|
| ① | 45 | 1.0 |
| ② | 45 | 1.5 |
| ③ | 65 | 1.0 |
| ④ | 65 | 1.5 |

20. 다음 중 나머지 셋과는 소방시설의 종류가 다른 것은?

① 중계기 ② 분파기
③ 배풍기 ④ 송수구

## 풀이

1. 제연설비, 연결살수설비, 비상콘센트설비는 모두 소화활동설비이나 비상조명설비는 피난설비이다.

2. 기계제연방식과 밀폐제연방식은 굴뚝효과와 거의 관계가 없는 방식이며, 자연제연방식과 스모크타워방식이 굴뚝효과와 직접적인 관계가 있다. 그러나 그 중에서도 스모크타워방식이 상대적으로 굴뚝효과를 가장 많이 적용한 방식이다.

3. 제연경계로 구획된 내부 공간은 제연구역이다.

4. 제연구역은 거실과 통로와 층을 분리해야 하며 제연경계의 폭은 0.6 m 이상이다. 또한 제연설비의 전원은 유효작동시간이 20분 이상이다.

5. 연결송수관설비에서 송수구의 주배관은 구경 100 mm 이상이다. 방수구는 개폐기능을 가진 구경 65 mm의 것이며, 아파트 1, 2층이나 피난층 등을 제외하고는 각 층마다 계단으로부터 5 m 이내에 설치해야 한다. 방수구로부터 층의 각 부분까지의 수평거리가 50 m를 초과하면 새로운 방수구를 설치해야 하고, 지하층의 바닥면적의 합이 3,000 $m^2$ 이상인 경우에는 수평거리의 기준이 25 m이다.

6. 연결송수관설비의 방수기구함은 15 m 호스와 방사형 관창이 있으며, 피난층과 가장 가까운 층을 기준으로 3개 층마다 방수구에서 보행거리 5 m 이내에 설치해야 한다. 따라서 ②번이 정답이다.

7. 연결송수관설비의 가압송수장치는 펌프의 토출량이 계단식 아파트의 경우 분당 1,200 L 이상이어야 하며, 해당 층의 방수구가 3개를 초과하면 1개마다 분당 400 L 씩을 더해주어야 한다. 다만 5개 이상이면 5개로 계산한다. 따라서 1,200 + 400 × 2 = 2,000 L이다.

8. 연결송수관설비의 가압송수장치는 펌프의 양정은 최상층 노즐선단의 압력이 0.35 MPa 이상이어야 한다.

9. 가압송수장치에서 배관 내 수압을 보충하는 역할을 하는 펌프가 충압펌프이고, 펌프의 성능을 시험하기 위해 토출 개폐밸브를 닫은 상태에서의 운전이 체절운전이다.

10. 지하층 화재 시 지상의 송수관을 통해 지하층 천정에 설치한 스프링클러 헤드로 물을 송수하여 살수하는 설비가 연결살수설비이며, 연결송수관설비는 지상층들에 물을 공급하는 목적이다.

11. 체크밸브는 물이 한 쪽 방향으로만 흐르게 하는 장치이다. 주배관은 수직배관으로서 교차배관에 물을 공급하고, 가지배관은 스프링클러 헤드가 연결된 관이다. 연결살수설비에서 배관의 굵기는 하나의 배관에 부착하는 전용살수헤드의 개수에 의해 결정되며, 살수헤드의 개수가 2개일 경우에는 40 mm 구경의 관을 사용해야 한다.

12. 연결살수설비의 송수구는 방호대상물로부터 20 m 이상 떨어진 곳 또는 방호대상물을 향하는 부분이 높이 1.5 m 이상 폭 2.5 m 이상의 철근콘크리트 벽으로 가려진 부분에 설치해야 한다. 송수구는 구경 65 mm의 쌍구형으로 설치하지만, 한 개의 송수구에 연결된 헤드 개수가 10개 이하인 경우에는 단구형으로도 할 수 있다. 따라서 ④번은 높이 1 m 이상 폭 2 m 이상이라는 부분이 틀렸다.

13. 비상콘세트의 전압은 직류 750 V 이하(교류는 600 V 이하)는 저압, 그것을 초과하여 7 kV 이하는 고압이며, 특고압은 7 kV를 초과하는 경우이다. 따라서 ②, ③, ④는 모두 틀린 표현들이며 ①번만이 옳은 표현이다.

14. 지하층을 제외한 층수가 7층 이상이고 연면적 2,000 $m^2$ 이상 또는 지하층바닥면적의 합이 3,000 $m^2$ 이상의 경우에는 자가발전설비를 설치해야 한다. 다만 둘 이상의 변전소로부터 전력을 받아서 비상 시 자동으로 다른 변전소로부터 전력을 공급받을 수 있다면 자가설비의 설치는 면제될 수 있다. 또한 비상콘센트는 바닥으로부터 높이 0.8 m 이상 1.5 m 이하의 위치에 설치한다. 따라서 ①, ②, ④는 모두 옳은 표현이나, ③번은 높이 1 m 이상이 아니라 1.5 m 이상이 맞다.

15. 누설동축케이블은 동축케이블에 홈을 만들어 전파가 외부로 새어나갈 수 있게 하며, 분배기는 신호를 균등분배 해준다. 또한 분파기는 다른 주파수의 합성된 신호를 분리해주며, 혼합기는 두 개 이상의 입력신호를 조합하는 장치이다. 그리고 증폭기는 약한 신호를 증폭시켜 수신가능하게 하는 장치이다.

16. 무선통신보조설비의 무선기기 접속단자는 바닥으로부터 높이 0.8 m 이상 1.5 m 이하의 위치에 설치하고, 지상단자는 다른 용도의 단자에서 5 m 이상 격리해야 하며, 보행거리 300 m마다 설치해야 한다. 또한 분배기의 임피던스는 50 Ω이어야 한다. 그러므로 ①번만이 바른 표현이고, 나머지는 모두 옳지 못한 설명들이다.

17. 연소방지설비의 배관은 수평주행배관의 구경이 100 mm 이상이어야 하며, 가지배관의 구경은 살수헤드의 개수에 의해 결정된다. 살수헤드의 개수가 1개는 32 mm, 2개는 40 mm, 3개는 50 mm이다. 따라서 ①, ③, ④는 모두 옳은 표현이나, ②번은 30 mm가 아니라 32 mm이다.

18. 연소방지설비의 방수헤드 사이의 수평거리는 전용헤드의 경우는 2 m 이하로, 스프링클러헤드의 경우는 1.5 m 이하로 해야 한다. 따라서 ②번이 정답이다.

19. 연소방지설비의 송수구는 구경 65 mm 쌍구형으로 하되, 지면으로부터 높이가 0.5 m 이상 1 m 이하의 위치에 설치해야 한다. 따라서 정답은 ③번이다.

20. ② 분파기, ③ 배풍기, ④ 송수구는 모두 소화활동설비에 속하지만, ① 중계기는 자동화재속보설비에 속한다.

| 정답 | | | | | |
|---|---|---|---|---|---|
| | 1. ③ | 2. ④ | 3. ① | 4. ① | 5. ① |
| | 6. ② | 7. ③ | 8. ④ | 9. ② | 10. ② |
| | 11. ③ | 12. ④ | 13. ① | 14. ③ | 15. ④ |
| | 16. ① | 17. ② | 18. ② | 19. ③ | 20. ① |

Chapter

# 03

# 위험물의 종류와 취급방법

## 들어가면서

위험물의 취급에 관한 부분을 규정한 법령인 위험물안전관리법에서는 위험물을 "인화성 또는 발화성 등의 성질을 가지는 것으로서 대통령령이 정하는 것"으로 정의한다.[37] 이와 같이 위험물(hazardous material, hazmat)은 취급 과정에서 연소와 폭발이 쉽게 일어날 수 있는 위험성이 있다.

위험물로부터 피해를 줄이기 위한 방법으로서 위험물로부터의 이격거리에 해당되는 보유공지가 확보되어야 한다. 특히 위험물 제조 시에는 지정수량의 10배가 기준이 된다. 즉, 지정수량의 10배 이하의 경우에는 위험물시설로서 3 m의 보유공지가 필요하지만, 10배 초과 시에는 5 m를 확보해야 한다. 또한 위험물의 양이 많아지면 보관과 취급 시에도 화재의 위험성은 더 커진다. 이러한 관점에서 위험물을 안전하게 보관하고 취급할 수 있는 위험물의 양을 지정수량이라고 한다. 이것을 위험물안전관리법에서는 "위험물의 종류별로 위험성을 고려하여 대통령령이 정하는 수량으로서 제6호(제조소)의 규정에 의한 제조소등의 설치허가가 등

37) 위험물안전관리법 제2조 1항(2021.10.21)

에 있어서 최저의 기준이 되는 수량"으로 정의한다.[38]

위험물안전관리법에서는 위험물의 화재발생에 관한 특성과 소화방법 등을 기초로 하여, 위험물을 제1류부터 제6류까지 여섯 종류로 분류한다. 동일 종류에 속한 위험물들은 화재발생의 유형이 비슷하지만, 그 지정수량은 물질들 서로 간 다르다.

## 3-1 제1류 위험물

제1류 위험물은 산화성 고체로서, 불연성 물질이다. 산화성 물질은 산화반응을 촉진하는 물질이므로, 화학반응에서 자신은 환원되고, 상대 물질을 산화시키는 성질이 강하다. 따라서 환원성 물질과는 격렬한 반응을 나타낸다. 그러므로 취급 시 환원성 물질과의 접촉을 주의해야 하며, 과산화물이 포함되어 있으므로 가열에 의해 쉽게 분해반응이 진행될 수 있다. 따라서 보관이나 운반 시 가열금지 또는 화기엄금 등의 표지판을 갖추어야 한다. 제1류 위험물은 대부분 물에 잘 녹는 물질들이어서 물에 의한 냉각소화가 대표적인 소화법이다.

제1류 위험물의 종류에 따른 물질들의 지정수량은 다음과 같다.[39]

제1류 위험물 중 지정수량이 50 kg인 물질은 아염소산염, 염소산염, 과염소산염, 무기과산화물이 있다.

38) 위험물안전관리법 제2조 2항(2021.10.21)

39) 위험물안전관리법 시행령 [별표 1] (2021.6.8)

표 3-1 제1류 위험물과 지정수량

| 위 험 물 | | | 지정수량 |
|---|---|---|---|
| 유별 | 성질 | 품명 | |
| 제1류 | 산화성 고체 | 1. 아염소산염류 | 50 kg |
| | | 2. 염소산염류 | 50 kg |
| | | 3. 과염소산염류 | 50 kg |
| | | 4. 무기과산화물 | 50 kg |
| | | 5. 브롬산염류 | 300 kg |
| | | 6. 질산염류 | 300 kg |
| | | 7. 요오드산염류 | 300 kg |
| | | 8. 과망간산염류 | 1,000 kg |
| | | 9. 중크롬산염류 | 1,000 kg |
| | | 10. 그 밖에 행정안전부령으로 정하는 것<br>11. 제1호 내지 제10호의 1에 해당하는 어느 하나 이상을 함유한 것 | 50 kg, 300 kg 또는 1,000 kg |

아염소산염은 백색분말로서 아염소산나트륨($NaClO_2$)과 아염소산칼륨($KClO_2$)이 대표적인 예이다. 공기 중에서 수분과 만나 표면이 녹는 조해성이 있으므로 밀폐 용기에 보관해야 하며, 폭발의 위험성이 있고 산과 접촉 시 이산화염소로 분해된다. 소화방법은 물에 의한 냉각소화이다.

염소산염은 무색의 입방결정 이온화합물로서 염소산나트륨($NaClO_3$), 염소산암모늄($NH_4ClO_3$), 염소산칼슘[$Ca(ClO_3)_2$] 등이 대표적인 예이다. 물 뿐만 아니라 유기용매(알코올, 에테르)에도 용해성이 있으며, 공기 중에서 조해성이 있다. 산에 의해 이산화염소를 발생하며, 소화방법은 냉각소화이다.

과염소산염은 무색의 사방결정체로서 화학적으로 불안정하여 온도에 민감하고 쉽게 분해되는 성질이 있다. 과염소산나트륨($NaClO_4$)과 과염소산암모늄($NH_4ClO_4$) 등이 그 예이다. 과염소산염은 물질의 종류에 따라 물이나 유기용매에 대한 용해도는 서로 다르다. 과염소산나트륨과 과염소산암모늄은 물과 알코올에 모두 다 잘 녹지만 과염소산칼륨은 물과 알코올 모두에 대한 용해도가 매우 낮다. 과염소산염의 소화방법은 물에 의한 냉각소화이다.

무기과산화물은 금속이온이 산화수가 −1인 산소와 이온결합한 물질이며, 과산화나트륨($Na_2O_2$), 과산화칼륨($K_2O_2$), 과산화칼슘($CaO_2$) 등이 대표적인 예이다. 무기과산화물은 화학적으로 매우 불안정하여 가열하거나 물과 만나면 쉽게 분해되어 산소 기체를 발생시키므로 화재확산의 원인이 될 위험성이 있다.

$$2Na_2O_2(s) \rightarrow 2Na_2O(s) + O_2(g) \text{ (가열 시)} \quad \text{(식 3-1)}$$

$$2Na_2O_2(s) + 2H_2O(l) \rightarrow 4NaOH(s) + O_2(g) \quad \text{(식 3-2)}$$

특히 과산화칼슘과 과산화마그네슘은 물과 유기용매에 대한 용해도는 매우 낮지만, 산과 반응하여 과산화수소를 발생시키는 특성이 있다.

$$CaO_2(s) + 2HCl(l) \rightarrow CaCl_2(s) + H_2O_2(l) \quad \text{(식 3-3)}$$

따라서 제1류 위험물이지만 무기과산화물은 대표적인 소화방법이 건조사를 이용한 피복소화이다.

제1류 위험물 중 브롬산염류, 질산염류, 요오드산염류는 지장수량이 300 kg이다. 이것들은 각각 브롬산이온($BrO_3^-$), 질산이온($NO_3^-$), 요오드산이온($IO_3^-$)이 양이온과 결합한 이온화합물들이다. 가열 시 산소기체를 발생하며, 물에 잘 녹고 다량의 물을 이용한 냉각소화가 대표적인 소화방법이라는 공통점이 있다.

브롬산나트륨($NaBrO_3$)과 브롬산칼륨($KBrO_3$) 분자는 브롬산염의 가장 기본적인 형태이고, 질산나트륨($NaNO_3$)과 질산칼륨($KNO_3$)은 질산염 분자이다. 또한 요오드산나트륨($NaIO_3$)과 요오드산칼륨($KIO_3$)은 요오드산염의 기본적인 형태이다. 브롬산염은 대체로 물과 알코올에 모두 잘 녹지만, 질산염들은 물과 글리세린 이외 알코올에 대해서는 용해도가 낮다.

질산염류는 폭약 제조에 사용되고 요오드산염 분자들은 소화약제의 성분으로 이용되기도 한다.

제1류 위험물 중 과망간산염류와 중크롬산염류는 지정수량이 1,000 kg이다. 이 두 종류의 이온화합물들은 물에 잘 녹는다는 점과 함께 강한 산화제라는 것 이외도 주수에 의한 냉각소화가 대표적인 소화방법이라는 공통점이 있다.

과망간산염은 과망간산나트륨($NaMnO_4$)과 과망간산칼륨($KMnO_4$) 분자가 좋은 예이며, 과산화물이므로 가열 시 분해되어 쉽게 산소 기체를 발생한다. 물에 용해되면 과망간산나트륨은 적자색을, 과망간산칼륨은 흑자색을 나타낸다.

중크롬산염은 중크롬산나트륨($Na_2Cr_2O_7$)과 중크롬산칼륨($K_2Cr_2O_7$) 분자가 대표적인 예이며, 둘 다 물에는 용해도가 크지만 알코올이나 아세톤 등의 유기용매에는 잘 녹지 않는다.

## 문제

**1.** 위험물의 분류에 관한 다음 설명들 중 옳은 것은?

① 위험물의 기본적 의미는 인체독성에 관한 위험성이다.
② 위험물의 지정수량은 클수록 더 위험하다.
③ 위험물의 종류는 국가화재안전기준(NFSC)에 분류되어 있다.
④ 위험물 제조시 지정수량의 10배를 초과하면 5 m의 보유공지가 필요하다.

**2.** 제1류 위험물에 관한 다음 설명들 중 옳지 않은 것은?

① 지정수량은 50 kg이 가장 작다..
② 화학반응에서 대부분 환원되는 물질이다.
③ 환원성물질과는 격렬한 화학반응을 일으킨다.
④ 과염소산염이 과망간산염보다 지정수량이 더 크다.

**3.** 다음 중 나머지 셋과는 지정수량이 다른 것은?

① 염소산염류 ② 브롬산염류
③ 요오드산염류 ④ 질산염류

**4.** 다음 물질들의 지정수량 합은 얼마인가?

| 무기과산화물 | 과망간산염류 | 과염소산염류 |
|---|---|---|

① 400 kg
② 1,100 kg
③ 1,350 kg
④ 2,050 kg

5. 다음 물질들의 지정수량 합은 얼마인가?

| $NaNO_3$ | $K_2Cr_2O_7$ | $Ca(ClO_3)_2$ |
|---|---|---|

① 400 kg
② 1,100 kg
③ 1,350 kg
④ 2,050 kg

6. 다음 화학반응식의 괄호 속에 들어갈 물질들은?

$$CaO_2 + 2(\ A\ ) \rightarrow CaCl_2 + (\ B\ )$$

| | A | B |
|---|---|---|
| ① | HCl | $H_2O$ |
| ② | HCl | $H_2O_2$ |
| ③ | NaCl | $Na_2O$ |
| ④ | NaCl | NaO |

7. 다음 중 나머지 셋과는 화재 발생 시 대표적 소화법이 다른 것은?

① $KNO_3$
② $NaBrO_3$
③ $Na_2O_2$
④ $NH_4ClO_4$

8. 다음 설명들 중 옳지 않은 것은?

① 중크롬산나트륨은 알코올에 잘 녹는다.
② 중크롬산나트륨의 지정수량은 1,000 kg이다.
③ 과망간산칼륨이 물에 녹으면 물이 흑자색을 띤다.
④ 과망간산나트륨은 가열을 통해 쉽게 산소 기체를 발생한다.

## 풀이

1. 위험물이라는 기본적 의미는 인체독성에 관한 위험성이 아니라, 인화성과 발화성에 의한 연소와 폭발의 위험성이 관점이다(위험물안전관리법 제2조1항). 그리고 위험물의 지정수량은 클수록 더 위험한 것이 아니라 덜 위험하며, 위험물의 종류는 국가화재안전기준(NFSC)이 아니라 위험물안전관리법에 분류되어 있다. 따라서 ①, ②, ③은 모두 옳지 못한 표현이며, ④번만이 바른 설명이다.

2. 제1류 위험물들은 가장 작은 지정수량이 50 kg이다. 또한 모두 산화제이므로 환원제와는 격렬하게 반응한다. 또한 산화제의 특성상 화학반응에서는 상대를 산화시키고 자신은 환원되는 물질이다. 그러나 과염소산의 지정수량은 50 kg이고, 과망간산염의 지정수량은 1,000 kg이므로 과망간산염의 지정수량이 오히려 더 크다. 따라서 ①, ②, ③은 모두 바른 설명들이지만, ④는 옳지 못하다.

3. 제1류 위험물 중 ② 브롬산염류, ③ 요오드산염류, ④ 질산염류는 모두 지정수량이 300 kg이지만, ① 염소산염류는 지정수량이 50 kg이다.

4. 무기과산화물과 과염소산염류는 모두 지정수량이 50 kg이다. 그리고 과망간산염류의 지정수량은 1,000 kg이다. 그러므로 세 물질을 모두 더해주면 지정수량은 50 + 50 + 1,000 = 1,100이 된다.

5. $NaNO_3$는 질산염이므로 지정수량은 300 kg, $K_2Cr_2O_7$은 중크롬산염이므로 지정수량은 1,000 kg, 그리고 $Ca(ClO_3)_2$는 염소산염이므로 지정수량은 50 kg이다. 그러므로 세 물질을 모두 더해주면 지정수량은 300 + 1,000 + 50 = 1,350이 된다.

6. $CaO_2$는 무기과산화물이므로 산과 반응 시 다음과 같이 과산화수소($H_2O_2$)가 생성된다. $CaO_2 + 2HCl \rightarrow CaCl_2 + H_2O_2$

7. ① $KNO_3$는 질산염, ② $NaBrO_3$는 브롬산염, ④ $NH_4ClO_4$는 과염소산염이다. 따라서 ①, ②, ④는 모두 다량의 물을 이용한 냉각소화가 대표적인 소화방법이지만, ③ $Na_2O_2$는 무기과산화물이므로 물보다는 마른 모래를 이용한 피복소화기 대표적인 소화법이다.

8. 중크롬산나트륨은 알코올에 잘 녹지 않는다. 그러므로 ①번이 정답이다. 그리고 ②, ③, ④의 표현은 모두 바른 설명들이다.

| 정답 | | | | | |
|---|---|---|---|---|---|
| | 1. ④ | 2. ④ | 3. ① | 4. ② | 5. ③ |
| | 6. ② | 7. ③ | 8. ① | | |

## 3-2 제2류 위험물

제2류 위험물은 가연성 고체이다. 즉, 연소 가능한 고체라는 의미는, 화학반응의 과정에서 자신이 산화되는 물질이므로, 환원성 고체를 가리킨다. 그러므로 제2류 위험물들은 제1류 위험물과는 정반대의 특성을 가진다.

제2류 위험물의 일반적인 성질은 큰 가연성이 가장 대표적이며, 이에 따라 점화원이나 산화제와의 접촉이 금지된다. 또한 물에 대한 용해성이 작고, 특정 물질은 물과 반응하여 수소 기체를 발생하기도 한다. 가장 대표적인 소화방법은 냉각소화이지만 금속 가루에 의한 화재 시에는 건조사를 이용한 피복소화가 사용된다.

제2류 위험물은 그 중에서도 황화린, 적린, 유황의 지정수량이 100 kg으로 가장 작다.

**표 3-2 제2류 위험물과 지정수량** [40]

| 위 험 물 | | | 지정수량 |
|---|---|---|---|
| 유별 | 성질 | 품명 | |
| 제2류 | 가연성 고체 | 1. 황화린 | 100 kg |
| | | 2. 적린 | 100 kg |
| | | 3. 유황 | 100 kg |
| | | 4. 철분 | 500 kg |
| | | 5. 금속분 | 500 kg |
| | | 6. 마그네슘 | 500 kg |
| | | 7. 그 밖에 행정안전부령으로 정하는 것<br>8. 제1호 내지 제 7호의 1에 해당하는 어느 하나 이상을 함유한 것 | 100 kg<br>또는<br>500 kg |
| | | 9. 인화성고체 | 1,000 kg |

40) 위험물안전관리법 시행령 [별표 1] (2021.6.8)

황화린은 황화인을 가리키는 말이며, 인(phosphous, P)과 황(sulfur, S)이 세 가지 형태로 결합한 물질이다. 여기에는 삼황화인($P_4S_3$), 오황화인($P_2S_5$), 칠황화인($P_4S_7$)이 있다. 세 종류의 황화린은 연한 황색을 띠고 있다는 점은 공통적이지만, 물에 대한 용해도와 화학적 특성 및 용도는 서로 다르다.

성냥 제조에 이용되는 삼황화린은 염기성수용액이나 이황화탄소 또는 질산에는 잘 녹지만 물이나 염산 또는 황산에는 용해성이 없다. 그러나 오황화린은 물과 알코올 또는 이황화탄소 모두에 잘 녹고, 물과는 화학반응을 통해 황화수소와 인산으로 분해된다. 칠황화린 역시 물과 반응하여 황화수소를 발생한다.

$$P_2S_5(s) + 8H_2O(l) \rightarrow 5H_2S(g) + 2\ H_3PO_4(l) \qquad \text{(식 3-1)}$$

적린(red phosphorus)은 붉은 색깔의 인(phosphous)이라는 의미이다. 제3류 위험물인 황린(yellow phosphorus)으로부터 제조하지만, 황린과는 달리 독성과 공기 중에서의 자연발화가 없는 안정된 물질이다. 다만 제1류 위험물과 같은 강한 산화제를 만나면 맹렬하게 반응하고, 연소반응이 진행되어 유독성 기체인 오산화이인을 생성한다.

$$P_4(s) + 5O_2(g) \rightarrow 2\ P_2O_5(g) \qquad \text{(식 3-2)}$$

또한 적린이 자체 독성은 없으나, 염기성 수용액과 반응 시 치명적 독성가스인 포스핀(phosphine, $PH_3$)과 디포스핀(diphosphine, $P_2H_4$)을 생성한다. 따라서 적린은 화재 발생 시 다량의 물에 의한 냉각소화가 대표적인 소화법이지만 건조사를 이용한 피복소화도 가능하며 독성가스의 위험성에 대비하여 방독면이나 공기호흡기 등의 착용이 필수적이다.

유황은 순도 60 wt.% 이상의 고체 황을 가리키며, 결정의 종류와 상태에 따라 사방황, 단사황, 고무상황(비결정)으로 구분한다. 유황은 결정 상태와 무관하게 모두 $S_8$의 화학식을 가진 동소체(allotrope)이다. 유황은 모두 물에 녹지 않으며 결정구조를 가진 사방황과 단사황은 이황화탄소에 용해성이 있다.

화재 발생 시 소화방법은 무상주수에 의한 냉각소화가 대표적이지만 소규모 화재의 경우에는 건조사에 의한 피복소화도 효과적이다. 다만 유황의 연소생성물인 이산화황은 독성가스이므로 공기호흡기 등의 보호장비의 착용이 필요하다.

제2류 위험물 중 철분, 금속분, 마그네슘은 지정수량이 500 kg이다.

철분은 50% 이상이 표준체(53$\mu$m)를 통과하는 분말 상태의 철을 가리키며, 산과 접촉 시 수소기체가 발생하므로 주의해야 한다.

$$Fe(s) + 2HCl(l) \rightarrow FeCl_2(s) + H_2(g) \qquad (식\ 3\text{-}3)$$

제2류 위험물에서 가리키는 금속분이라는 것은 모든 금속의 분말이 아니라 철분과 마그네슘, 알칼리금속(IA족)과 알칼리토금속(IIA족)은 제외한 금속 분말을 의미하며 50% 이상이 표준체(150$\mu$m)를 통과하는 크기의 것을 말한다. 산과 접촉 시 수소기체를 발생하는 것은 철분과 동일하지만, 화재 발생 시 분말 비산에 의한 화재 확산의 가능성으로 인해 질식소화가 효과적이다.

제2류 위험물에 속하는 마그네슘은 마그네슘분말이 아니라 아주 작은 마그네슘 조각들을 가리킨다. 위험물안전관리법 시행령에서는 다음과 같이 정의한다.[41]

마그네슘 및 제2류 제8호의 물품 중 마그네슘을 함유한 것에 있어서는 다음 각목의 1에 해당하는 것은 제외한다.

가. 2밀리미터의 체를 통과하지 아니하는 덩어리 상태의 것

나. 직경 2밀리미터 이상의 막대 모양의 것

마그네슘은 미세한 분말 시 공기 중의 수증기나 산소와 반응하여 자연발화 또는 분진폭발의 위험성이 있다. 화재 발생 시에는 발열량이 다른 금속들에 비해 큰 편이며, 건조사에 의한 1차적인 피복소화 후 물을 이용한 냉각소화가 효과적이다.

제2류 위험물 중 지정수량이 1,000 kg인 인화성 고체는 고형알코올 또는 1기압에서 인화점이 섭씨 40도 미만인 고체를 말한다.[42] 고형알코올은 인화성이 큰 고체알코올을 가리킨다.

41) 위험물안전관리법 시행령 [별표 1] (2021.6.8)

42) 위험물안전관리법 시행령 [별표 1] (2021.6.8)

## 문제

1. 제2류 위험물에 관한 다음 설명들 중 옳지 않은 것은?

① 환원성 고체이다.
② 적린과 유황의 지정수량은 같다.
③ 나트륨(Na) 금속분도 포함된다.
④ 제1류 위험물과 접촉 시 연소 가능성이 크다.

2. 다음 물질들 중 나머지 셋과는 위험물 분류에서 종류가 다른 것은?

① 유황
② 황린
③ 적린
④ 황화린

3. 다음 중 나머지 셋과는 지정수량이 다른 것은?

① 요오드산염류
② 과망간산염류
③ 인화성 고체
④ 중크롬산염류

4. 다음 물질들의 지정수량 합은 얼마인가?

| 유황 | 적린 | 철분 |
|---|---|---|

① 300 kg
② 700 kg
③ 1,100 kg
④ 3,000 kg

5. 다음 물질들의 지정수량 합은 얼마인가?

| $S_8$ | Mg | $P_2S_5$ |
|---|---|---|

① 300 kg
② 700 kg
③ 1,100 kg
④ 3,000 kg

6. 다음 화학반응식의 괄호 속에 들어갈 물질들은?

$$P_2S_5(s) + 8H_2O(l) \rightarrow 5(\ A\ )(g) + 2(\ B\ )(l)$$

| | A | B |
|---|---|---|
| ① | $H_2P$ | $H_2SO_4$ |
| ② | $H_2P$ | $H_3SO_4$ |
| ③ | $H_2S$ | $HPO_3$ |
| ④ | $H_2S$ | $H_3PO_4$ |

7. 다음 황화린의 화학식 중 제2류 위험물에 속하지 않는 것은?

① $P_2S_5$ ② $P_4S_3$ ③ $P_4S_5$ ④ $P_4S_7$

8. 적린이 공기 중에서 연소 시 대표적인 연소생성물은?

① $P_2O_5$ ② $P_3O_8$ ③ $P_4O_5$ ④ $P_4O_8$

9. 적린이 염기성수용액과 반응 시 발생되는 독성기체의 종류는?

① $PO_2$ ② $PH_2$ ③ $P_2O_4$ ④ $P_2H_4$

10. 다음 중 유황의 동소체가 아닌 것은?

① 단사황 ② 사방황
③ 수지상황 ④ 고무상황

11. 다음 물질들 중 물에 잘 녹는 것은?

① 단사황 ② 사방황
③ 삼황화린 ④ 오황화린

12. 철분이 산(acid)과 반응 시 발생되는 대표적인 기체의 종류는?

① 산소 ② 수소
③ 수증기 ④ 이산화탄소

13. 제2류 위험물인 금속분에 관한 다음의 설명 중 괄호 안에 들어갈 용어는?

> 제2류 위험물에서 가리키는 금속분이라는 것은 모든 금속의 분말이 아니라 철분과 ( A ), 알칼리금속과 알칼리토금속은 제외한 금속 분말을 의미하며, 50% 이상이 ( B )$\mu$m 표준체를 통과하는 크기의 것을 말한다.

| | A | B |
|---|---|---|
| ① | 칼슘 | 53 |
| ② | 칼슘 | 150 |
| ③ | 마그네슘 | 53 |
| ④ | 마그네슘 | 150 |

14. 제2류 위험물로서 마그네슘에 관한 다음의 설명들 중 옳은 것은?

① 공기 중에서 자연발화 할 수 있다.
② 2 mm 체를 통과하지 못하는 것이다.
③ 연소 발열량이 다른 금속들에 비해 작다.
④ 외형의 모양이 직경 2 mm 이상의 것이다.

15. 제2류 위험물질인 인화성 고체의 정의에 관한 다음의 설명 중 괄호 속에 들어갈 알맞은 용어는?

> 인화성 고체는 ( A ) 또는 1기압에서
> 인화점이 섭씨 ( B )도 미만인 고체를 말한다.

| | A | B |
|---|---|---|
| ① | 고급알코올 | 40 |
| ② | 고급알코올 | 60 |
| ③ | 고형알코올 | 40 |
| ④ | 고형알코올 | 60 |

## 풀이

1. 제2류 위험물은 가연성 고체이며, 환원성 고체이다. 적린과 유황은 지정수량이 100 kg으로 동일하다. 또한 환원성 고체이므로 산화성 고체인 제1류 위험물과는 접촉 시 맹렬한 연소반응이 진행된다. 그러나 일반적인 금속분은 제2류 위험물에 속하지만, 알칼리금속인 나트륨은 위험등급 I로서 제3류 위험물로 분류한다. 따라서 ①, ②, ④는 모두 맞는 설명들이지만, ③번은 옳지 않는 표현이다.

2. ① 유황, ③ 적린, ④ 황화린은 모두 제2류 위험물이지만, ② 황린은 제3류 위험물이다.

3. ② 과망간산염류, ③ 인화성 고체, ④ 중크롬산염류는 모두 위험물의 분류와 상관없이 지정수량이 1,000 kg이나, ① 요오드산염류는 제1류 위험물 중 지정수량이 300 kg이다.

4. 유황과 철분은 모두 지정수량이 모두 100 kg이다. 그리고 철분의 지정수량은 500 kg이다. 그러므로 세 물질을 모두 더해주면 지정수량은 100 + 100 + 500 = 700이 된다.

5. $S_8$은 유황으로서 지정수량은 100 kg, Mg는 마그네슘이므로 지정수량은 500 kg, 그리고 $P_2S_5$는 황화린이므로 지정수량은 500 kg이다. 그러므로 세 물질을 모두 더해주면 지정수량은 100 + 100 + 500 = 700이 된다.

6. 삼황화린의 가수분해반응은 다음과 같이 진행된다.
$P_2S_5(s) + 8H_2O(l) \rightarrow 5H_2S(g) + 2H_3PO_4(l)$

7. 제2류 위험물에 속하는 황화린에는 삼황화인($P_4S_3$), 오황화인($P_2S_5$), 칠황화인($P_4S_7$)이 있다. 따라서 $P_4S_5$라는 물질은 제2류에 속하지도 않고, 존재하지도 않는다.

8. 적린이 공기 중에서 연소하면 산소와 반응하여 오산화이인을 생성한다.
$P_4(s) + 5O_2(g) \rightarrow 2P_2O_5(g)$

9. 적린이 염기성수용액과 반응 시 발생되는 독성기체는 포스핀($PH_3$)과 디포스핀($P_2H_4$)이다. 그러므로 보기 중 포스핀이 없으므로 ④번의 디포스핀이 정답이다.

10. 유황의 동소체는 세 종류가 있으며 단사황, 사방황, 고무상황이다. 그러나 ③번의 수지상황은 존재하지 않는다.

11. 단사황, 사방황, 삼황화린은 모두 물에 녹지 않으나, ④번의 오황화린은 물에 잘 녹는다.

12. 철분을 포함한 대부분의 금속들은 산과 반응 시 전형적으로 수소 기체를 발생한다.
$Fe(s) + 2HCl(l) \rightarrow FeCl_2(s) + H_2(g)$

13. 제2류 위험물로서 분류되는 금속분은 철분과 마그네슘, 알칼리금속과 알칼리토금속은 제외한 금속 분말을 의미하며, 50% 이상이 표준체(150 μm)를 통과하는 크기의 것을 말한다.

14. 제2류 위험물로서의 마그네슘은 그 크기가 2 mm체를 통과해야 하고, 직경 2 mm 이상인 것은 해당되지 않는다. 그리고 마그네슘은 연소 시 발열량이 크다는 것과 공기 중에서 자연발화하는 특성이 있다. 따라서 정답은 ①번이다.

15. 제2류 위험물 중 인화성 고체는 고형알코올 또는 1기압에서 인화점이 섭씨 40도 미만인 고체를 말한다.

| 정답 | | | | | |
|---|---|---|---|---|---|
| | 1. ③ | 2. ② | 3. ① | 4. ② | 5. ② |
| | 6. ④ | 7. ③ | 8. ① | 9. ④ | 10. ③ |
| | 11. ④ | 12. ② | 13. ④ | 14. ① | 15. ③ |

# 3-3 제3류 위험물

제3류 위험물은 자연발화성 물질이며 금수성 물질이다. 자연발화성 물질이라는 의미는 점화원이 없이 연소가 시작될 수 있는 물질을 말하며, 금수성 물질은 물과 접촉 시 연소 위험성이 있는 물질이라는 의미이다. 특히 금수성 물질은 물과 반응하여 수소 또는 탄화수소와 같은 가연성 기체를 발생하고, 자체의 반응열에 의해 자연발화하며 폭발의 가능성도 있다. 이에 관해 위험물안전관리법에서는 "고체 또는 액체로서 공기 중에서 발화의 위험성이 있거나 물과 접촉하여 발화하거나 가연성가스를 발생하는 위험성이 있는 것"으로 정의되어 있다.[43)]

제3류 위험물은 명확히 고체라고 고정하지 않는 것은 일부 물질이 액체이기 때문이다. 제3류 위험물의 대표적인 소화방법은 질식소화이며, 여기에는 건조사, 금속화재용 분말, 팽창질석, 팽창진주암 등이 사용된다.

제3류 위험물은 다음의 도표[44)]와 같이 지정수량의 크기로만 본다면 제1류 위험물과 제2류 위험물에 비해 위험성이 상대적으로 크다고 볼 수 있다. 그것은 지정수량의 크기가 상대적으로 작기 때문이다.

제3류 위험물 중 지정수량이 가장 작은 물질로는 칼륨, 나트륨, 알킬알루미늄, 알킬리튬이 있다. 칼륨(K)은 나트륨(Na)과 함께 알칼리금속이며, 공기 중의 수증기나 에틸알코올과 반응해서 수소 기체를 생성한다. 이산화탄소 기체와 반응 시 탄소를 발생시킴으로써 폭발의 원인이 되기도 한다.

칼륨과 나트륨은 은백색 광택의 화학적 활성이 매우 큰 알칼리금속(alkari metal)이다. 두 금속은 모두 비중이 1보다 작고 무른 금속이지만 피부 접촉 시 화상을 입힌다. 연소 시 화염의 색깔로서 칼륨은 보라색을, 나트륨은 노란색을 나타낸다. 참고로 금속들의 불꽃반응 색깔로서 구리(Cu)는 청록색, 리튬(Li)은 적색, 바륨(Ba)은 황록색, 세슘(Cs)은 청색, 칼슘(Ca)은 주황색이다.

43) 위험물안전관리법 시행령 [별표 1] 비고 9. (2021.6.8)

44) 위험물안전관리법 시행령 [별표 1] (2021.6.8)

표 3-3 제3류 위험물과 지정수량

| 위 험 물 | | | 지정수량 |
|---|---|---|---|
| 유별 | 성질 | 품명 | |
| 제3류 | 자연발화성 물질 및 금수성 물질 | 1. 칼륨 | 10 kg |
| | | 2. 나트륨 | 10 kg |
| | | 3. 알킬알루미늄 | 10 kg |
| | | 4. 알릴리튬 | 10 kg |
| | | 5. 황린 | 20 kg |
| | | 6. 알칼리금속(칼륨 및 나트륨을 제외한다) 및 알칼리토금속 | 50 kg |
| | | 7. 유기금속화합물(알킬알루미늄 및 알킬리튬을 제외한다) | 50 kg |
| | | 8. 금속의 수소화물 | 300 kg |
| | | 9. 금속의 인화물 | 300 kg |
| | | 10. 칼슘 또는 알루미늄의 탄화물 | 300 kg |
| | | 11. 그 밖의 행정안전부령으로 정하는 것<br>12. 제1호 내지 제11호의 1에 해당하는 어느 하나 이상을 함유한 것 | 10 kg, 20 kg, 50 kg 또는 300 kg |

칼륨은 공기 중의 수증기 또는 알코올과 반응하여 수소 기체를 발생한다. 또한 이산화탄소 기체와는 반응을 통해 탄소 입자를 생성함으로써 폭발을 일으키기도 한다. 또한 칼륨은 나트륨과 마찬가지로 물과의 접촉을 차단하기 위해 석유나 벤젠과 같은 기름 속에 보관하며, 수은과 반응하여 칼륨아말감(potassium amalgam)이나 나트륨아말감(sodium amalgam)을 생성한다.

$$2K(s) + 2H_2O \rightarrow 2KOH + H_2(g) \quad \text{(식 3-4)}$$

$$2K(s) + 2C_2H_5OH \rightarrow 2C_2H_5OK + H_2(g) \quad \text{(식 3-5)}$$

$$4K(s) + 3CO_2(g) \rightarrow 2K_2CO_3(s) + C(s) \quad \text{(식 3-6)}$$

알킬알루미늄은 종류에 따라 차이가 있으나 실온에서 액체상태가 가능한 유기금속화합물이다. 알킬알루미늄은 +3가인 알루미늄에 3개의 알킬기가 결합된 구조이며, 삼메틸알루미늄[$Al(CH_3)_3$]이나 삼에틸알루미늄[$Al(C_2H_5)_3$] 등이 대표적인 예이다. 또한 알킬리튬은 리튬에 한 개의 알킬기가 결합된 구조이며, 화학적 특성이 알킬알루미늄과 유사하다.

알킬알루미늄은 물이나 산성용액, 또는 알코올류와 접촉 시 화학반응을 통해 가연성 포화탄화수소를 생성하며, 알킬기의 종류가 메틸부터 부틸까지의 알킬알루미늄은 공기 중의 산소와 만나면 자연발화가 진행되어 이산화탄소와 알루미나($Al_2O_3$)의 연소생성물을 발생시킨다.

$$Al(CH_3)_3 + 3H_2O \rightarrow Al(OH)_3 + 3CH_4(g) \quad \text{(식 3-7)}$$

$$Al(C_2H_5)_3 + HCl \rightarrow Al(C_2H_5)_2Cl + C_2H_6(g) \quad \text{(식 3-8)}$$

$$Al(C_2H_5)_3 + 3C_2H_5OH \rightarrow Al(C_2H_5O)_3 + 3C_2H_6(g) \quad \text{(식 3-9)}$$

$$2Al(C_2H_5)_3 + 21O_2 \rightarrow 12CO_2 + Al_2O_3 + 15H_2O \quad \text{(식 3-10)}$$

그러므로 알킬알루미늄은 공기 또는 수증기 등과의 접촉을 피하기 위해 질소와 아르곤 같은 비활성기체(inert gas)가 들어있는 밀봉된 용기에 보관해야 하고, 신체 접촉 시 피부에 약품화상이 나타난다. 화재 발생 시 제3류 위험물의 대표적인 소화법인 질식소화가 효과적이며, 건조사, 팽창질석, 팽창진주암 등이 이용된다.

제3류 위험물 중 지정수량이 10 kg이 아니라 20 kg인 황린(yellow phosphorus)은 흰색을 띤 고체이므로 백린(white phosphorus)이라고도 한다. 화학식은 위험물 제2류인 적린과 마찬가지로 $P_4$이며, 공기 중에서 쉽게 기화하지만 공기보다 무거워 아래로 가라앉는 성질이 있다. 기체 자체의 가연성과 인체독성이 있으며, 공기 중의 산소와 만나 자연발화되므로 공기와의 접촉을 피하여 물속에 보관한다. 따라서 취급 시에는 증기 흡입이나 피부 접촉을 방지하는 보호장비가 필수적이다. 산소와의 반응은 산소 농도에 따라 다른 화학반응이 진행되며, 산소가 부족할 경우에는 연소생성물로서 삼산화이인이 생성되지만 산소가 충분할 경우에는 백색기체인 오산화이인이 생성된다. 물에 대한 용해도는 매우 낮으나 이황화탄소에는 잘 녹는다.

적린과 동일하게 진한 농도의 염기성수용액과 만나면 독성기체인 포스핀을 생성하므로 저장수의 pH는 9를 넘지 않아야 한다. 화재 발생 시 소화방법은 질식소화도 가능하나 무상주수에 의한 냉각소화가 효과적이다.

$$P_4(s) + 3O_2(g) \rightarrow 2P_2O_3(g) \text{ (산소가 부족)} \quad \text{(식 3-11)}$$

$$P_4(s) + 5O_2(g) \rightarrow 2P_2O_5(g) \text{ (산소가 충분)} \quad \text{(식 3-12)}$$

$$P_4(s) + 3NaOH(s) + 3H_2O(l) \rightarrow PH_3(g) + 3NaHPO_2(l) \quad \text{(식 3-13)}$$

제3류 위험물로서 알칼리 금속(칼륨 및 나트륨 제외) 및 알칼리 토금속(마그네슘 제외)과 유기금속화합물(알킬알루미늄 및 알킬리튬 제외)은 지정수량이 50 kg이다.

나트륨과 칼륨을 제외한 알칼리금속과 마그네슘을 제외한 알칼리토금속이 물이나 염기성 수용액을 만나면 가연성 기체인 수소 기체($H_2$)가 발생되고, 연소 시 폭발의 위험성이 있다. 특히 알칼리 금속들(루비듐, 세슘)이 암모니아수와 반응하면 수소 기체가 발생한다. 따라서 화재 발생 시 대표적인 소화법은 건조사를 이용한 질식소화이다.

$$2Li + 2H_2O \rightarrow 2LiOH + H_2 \quad \text{(식 3-14)}$$

$$Ca + 2H_2O \rightarrow Ca(OH)_2 + H_2 \quad \text{(식 3-15)}$$

$$2Rb + 2NH_3 \rightarrow 2RbNH_2 + H_2 \quad \text{(식 3-16)}$$

제3류 위험물인 유기금속화합물(알킬알루미늄 및 알킬리튬 제외)은 전이금속이나 준금속에 알킬기가 결합된 구조이며, 상온에서 액체 상태로 존재하지만 공기와 접촉 시 자연발화가 진행되는 특성이 있다. 이에틸아연[$Zn(C_2H_5)_2$]이나 이메틸텔루륨[$Te(CH_3)_2$] 등이 그 예이며, 화재 발생 시 소화법은 질식소화도 가능하나 무상주수에 의한 냉각소화가 효과적이다.

제3류 위험물 중 금속의 수소화물, 금속의 인화물, 칼슘 또는 알루미늄의 탄화물은 지정수량이 300 kg이다.

금속수소화물은 금속 양이온에 수소음이온(hydride ion, $H^-$)이 결합된 이온화합물 구조로서 수소화나트륨(NaH), 수소화칼슘($CaH_2$) 등이 그 예이며, 상온에서는 모두 고체 상태이다.

금속수소화물은 이온화합물의 특성 상 유기용매에는 녹지 않으나 물에는 잘 녹는다. 그리고 물과의 화학반응은 수소 기체가 발생되며, 대표적인 소화법은 건조사를 이용한 질식소화이다.

$$NaH + H_2O \rightarrow NaOH + H_2 \quad \text{(식 3-17)}$$

$$CaH_2 + 2H_2O \rightarrow Ca(OH)_2 + 2H_2 \quad \text{(식 3-18)}$$

금속의 인화물은 금속양이온에 -3가의 인음이온이 결합된 이온화합물 구조로서 인화칼슘($Ca_3P_2$)과 인화알루미늄(AlP) 등이 그 예이며, 대부분 자연발화성이 있다.

특히 물이나 산성수용액과 접촉 시 독성 기체인 포스핀을 생성한다는 공통점이 있으며, 소화방법으로는 건조사를 이용한 질식소화가 대표적이다.

$$Ca_3P_2 + 6H_2O \rightarrow 3Ca(OH)_2 + 2PH_3(g) \quad \text{(식 3-19)}$$

$$AlP + 3HCl \rightarrow AlCl_3 + PH_3(g) \quad \text{(식 3-20)}$$

제3류 위험물인  칼슘 또는 알루미늄의 탄화물은 칼슘이온($Ca^{2+}$)이나 알루미늄이온($Al^{3+}$)에 탄소음이온이 결합된 이온화합물로서, 상온에서 고체이며 카바이드라고 불리는 탄화칼슘($CaC_2$)과 탄화알루미늄($Al_4C_3$)이 그 예이다.

특히 두 종류의 물질이 물과 만나면 가연성 기체인 아세틸렌이나 메탄을 생성한다는 점은 주의해야 한다. 탄화칼슘 이외도 탄화나트륨($Na_2C_2$), 탄화리튬($Li_2C_2$), 탄화마그네슘($MgC_2$) 등은 아세틸렌($C_2H_2$) 기체를, 탄화알루미늄 이외도, 탄화베릴륨($BeC_2$), 탄화망간($Mn_3C$) 등은 메탄($CH_4$) 기체를 발생한다. 이 두 물질들에 대한 효과적인 소화법은 질식소화이다.

$$CaC_2 + 2H_2O \rightarrow Ca(OH)_2 + C_2H_2(g) \quad \text{(식 3-21)}$$

$$Al_4C_3 + 12H_2O \rightarrow 4Al(OH)_3 + 3CH_4(g) \quad \text{(식 3-22)}$$

## 문제

**1.** 제3류 위험물에 관한 다음 설명들 중 옳지 않은 것은?

① 금수성 물질이다.
② 자연발화성 물질이다.
③ 지정수량이 가장 작은 물질은 10 kg이다.
④ 제1류와 제2류에 비해 연소위험성은 상대적으로 낮다.

**2.** 다음 물질들 중 나머지 셋과는 위험물 분류에서 종류가 다른 것은?

① 칼슘 ② 칼륨 ③ 나트륨 ④ 마그네슘

**3.** 다음 제3류 위험물들 중 나머지 셋과는 지정수량이 다른 것은?

① 칼륨 ② 황린 ③ 나트륨 ④ 알킬리튬

**4.** 다음 제3류 위험물들 중 나머지 셋과는 지정수량이 다른 것은?

① $NaH$ ② $Ca_3P_2$ ③ $Al_4C_3$ ④ $Zn(C_2H_5)_2$

**5.** 다음 물질들의 지정수량 합은 얼마인가?

| 황린 | 알킬알루미늄 | 알루미늄탄화물 |
|---|---|---|

① 70 kg
② 80 kg
③ 320 kg
④ 330 kg

6. 다음 물질들의 지정수량 합은 얼마인가?

| K | Ca | NaH |
|---|---|---|

① 70 kg
② 320 kg
③ 360 kg
④ 400 kg

7. 금속의 종류에 따른 화염의 색깔이 바르게 짝 지워진 것은?

① 구리 - 적색 ② 칼륨 - 보라색
③ 리튬 - 황록색 ④ 나트륨 - 청록색

8. 제3류 위험물인 칼륨의 저장물질로 적절하지 못한 것은?

① $C_2H_5OH$ ② $C_6H_6$ ③ $C_6H_{14}$ ④ $C_6H_5CH_3$

9. 삼메틸알루미늄이 물과 반응 시 발생하는 기체는 ?

① $CH_4$ ② $C_2H_6$ ③ $C_3H_8$ ④ $C_4H_{10}$

10. 삼에틸알루미늄의 연소반응에서 괄호 속에 들어갈 물질은?

$$2Al(C_2H_5)_3 + 21O_2 \rightarrow 12(\ A\ ) + (\ B\ ) + 15H_2O$$

| | A | B |
|---|---|---|
| ① | $CO$ | $Al_2O_3$ |
| ② | $CO$ | $Al(OH)_3$ |
| ③ | $CO_2$ | $Al_2O_3$ |
| ④ | $CO_2$ | $Al(OH)_3$ |

11. 황린에 관한 다음의 설명들 중 바르지 못한 것은?

① 물속에 보관한다.
② 이황화탄소에 녹는다.
③ 증기는 공기보다 가볍다.
④ 불완전연소 시 삼산화이인이 생성된다.

12. 황린이 pH 9를 넘는 염기성수용액과 반응 시 발생하는 기체는?

① 수소 ② 포스핀 ③ 프로판 ④ 아세틸렌

13. 제3류 위험물 중 알칼리금속과 알칼리토금속에 관한 다음 설명에서 괄호 속에 들어갈 알맞은 용어는?

> 나트륨과 칼륨을 제외한 알칼리금속과 마그네슘을 제외한 알칼리토금속은 물이나 염기성 수용액을 만나면 가연성 기체인 ( A )가 발생하고 연소 시 폭발의 위험성이 있다. 특히 알칼리 금속인 루비듐과 세슘은 ( B )와(과) 반응하여 수소 기체를 발생시킨다.

| | A | B |
|---|---|---|
| ① | 수소 | 암모니아수 |
| ② | 아세틸렌 | 펠링용액 |
| ③ | 수소 | 펠링용액 |
| ④ | 아세틸렌 | 암모니아수 |

14. 금속수소화물에 관한 다음의 설명 중 괄호 안에 들어갈 용어는?

> 금속수소화물은 이온화합물의 특성 상 ( A )에는 녹지 않으나 ( B )에는 잘 녹는다. 그리고 ( B )와(과)의 반응으로 수소 기체가 발생된다.

| | A | B |
|---|---|---|
| ① | 물 | 유기용매 |
| ② | 유기용매 | 물 |
| ③ | 산성수용액 | 염기성수용액 |
| ④ | 염기성수용액 | 산성수용액 |

**15.** 다음 화학반응식들에 관한 설명으로 가장 적합한 표현은?

$$Ca_3P_2 + 6H_2O \rightarrow 3Ca(OH)_2 + 2PH_3(g)$$
$$AlP + 3HCl \rightarrow AlCl_3 + PH_3(g)$$

① 금속인화물들이 물이나 산과 반응하면 포스핀이 발생된다.
② 금속인화물들이 물이나 산과 반응하면 포스겐이 발생된다.
③ 금속탄화물들이 물이나 산과 반응하면 포스핀이 발생된다.
④ 금속탄화물들이 물이나 산과 반응하면 포스겐이 발생된다.

**16.** 금속탄화물과 물의 화학반응식 중 괄호 속에 들어갈 화학식의 물질명은?

$$(\ A\ ) + 2H_2O \rightarrow 3Ca(OH)_2 + 2(\ B\ )$$

| | A | B |
|---|---|---|
| ① | 칼륨탄화물 | 메탄 |
| ② | 칼륨탄화물 | 아세틸렌 |
| ③ | 칼슘탄화물 | 아세틸렌 |
| ④ | 칼슘탄화물 | 메탄 |

## 풀이

1. 제3류 위험물은 금수성물질이며, 자연발화성 물질이다. 위험등급은 I, II, III 모두 있다. 그러나 지정수량의 크기로 볼 때에 제1류와 제2류에 비해 연소위험성은 상대적으로 높다.

2. ① 칼슘은 위험등급이 II 인 제3류 위험물이며, ② 칼륨과 ③ 나트륨은 위험등급이 I 인 제3류 위험물이다. 그러나 ④ 마그네슘은 위험등급 III인 제2류 위험물이다.

3. 제3류 위험물 중 ① 칼륨, ③ 나트륨, ④ 알킬리튬은 모두 지정수량이 10 kg이지만, ② 황린은 지정수량이 20 kg이다.

4. 제3류 위험물 중 ① NaH, ② $Ca_3P_2$, ③ $Al_4C_3$는 모두 지정수량이 300 kg이지만 ④ $Zn(C_2H_5)_2$는 유기금속화합물로서 지정수량은 50 kg이다.

5. 황린은 지정수량이 20 kg이며, 알킬알루미늄은 지정수량이 10 kg이다. 또한 알루미늄탄화물은 지정수량이 300 kg이다. 따라서 지정수량의 합은 10 + 20 + 300 = 330(kg)이다.

6. K는 칼륨이므로 지정수량은 10 kg이다. 그리고 Ca, 즉 칼슘은 알칼리토금속이므로 지정수량은 50 kg이다. 또한 NaH는 금속수소화물이므로 지정수량은 300 kg이다. 따라서 지정수량의 합은 10 + 50 + 300 = 360(kg)이다.

7. 화염의 색깔로서 알칼리금속이나 알칼리토금속의 종류를 구분할 수 있다. 금속의 고유한 화염색깔로서 칼륨은 보라색, 나트륨은 노란색, 구리(Cu)는 청록색, 리튬(Li)은 적색, 바륨(Ba)은 황록색, 세슘(Cs)은 청색, 칼슘(Ca)은 주황색이다.

8. ① $C_2H_5OH$는 에틸알코올이므로 칼륨과 접촉하면 반응이 맹렬히 진행되어 수소기체를 발생하므로 칼륨의 저장물질로 부적절하다. ② $C_6H_6$는 벤젠이며, 칼륨의 저장물질로 대표적이다. ③ $C_6H_{14}$은 헥산이며 ④ $C_6H_5CH_3$는 톨루엔이므로 둘 다 석유성분의 종류들이어서 칼륨의 저장물질로 가능한 것들이다.

9. 알킬알루미늄의 한 종류인 삼메틸알루미늄이 물과 반응하면, 메탄가스[$CH_4(g)$]가 발생된다. $Al(CH_3)_3 + 3H_2O \rightarrow Al(OH)_3 + 3CH_4(g)$

10. 삼에틸알루미늄은 산소 존재 하에서 연소하면 이산화탄소와 알루미나를 생성한다. $2Al(C_2H_5)_3 + 21O_2 \rightarrow 12CO_2 + Al_2O_3 + 15H_2O$

11. 제3류 위험물인 황린(yellow phosphorus)은 백린(white phosphorus)이라고 한다. 공기 중에서 쉽게 기화하지만 공기보다 무거워 아래로 가라앉고, 공기 중의 산소와 만나 자연발화 되므로 물속에 보관한다. 산소와의 반응은 산소 농도에 따라 다른 화학반응이 진행되며, 산소가 부족할 경우에는 연소생성물로서 삼산화이인이 생성되지만 산소가 충분할 경우에는 백색기체인 오산화이인이 생성된다. 물에 대한 용해도는 매우 낮으나 이황화탄소에는 잘 녹는다. 따라서 ③번의 표현이 옳지 못하므로 정답이다.

12. 황린이 진한 염기성수용액과 반응하면 다음과 같이 진행되어 독성 기체인 포스핀이 발생된다. $P_4(s) + 3NaOH(s) + 3H_2O(l) \rightarrow PH_3(g) + 3NaHPO_2(l)$

13. 나트륨과 칼륨을 제외한 알칼리금속과 마그네슘을 제외한 알칼리토금속이 물이나 염기성 수용액을 만나면 가연성 기체인 수소가 발생되고, 알칼리 금속들(루비듐, 세슘)은 암모니아수와 반응하여 수소 기체를 발생시킨다. 따라서 ①번이 정답이며, 펠링용액은 유기화합물 내 알데히드기의 확인에 사용되는 용액이다.

14. 금속수소화물은 이온화합물의 특성 상 유기용매에는 녹지 않으나 물에는 잘 녹는다. 그리고 물과의 화학반응은 수소 기체가 발생되며,

15. $Ca_3P_2$와 AlP는 금속인화물이며 $PH_3$는 포스핀이다. 따라서 정답은 ①번이다.

16. 화학반응식에 들어갈 화학식은 금속탄화물이라는 점과 생성물 속의 수산화칼슘[$Ca(OH)_2$]을 통해 A는 $CaC_2$, 즉 탄화칼슘(일명 카바이드)이라는 것을 알 수 있다. B는 화학반응식을 완성하거나, 탄화칼슘의 전형적인 가수분해물질이라는 지식을 통해 아세틸렌($C_2H_2$)임을 알 수 있다.

| 정답 | | | | | |
|---|---|---|---|---|---|
| | 1. ④ | 2. ④ | 3. ② | 4. ④ | 5. ④ |
| | 6. ③ | 7. ② | 8. ① | 9. ① | 10. ③ |
| | 11. ③ | 12. ② | 13. ① | 14. ② | 15. ① |
| | 16. ③ | | | | |

# 3-4 제4류 위험물

제4류 위험물은 인화성 액체이며 다른 종류의 위험물들과는 달리 액체상태의 위험물이므로 지정수량의 단위도 kg이 아니라 부피를 나타내는 L(리터)이다. 또한 알코올류를 제외한 대부분의 제4류 위험물들은 비극성이므로 극성용매인 물에는 녹지 않는다.

제4류 위험물에 속하는 물질들은 강한 인화성과 휘발성으로 인해 보관이나 취급 시 점화원으로부터의 차단이 필요하다. 또한 화재 발생 시 이산화탄소 또는 포소화약제 등을 이용한 질식소화와 함께 할로겐화합물소화약제에 의한 부촉매 소화법도 효과적이다.

제4류 위험물은 인화점에 따라 표 3-4 [45]와 같이 특수인화물류, 제1석유류, 알코올류, 제2석유류, 제3석유류, 제4석유류, 동식물유로 분류하고, 제1석유류와 제2석유류, 제3석유류는 이를 비수용성과 수용성으로 세분한다.

**표 3-4 제4류 위험물과 지정수량**

| 위 험 물 | | | | 지정수량 |
|---|---|---|---|---|
| 유별 | 성질 | 품명 | | |
| 제4류 | 인화성 액체 | 1. 특수인화물 | | 50리터 |
| | | 2. 제1석유류 | 비수용성액체 | 200리터 |
| | | | 수용성액체 | 400리터 |
| | | 3. 알코올류 | | 400리터 |
| | | 4. 제2석유류 | 비수용성액체 | 1,000리터 |
| | | | 수용성액체 | 2,000리터 |
| | | 5. 제3석유류 | 비수용성액체 | 2,000리터 |
| | | | 수용성액체 | 4,000리터 |
| | | 6. 제4석유류 | | 6,000리터 |
| | | 7. 동식물유류 | | 10,000리터 |

45) 위험물안전관리법 시행령 [별표 1] (2021.6.8)

특수인화물류는 인화성이 강한 제4류 위험물들 중에서도 인화점이 가장 낮은 물질들로서 위험등급은 제3류 위험물 중 유일하게 I 이며, “이황화탄소, 디에틸에테르 그 밖에 1기압에서 발화점이 섭씨 100도 이하인 것 또는 인화점이 섭씨 영하 20도 이하이고 비점이 섭씨 40도 이하인 것”으로 규정되어[46] 있다.

특수인화물에 속하는 물질들은 이황화탄소($CS_2$), 디에틸에테르[$(C_2H_5)_2O$], 아세트알데히드($CH_3CHO$), 산화프로필렌($C_3H_6O$), 이소프로필아민[$(CH_3)_2CHNH_2$] 등이 있다.

이황화탄소는 실온에서 무색투명한 액체이며, 비중은 1.26, 인화점은 －30℃, 증기의 비중은 2.64로서 공기보다 무겁다. 또한 비극성이므로 물에는 용해도가 없으나 알코올이나 벤젠 등의 유기용매에는 잘 녹는다. 제4류 위험물 중 발화점(ignition point)이 가장 낮아 자연발화의 위험성이 가장 높다. 또한 공기 중에서 연소 시에는 이산화황이, 고온(150℃ 이상)에서 수증기와 반응하면 황화수소가 생성된다.

$$CS_2(l) + 3O_2(g) \rightarrow 2SO_2(g) + CO_2(g) \qquad \text{(식 3-23)}$$

$$CS_2(l) + 2H_2O(g) \rightarrow 2H_2S(g) + CO_2(g) \qquad \text{(식 3-24)}$$

디에틸에테르($H_5C_2OC_2H_5$)는 산소원자를 중심으로 좌우 양 쪽에 에틸기가 대칭적으로 결합된 구조를 가진 분자이며, 실온에서 무색투명한 액체이다. 화학적 특성은 인화점이 제4류 위험물 중 가장 낮으며, 액체의 비중은 0.71, 인화점은 －45℃, 증기의 비중은 공기보다 무거운 2.6 정도이다. 물에 대한 용해도는 매우 낮으나 알코올에 잘 녹는다. 인체독성으로 에테르 분자 종류가 공통적으로 가지는 고유의 마취성이 있으므로 취급 시 호흡장비가 필요하다. 특히 직사광선이나 공기 중에 장시간 노출되면 산소와 결합하여 과산화물을 생성하여 폭발의 위험성이 증가한다. 따라서 보관 시에는 일반적으로 색깔이 있는 병 속에 밀봉한 상태로 둔다. 그리고 과산화물의 생성을 방지하기 위해 환원촉매의 기능을 지닌 구리(Cu) 망을 넣어주고, 과산화물의 생성 여부는 요오드화칼륨(KI)으로 확인한다. 실제로 10 vol.% 요오드화칼륨 용액을 디에틸에테르 액체 내 1 vol.% 정도만 넣

46) 위험물안전관리법 시행령 [별표 1] 비고 12. (2021.6.8)

어줘도 과산화물이 있을 경우 무색인 디에틸에테르가 즉시 황색으로 바뀐다. 과산화물이 있을 경우에는 환원반응을 통해 이를 제거하며, 여기에는 황산제일철($FeSO_4$)이 이용된다.

또한 디에틸에테르는 분자 특유의 대칭구조에 따른 비극성에 의해 정전기 발생의 가능성이 있으므로, 이를 방지하기 위해 취급 시 염화칼슘 등을 첨가하기도 한다.

디에틸에테르의 화재 발생 시 소화방법은 이산화탄소 등에 의한 질식소화가 효과적이다.

아세트알데히드($CH_3CHO$)는 인화점이 －38℃이며, 실온에서 휘발성이 매우 강한 무색의 액체이다. 분자 내 알데히드(CHO)기의 존재로 인해 특유의 환원성을 나타내며, 은거울반응[47]을 통해 확인할 수 있다. 산화반응은 초산($CH_3COOH$)을 생성하지만, 공기 중에 장시간 노출되면 디에틸에테르와 마찬가지로 과산화물이 생성되어 폭발의 위험성이 증가한다. 또한 금속 촉매와 접촉하면 중합반응의 진행에 의한 폭발의 가능성도 있다.

아세트알데히드가 수소와 반응하면(환원되면) 에틸알코올로 바뀌는 특성이 있으며, 소화법은 이산화탄소 이외도 무상주수에 의한 질식소화가 효과적이다.

$$CH_3CHO + H_2 \rightarrow C_2H_5OH \qquad \text{(식 3-25)}$$

산화프로필렌과 이소프로필아민은 실온에서 모두 무색의 휘발성 강한 액체이다.

산화프로필렌은 인화점이 －37℃이며, 비중이 0.83으로 물보다 가볍지만 증기의 비중은 2.0 정도이어서 공기보다 무겁다. 또한 아세트알데히드와 마찬가지로 구리 등의 금속촉매가 있을 경우 폭발적으로 중합반응이 진행될 수 있는 위험성이 있다.

그러나 이소프로필아민은 인화점이 －32℃로서 매우 낮아 화재 위험성이 상대적으로 높다는 점이 특징이다. 또한 분자 내 질소 원자에 의해 연소 시 다양한 질소산화물이 생성된다. 화재 시 소화법은 제4류 위험물의 공통점인 질식소화가 일반적이다.

47) 환원성을 나타내는 알데히드기 검출반응. 은이온($Ag^+$)이 환원되어 유리면에 석출되는 반응

제4류 위험물 중 제1석유류는 위험물안전관리법에서 "아세톤, 휘발유 그 밖에 1기압에서 인화점이 섭씨 21도 미만인 것"으로 규정하고[48] 있다. 또한 제1석유류는 지정수량이 200 L인 비수용성과 400 L인 수용성으로 다시 나누어진다.

비수용성 제1석유류에는 휘발유, 벤젠, 톨루엔, 크실렌, 콜로디온(collodion), 초산에스테르류, 의산에스테르(formic acid ester)류, 메틸에틸케톤 등이 있고, 수용성 제1석유류에는 아세톤과 피리딘이 대표적이다.

휘발유(gasoline)는 탄소의 개수가 5개에서 9개 정도의 탄화수소들이 혼합되어 있는 혼합물로서, 자동차용 연료로서의 등급은 옥탄가(octane value)로 나타낸다. 실온에서 액체인 휘발유의 비중은 0.75 정도이며, 증기는 공기보다 3.5배 정도 더 무겁다.

비극성 분자의 공통적 특징인 정전기 발생의 위험성은 휘발유에도 역시 존재하며, 화재 시 소화방법은 포소화약제 등에 의한 질식소화가 대표적이다.

벤젠($C_6H_6$)은 방향족탄화수소의 대표 분자로서 실온에서 휘발성이 강한 무색의 액체이다. 액체의 비중은 0.88이며 증기는 공기보다 2.8배 무겁다. 물에 대한 용해도는 없으나 다양한 유기용매에 잘 녹는다. 화학적 특성으로는 분자 내 이중결합에 따른 부가반응뿐만 아니라 치환반응이 가능하여 톨루엔 등의 다양한 벤젠유도체들이 존재한다. 벤젠은 증기 흡입에 의한 약간의 인체독성이 있으며, 화재 발생 시에는 질식소화가 대표적인 소화법이다.

톨루엔($C_6H_5CH_3$)은 벤젠의 수소 원자 한 개를 메틸기($-CH_3$)로 치환한 물질이며, 실온에서 휘발성을 가진 액체이다. 액체 상태의 비중은 0.87이며, 증기의 비중은 3.17로서 매우 큰 편이다.

크실렌[$C_6H_4(CH_3)_2$]은 벤젠 분자 내 수소 원자 두 개를 메틸기로 치환한 물질이며, 두 치환기의 상대적인 위치에 따라 세 개의 이성체(오르토, 메타, 파라)가 가능하다.

콜로디온은 실온에서 강한 인화성을 가진 무색의 점성 액체로서, 니트로셀룰로오스(nitrocellulose)를 에틸알코올－에테르 혼합용액(3 : 1)에 녹인 것이다. 화재 발생 시 소화방법은 알코올형포소화약제, 이산화탄소, 무상주수 등을 이용한 질

48) 위험물안전관리법 시행령 [별표 1] 비고 13. (2021.6.8)

식소화가 대표적인 방법이다.

초산에스테르류($CH_3COOR$)는 초산($CH_3COOH$) 분자 내 수소 원자 한 개를 알킬기로 치환시킨 물질들로서 치환된 알킬기의 종류에 따라 초산메틸, 초산에틸, 초산프로필 등의 여러 종류가 있다. 초산메틸은 초산메틸에스테르라고도 하며, 물에 대한 용해도는 작지만 수용액도 인화성이 있으며 유기용매에 잘 녹는다. 대부분의 초산에스테르류는 물과 반응하여 알코올과 초산으로 분해된다.

의산에스테르류($HCOOR$)는 실온에서 무색의 액체이며, 물에도 녹긴 하지만 알코올 등의 유기용매에 더 잘 녹는다. 의산메틸($HCOOCH_3$)과 의산에틸($HCOOC_2H_5$)이 그 종류이며, 소화방법은 제4류 위험물의 보편적인 방법과 동일하다.

수용성 제1석유류인 아세톤은 분자구조적인 공식명이 디메틸케톤[$CO(CH_3)_2$]이며, 실온에서 자극성 냄새를 띤 액체이다. 액체의 비중은 0.79이며, 증기는 공기에 비해 두 배 무겁다. 물과 유기용매 모두에 잘 녹으며, 폭약제조의 정제과정 이외도 아세틸렌가스 저장의 용해액으로 널리 사용된다. 분자 구조가 케톤기(CO)를 중심으로 양 쪽에 메틸기 두 개가 대칭적으로 결합된 형태이어서 케톤기 검출반응인 요오드포름반응[49]에 의해 확인할 수 있다.

수용성 제1석유류인 피리딘($C_5H_5N$)은 실온에서 휘발성이 강해, 악취와 인체독성이 있는 증기를 발산하는 무색의 액체이다. 피리딘은 약한 염기성을 띠고 있으며, 유기합성반응이나 석유산업에서 다양한 형태로 이용되고 있다. 인화점이 20℃ 정도로서 비교적 인화성이 다른 제1석유류 물질들에 비해 약하다고 할 수 있다.

위험물질로서 알코올류는 제4류 위험물 중 제1석유류의 비수용성액체와 지정수량이 400리터로 같다.[50] 알코올에 관한 정의는 위험물안전관리법에서 "1분자를 구성하는 탄소원자의 수가 1개부터 3개까지인 포화1가 알코올(변성알코올을 포함한다)"로 표현되어 있으며, 기준성분이 60 wt.% 미만의 것은 포함되지 않는다고 정해져 있다.[51]

여기에 속하는 대표적인 물질은 메틸알코올과 에틸알코올이 있으며, 위험물법

49) 케톤기 확인반응. NaOH에 녹인 요오드를 첨가하여 요오드포름($CHI_3$)의 생성을 통해 확인

50) 위험물안전관리법 시행령 [별표 1] (2021.6.8)

51) 위험물안전관리법 시행령 [별표 1] 비고 14. (2021.6.8)

규 규정에서 언급한 변성알코올은 식용알코올과 비식용성 공업용알코올을 혼합시킨 혼합물을 가리킨다.

실온에서 액체 상태인 알코올류의 비중은 종류에 따라 약간씩 다르지만 대부분 0.8 정도이며, 강한 인화성으로 인해 환기가 잘 되는 곳에 보관해야 한다. 알코올류는 분자 내 탄소의 개수가 많아질수록 물에 대한 용해도는 감소하지만, 인화점은 올라가므로 화재 위험성이 감소된다.

메틸알코올은 메틸기($-CH_3$)와 알코올기(OH)가 결합된 형태($CH_3OH$)이며, 실온에서 액체이다. 메탄올 액체와 증기는 모두 인체독성이 있는 독극물이며, 액체와 증기의 비중은 각각 0.79와 1.1이다. 메틸알코올은 알코올이므로 질식소화 이외도 소화의 한 방법으로 희석소화도 포함될 수 있다.

에틸알코올은 에틸기($-C_2H_5$)와 알코올기(OH)가 결합된 형태($C_2H_5OH$)이며, 실온에서 액체이다. 액체와 증기의 비중은 각각 0.79와 1.59이며, 액체와 증기 모두 인체독성은 미미하나 화염 생성 시 확인이 어렵다는 점과 증기에 대한 연소가 폭발적으로 진행된다는 점은 화재에 의한 피해를 크게 하는 요소들이다. 화재 시 소화방법은 메탄올(=메틸알코올)과 동일하다.

에탄올(=에틸알코올)이 공기 중 산소에 의해 산화되는 과정은 두 단계를 거쳐 진행된다. 1차적으로는 아세트알데히드로 바뀐 후, 2차적으로는 아세트산(=초산)으로 바뀌게 된다.

- 1차반응

$$2C_2H_5OH + O_2 \rightarrow 2CH_3CHO + H_2O \qquad (식\ 3\text{-}26)$$

- 2차반응

$$2CH_3CHO + O_2 \rightarrow 2CH_3COOH \qquad (식\ 3\text{-}27)$$

제4류 위험물 중 제2석유류는 위험물안전관리법에서 "등유, 경유 그 밖에 1기압에서 인화점이 섭씨 21도 이상 70도 미만인 것을 말한다. 다만, 도료류 그 밖의 물품에 있어서 가연성 액체량이 40중량퍼센트 이하인 것은 제외한다"로 정의되어[52] 있다.

52) 위험물안전관리법 시행령 [별표 1] 비고 15. (2021.6.8)

제2석유류도 비수용성과 수용성으로 구분하며, 비수용성 제2석유류에는 등유, 경유, 테레핀유, 스틸렌, 쿠멘, 클로로벤젠 등이 있고, 수용성 제2석유류에는 의산, 초산, 히드라진, 에틸글리콜 등이 있다.

등유(kerosine)는 탄소 개수가 $C_9$～$C_{18}$ 정도의 탄화수소화합물들의 혼합물로서 실온에서 무색투명한 액체이다. 액체의 비중은 0.8 정도이고 물에 녹지 않으므로, 물과 혼합 시 각각의 층으로 분리된다. 등유의 증기는 비중이 4.5 정도이므로 공기에 비해 매우 무겁고, 인화성도 크지 않다. 화재 발생 시 소화방법은 질식소화 이외 할로겐화합물소화약제를 이용한 부촉매소화작용이나 제3종분말소화약제를 사용하는 방법도 가능하다.

경유(light oil)는 등유에 비해 분자 내 탄소 원자의 개수가 많은 포화탄화수소화합물들의 혼합물이다($C_{11}$～$C_{19}$ 정도). 실온에서 액체이며, 액체와 증기의 비중은 각각 0.82～0.85 정도와 4～5 정도이다.

테레핀유($C_{10}H_{16}$)는 송근유라고도 하며, 실온에서 황갈색을 띤 액체이다. 산소와의 큰 반응성이 특징이며, 이로 인해 가연물과의 접촉만으로도 쉽게 자연발화하는 성질이 있다.

스틸렌($C_6H_5CHCH_2$)과 쿠멘[$(CH_3)_2CHC_6H_5$]과 클로로벤젠($C_6H_5Cl$)은 벤젠 분자 내 수소 원자 한 개에 각각 비닐기와 이소프로필기와 염소원자를 치환시킨 방향족화합물들이다. 모두 물에는 녹지 않고 유기용매에만 잘 녹으며, 중합반응을 통해 고분자 합성에 이용된다. 화재 시 소화법은 일반적인 제4류 위험물질의 소화방법과 동일하다.

수용성 제2석유류에 속하는 의산(HCOOH)과 초산($CH_3COOH$)은 물과 유기용매에 잘 녹으며, 소화방법으로는 질식소화이외 알코올형포소화약제 및 희석소화도 이용될 수 있다. 의산은 개미산이라고도 하며, 알데히드기에 의한 은거울반응과 펠링용액반응[53)]이 나타난다. 의산의 비중은 액체의 경우는 1.22, 증기의 경우는 1.59이다. 특히 강산 촉매 하에서는 분해되어 일산화탄소를 발생하는 위험성이 있다.

53) Fehling solution, 알데히드기(－CHO) 검출을 위한 청색의 환원성 시험 용액. 알데히드기가 있으면 제2구리이온이 환원되어 적색의 산화제일구리($Cu_2O$)로 석출된다.

$$HCOOH \rightarrow H_2O + CO \qquad (식\ 3\text{-}28)$$

초산($CH_3COOH$)은 16.7℃ 이하에서 얼음과 같은 고체 상태가 된다고 하여 빙초산(glacial acetic acid)이라고도 한다. 액체와 증기의 비중은 각각 1.05와 2.07이며, 피부 접촉 시 약간의 약품화상을 입을 수 있다.

히드라진($N_2H_4$)은 실온에서 암모니아 냄새가 나는 액체이며, 공기 중에서 발연성이 강하다. 강한 환원성으로 인해 과산화수소와 함께 로켓 추진제로 이용된다.

에틸글리콜($C_4H_{10}O_2$, $C_2H_5OCH_2CH_2OH$)은 실온에서 무색의 액체이며, 에틸셀로솔브(ethyl cellosolve 또는 에틸렌글리콜모노에틸에테르(ethylene glycol monoethylether)라고도 한다. 비중은 0.93이며 끓는점은 135℃이고, 발화점은 235℃이다.

$$N_2H_4 + 2H_2O_2 \rightarrow 4H_2O + N_2 \qquad (식\ 3\text{-}29)$$

제3석유류는 위험물안전관리법에서 "중유, 클레오소트유 그 밖에 1기압에서 인화점이 섭씨 70도 이상 섭씨 200도 미만인 것을 말한다. 다만, 도료류 그 밖의 물품은 가연성 액체량이 40중량퍼센트 이하인 것은 제외한다"라고 정의되어[54] 있으며 비수용성과 수용성으로 구분한다.

제3석유류의 비수용성 물질로는 중유(heavy oil), 클레오소트유(creosote oil), 니트로벤젠(nitrobenzene), 아닐린(aniline), 메타크레졸(metacresol) 등이 있고, 수용성물질로는 에틸렌글리콜(ethylene glycol)과 글리세린(glycerine)이 있다.

중유는 벙커유(bunker fuel)라고도 하는데, 실온에서 암갈색 액체이며 유류저장탱크 화재 시 보일오버현상이 나타나는 대표적인 물질이다. 실온에서의 높은 점도로 인해 사용 시 80℃ 정도로 예열하는 과정을 통해 실제적인 화재 위험성이 증가한다.

화재 발생 시 소화법은 이산화탄소, 포소화약제, 제3종분말소화약제 등을 이용한 질식소화가 일반적이다. 또한 클레오소트유는 콜타르(coal tar)의 증류과정에서 얻어지는 방향족화합물로서, 실온에서는 암갈색 액체이다. 주성분은 나프탈렌,

54) 위험물안전관리법 시행령 [별표 1] 비고 16. (2021.6.8)

안트라센, 타르산(tar acid) 등이며, 알코올과 에테르 등의 유기용매에 잘 녹는다.

니트로벤젠($C_6H_5NO_2$)과 아닐린($C_6H_5NH_2$)은 각각 니트로기($-NO_2$)와 아민기($-NH_2$)를 벤젠 고리 내 한 개의 수소 원자와 치환시킨 방향족화합물들이다. 둘 다 물에 녹지 않는 비극성의 기름 성분이지만 물보다 무겁다는 공통점이 있다. 또한 둘의 증기는 인체독성이 있으며, 니트로벤젠의 경우에는 헤모글로빈의 생체 반응을 방해하는 작용이 있다. 아닐린은 알칼리금속과 접촉 시 수소 기체가 발생되는 위험성이 있다. 그리고 메타크레졸($C_6H_4CH_3OH$)은 벤젠 분자 내 메타위치에 있는 두 개의 수소 원자를 각각 메틸기($-CH_3$)와 알코올기($-OH$)로 치환시킨 방향족화합물이다.

제4류 위험물 중 수용성 제3석유류인 에틸렌글리콜[$C_2H_4(OH)_2$]과 글리세린[$C_3H_5(OH)_3$]은 동일 분자 내 서로 다른 탄소에 두 군데 이상 알코올기가 결합되어 있는 다가알코올(polyhydric alcohol)들이다. 그 중 서로 다른 두 개의 탄소에 알코올기가 결합되면 글리콜이고, 세 개의 경우는 글리세린이다. 두 물질 모두 단 맛이 나는 점성 액체이며, 물에 대한 용해도는 크지만 유기용매에는 종류에 따라 용해도의 차이가 있다. 대체로 에틸렌글리콜은 다양한 유기용매에 잘 녹는 편이어서 알코올, 에테르, 아세톤 등에 잘 녹는다. 그러나 글리세린은 알코올 이외의 유기용매들에는 용해도가 지극히 낮다. 두 물질 모두 화재 발생 시 소화방법은 이산화탄소, 알코올형포소화약제, 제3종분말소화약제 등을 이용한 질식소화가 대표적이다.

제4석유류는 위험물안전관리법에서 "기어유, 실린더유 그 밖에 1기압에서 인화점이 섭씨 200도 이상 섭씨 250도 미만의 것을 말한다. 다만. 도료류 그 밖의 물품은 가연성 액체량이 40중량퍼센트 이하인 것은 제외한다"로 정의되어[55] 있으며, 기어유(gear oil), 실린더유(cylinder oil), 윤활유(lubricating oil), 가소제(plasticizer) 등이 여기에 속한다.

기어유, 실린더유, 윤활유는 모두 기계 장치에서 마찰을 줄이거나 열을 발산하기 위해 사용되는 다양한 성분의 기름 혼합물이다. 증기 발생량도 제한적이어서 화재 위험성은 적으나 고열의 기계부와 접촉하므로 화재 가능성은 항상 존재한

55) 위험물안전관리법 시행령 [별표 1] 비고 17. (2021.6.8)

다. 소화법은 제4류 위험물의 보편적인 소화방법이 적용된다.

가소제는 중합반응에서 플라스틱의 가소성[56]을 증가시키기 위해 들어가는 물질들이며, 대부분 20여 개의 탄소로 구성된 탄화수소분자들이다. 화재 발생 시 소화법은 유사한 탄소 개수를 가진 기어유와 윤활유의 경우와 동일하다.

재4류 위험물 중 동식물유는 위험물안전관리법에서 "동물의 지육 등 또는 식물의 종자나 과육으로부터 추출한 것으로서 1기압에서 인화점이 섭씨 250도 미만인 것"으로 정의[57]되어 있으며, 상온에서 고체 상태인 포화지방산과 액체 상태인 불포화지방산이 그 주성분이다.

동식물유는 대부분 인체독성은 없으나, 연소 가능성의 차이에 따른 화재 위험성은 종류에 따라 다르다. 그것은 각 물질마다 분자 내 이중결합의 비율에 따른 불포화도의 차이 때문이다. 즉, 공기 중의 산소와 산화반응을 진행할 수 있는 가능성과 용이성이 서로 간 다르기 때문이다. 따라서 동식물유 중에서도 불포화도가 높을수록 요오드가도 높고, 산화반응이 용이하여 자연발화의 가능성과 화재 위험성도 상대적으로 높아진다.

동식물류의 화재 발생 시 소화법은 질식소화가 일반적이지만 부촉매소화와 분말소화약제에 의한 소화작용도 이용될 수 있다.

56) 플라스틱에서 외형의 작은 변화를 용이하게 하는 성질

57) 위험물안전관리법 시행령 [별표 1] 비고 18. (2021.6.8)

## 문제

1. 제4류 위험물에 관한 다음 설명들 중 옳지 않은 것은?

① 지정수량의 단위가 리터(L)이다.
② 가장 작은 지정수량은 50 리터이다.
③ 소화방법에는 부촉매소화작용도 이용된다.
④ 제4석유류는 수용성과 비수용성으로 지정수량을 구분한다.

2. 다음 물질들 중 나머지 셋과는 지정수량이 다른 것은?

① 벤젠 ② 휘발유
③ 톨루엔 ④ 아세트알데히드

3. 다음 제4류 위험물들 중 나머지 셋과는 지정수량이 다른 것은?

① $C_2H_5OH$ ② $C_5H_5N$
③ $C_6H_5CH_3$ ④ $CO(CH_3)_2$

4. 다음 제4류 위험물들 중 나머지 셋과는 지정수량이 다른 것은?

① 경유 ② 초산
③ 아닐린 ④ 히드라진

5. 다음 물질들의 지정수량 합은 얼마인가?

| 초산 | 산화프로필렌 | 초산에스테르류 |
|---|---|---|

① 450 kg
② 650 kg
③ 2,250 kg
④ 4,250 kg

6. 다음 물질들의 지정수량 합은 얼마인가?

| $CH_3OH$ | $C_{10}H_{16}$ | $C_6H_4(CH_3)_2$ |
|---|---|---|

① 600 kg
② 650 kg
③ 1,250 kg
④ 1,600 kg

7. 다음 중 특수인화물 종류에 속하지 않는 것은?

① $CS_2$
② $C_6H_6$
③ $C_3H_6O$
④ $(C_2H_5)_2O$

8. 특수인화물류에 관한 다음의 설명 들 중 옳지 못한 것은?

① 인화점이 −20℃ 이하이다.
② 증기는 비중이 1 이하로서 공기보다 가볍다
③ 특수인화물류 중 이황화탄소의 발화점이 가장 낮다.
④ 특수인화물류 중 디에틸에테르의 인화점이 가장 낮다.

9. 다음의 설명 중 괄호 속에 들어갈 알맞은 용어는?

> 아세트알데히드는 산화반응을 통해 ( A ) (으)로 바뀌고,
> 환원반응이 진행되면 ( B )로 바뀐다.

| | A | B |
|---|---|---|
| ① | 물 | 알코올 |
| ② | 초산 | 알코올 |
| ③ | 초산 | 물 |
| ④ | 알코올 | 물 |

10. 다음 중 나머지 셋과는 지정수량이 다른 것은?

① 콜로디온 ② 의산에스테르류
③ 메틸에틸케톤 ④ 피리딘

11. 크실렌에 관한 다음의 설명들 중 바르지 못한 것은?

① 비수용성 제1석유류이다.
② 화학식이 $C_6H_4(CH_3)OH$이다.
③ 세 종류의 이성질체가 가능하다.
④ 벤젠 고리가 기본인 벤젠유도체이다.

12. 콜로디온의 제조와 관련이 없는 물질은?

① 아세톤 ② 에테르
③ 에탄올 ④ 니트로셀룰로오스

13. 아세톤에 관한 다음의 설명들 중 옳지 못한 것은?

① 공식명이 디메틸케톤이다.
② 물과 유기용매 양 쪽에 잘 녹는다.
③ 은거울반응이 진행되고 펠링용액반응이 나타난다.
④ 용해가스인 아세틸렌의 저장용 용해액으로 이용될 수 있다.

14. 알코올류에 관한 다음의 설명들 중 옳지 못한 것은?

① 증기는 공기보다 무겁다.
② 증기는 메타놀이 에탄올보다 무겁다.
③ 화재 발생 시 희석소화도 적용가능하다.
④ 메틸알코올은 액체와 증기 모두 인체독성이 있다.

15. 의산에 관한 다음의 설명들 중 옳지 않은 것은?

① 개미산이라고 한다.
② 증기는 공기보다 무겁다.
③ 요오드포름반응이 진행된다.
④ 강산 하에서는 일산화탄소로 분해된다.

16. 아닐린에 관한 다음의 설명들 중 옳지 못한 것은?

① 화학식이 $C_6H_5NO_2$이다.
② 증기는 인체독성이 있다.
③ 비수용성 제3석유류에 속한 물질이다.
④ 알칼리금속과 반응하면 수소기체가 발생된다.

17. 클레오소트유에 관한 다음의 설명들 중 옳지 못한 것은?

① 방향족화합물이다.
② 물에는 녹지 않는다.
③ 에테르에 잘 녹는 편이다.
④ 비수용성 제2석유류에 속한다.

18. 제4석유류의 인화점 범위는?

① 섭씨 70도 이상 섭씨 150도 미만
② 섭씨 150도 이상 섭씨 200도 미만
③ 섭씨 200도 이상 섭씨 250도 미만
④ 섭씨 250도 초과

19. 동식물유에 관한 다음 설명 중 괄호 속에 들어갈 용어로 알맞은 것은?

> 동식물유 중에서도 불포화도가 높을수록 ( A )도 높고, ( B )이 용이하여 자연발화의 가능성과 화재 위험성도 상대적으로 높아진다.

| | A | B |
|---|---|---|
| ① | 요오드가 | 산화반응 |
| ② | 요오드가 | 환원반응 |
| ③ | 옥탄가 | 산화반응 |
| ④ | 옥탄가 | 환원반응 |

20. 동식물유에 관한 다음 설명들 중 옳지 않은 것은?

① 인화점이 섭씨 250도 미만이다.
② 포화지방산은 주로 액체상태이다.
③ 식물의 종자로부터 추출한 것이다.
④ 식물의 과육으로부터 추출한 것이다.

## 풀이

1. 제4류 위험물은 인화성 액체이므로 지정수량이 부피를 나타내는 리터(L)이며, 위험등급은 I 부터 III 까지 있다. 또한 대표적 소화방법은 질식소화이지만 부촉매소화와 희석소화 등도 이용가능하다. 그러나 비수용성과 수용성으로 구분하는 것은 제1석유류부터 제3석유류까지이며, 제4석유류에서는 수용성의 구분이 없다. 따라서 정답은 ④번이다.

2. ① 벤젠은 제1석유류로서 위험등급은 II, ② 휘발유도 제1석유류로서 위험등급은 II, ③ 아세톤은 수용성 제1석유류로서 위험등급은 II 이다. 그러나 ④ 아세트알데히드는 제4류 위험물 중 특수인화물로서 위험등급 I 이다. 따라서 정답은 ④번이다.

3. ① $C_2H_5OH$은 에틸알코올이므로 지정수량은 400 L, ② $C_5H_5N$은 피리딘이므로 수용성 제1석유류이므로 지정수량은 400 L, ④ $CO(CH_3)_2$는 아세톤이므로 수용성 제1석유류이므로 지정수량은 400 L이다. 그러나 ③ $C_6H_5CH_3$는 톨루엔이므로 비수용성 제1석유류이므로 지정수량이 200 L이다.

4. ① 경유는 비수용성 제2석유류이므로 지정수량이 1,000 L, ② 초산은 수용성 제2석유류이므로 지정수량이 2,000 L, ③ 아닐린은 비수용성 제3석유류이므로 지정수량이 2,000 L, ④ 히드라진은 수용성 제2석유류이므로 지정수량이 2,000 L이다. 따라서 정답은 ①번이다.

5. 초산은 수용성 제2석유류이므로 지정수량이 2,000 L이며, 산화프로필렌은 특수인화물이므로 지정수량이 50 L이다. 또한 초산에스테르류는 비수용성 제1석유류이므로 지정수량이 200 L이다. 따라서 지정수량의 합은 2,000 + 200 + 50 = 2,250 (L)이다.

6. $CH_3OH$는 메틸알코올이고 알코올류이므로 지정수량은 400 L이다. 그리고 $C_{10}H_{16}$ 테레핀유이고 비수용성 제2석유류이므로 지정수량은 1,000 L이다. 또한 $C_6H_4(CH_3)_2$는 크실렌이고 비수용성 제1석유류이므로 지정수량은 200 L이다. 따라서 지정수량의 합은 400 + 1,000 + 200 = 1,600 (L)이다.

7. 특수인화물에 속하는 물질들은 이황화탄소($CS_2$), 디에틸에테르[$(C_2H_5)_2O$], 아세트알데히드($CH_3CHO$), 산화프로필렌($C_3H_6O$), 이소프로필아민[$(CH_3)_2CHNH_2$] 등이 있다. 그런데 ① $CS_2$는 이황화탄소, ② $C_6H_6$는 벤젠, ③ $C_3H_6O$는 산화프로필렌, ④ $(C_2H_5)_2O$는 디에틸에테르이다. 따라서 ② $C_6H_6$ 벤젠은 비수용성 제1석유류이므로 특수인화물이 아니다.

8. 특수인화물류는 ① 인화점이 섭씨 20도 이하이고, ③ 특수인화물류 중 이황화탄소의 발화점이 가장 낮으며, ④ 특수인화물류 중 디에틸에테르의 인화점이 가장 낮다. 그러나 증기는 비중이 대부분 2 이상으로서 공기보다 무겁다. 따라서 ② 비중이 1 이하로서 공기보다 가볍다는 것은 틀린 표현이다.

9. 아세트알데히드는 산화반응을 통해 초산으로 바뀌고, 환원반응이 진행되면 알코올로 바뀐다.

10. 비수용성 제1석유류에는 휘발유, 벤젠, 톨루엔, 크실렌, 콜로디온(collodion), 초산에스테르류, 의산에스테르(formic acid ester)류, 메틸에틸케톤 등이 있고, 수용성 제1석유류에는 아세톤과 피리딘이 대표적이다. 따라서 ① 콜로디온, ② 의산에스테르류, ③ 메틸에틸케톤은 모두 비수용성 제1석유류로서 지정수량이 200 L이지만, ④ 피리딘은 수용성 제1석유류이므로 지정수량이 400 L이다.

11. 크실렌은 ① 비수용성 제1석유류이며, 오르토, 메타, 파라의 ③ 세 종류 이성질체가 가능하며, ④ 벤젠 고리가 기본인 벤젠유도체이다. 그러나 화학식은 $C_6H_4(CH_3)OH$가 아니라 $C_6H_4(CH_3)_2$이다. $C_6H_4(CH_3)OH$는 크실렌이 아니라 크레졸이다.

12. 콜로디온은 실온에서 강한 인화성을 가진 무색의 점성 액체로서, 니트로셀룰로오스(nitrocellulose)를 에틸알코올－에테르 혼합용액(3 : 1)에 녹인 것이다. 에틸알코올은 에탄올이라고도 한다. 따라서 ① 아세톤은 콜로디온의 제조와 무관하다.

13. 아세톤은 ① 공식명이 디메틸케톤이고, ② 물과 유기용매 양쪽에 모두 잘 녹으며, ④ 용해가스인 아세틸렌의 저장용 용해액으로 이용될 수 있다. 그러나 아세톤은 은거울반응과 펠링용액반응이 나타나는 것이 아니라 요오드포름반응이 진행된다. ③의 은거울반응과 펠링용액반응은 알데히드기의 검출반응이고, 아세톤의 케톤기는 요오드포름반응을 통해 확인한다.

14. 알코올의 대표적인 물질인 메틸알코올과 에틸알코올의 증기 비중이 각각 1.1과 1.6 정도이다. 따라서 ① 증기는 공기보다 무겁고, ③ 화재 발생 시 희석소화도 적용가능하며, ④ 메틸알코올은 액체와 증기 모두 인체독성이 있다. 그러나 증기비중이 에탄올이 메탄올보다 크기 때문에 에탄올이 메탄올보다 더 무겁다. 따라서 ② 증기는 메탄올이 에탄올보다 무겁다는 표현은 옳지 않다.

15. 의산은 ① 개미산이라고 하며, 증기의 비중이 1.6 정도이므로 ② 증기는 공기보다 무겁고, ④ 강산 하에서는 일산화탄소로 분해된다. 그러나 분자 내 알데히드기가 있으므로 은거울반응이나 펠링용액반응은 진행되지만, 케톤기 검출반응인 요오드포름반응은 진행되지 않는다. 따라서 ③ 요오드포름반응이 진행된다는 표현은 옳지 않다.

16. 아닐린은 ② 증기가 인체독성이 있으며, ③ 비수용성 제3석유류에 속한 물질이고, ④ 알칼리금속과 반응하면 수소기체가 발생된다. 그러나 화학식은 $C_6H_5NH_2$이다. 따라서 ① 화학식이 $C_6H_5NO_2$이라는 표현은 옳지 못하다. $C_6H_5NO_2$는 니트로벤젠이다.

17. 클레오소트유는 ① 방향족화합물들의 혼합물이며, ②에는 녹지 않고, ③ 에테르에 잘 녹는 편이다. 그러나 비수용성 제3석유류에 속하므로, ④ 비수용성 제2석유류에 속한다는 표현은 옳지 않다.

18. 제4석유류는 1기압에서 인화점이 섭씨 200도 이상 섭씨 250도 미만의 것을 말한다.

19. 동식물유 중에서도 불포화도가 높을수록 요오드가도 높고, 산화반응이 용이하여 자연발화의 가능성과 화재 위험성도 상대적으로 높아진다.

20. 동식물유는 위험물안전관리법에서 “동물의 지육 등 또는 식물의 종자나 과육으로부터 추출한 것으로서 1기압에서 인화점이 섭씨 250도 미만인 것”으로 정의되어 있으며, 상온에서 고체 상태인 포화지방산과 액체 상태인 불포화지방산이 그 주성분이다. 따라서 ① 인화점이 섭씨 250도 미만이며, ③ 식물의 종자로부터 추출하거나, ④ 식물의 과육으로부터 추출한 것이다. 그러나 그 중 포화지방산은 주로 고체이다. 그러므로 ② 포화지방산은 주로 액체 상태라는 표현은 옳지 못하다.

| 정답 | | | | | |
|---|---|---|---|---|---|
| | 1. ④ | 2. ④ | 3. ③ | 4. ① | 5. ③ |
| | 6. ④ | 7. ② | 8. ② | 9. ② | 10. ④ |
| | 11. ② | 12. ① | 13. ③ | 14. ② | 15. ③ |
| | 16. ① | 17. ④ | 18. ③ | 19. ① | 20. ② |

# 3-5 제5류 위험물

제5류 위험물은 대부분의 물질들이[58] 분자 내부에 산소 원자를 자체적으로 가진 자기반응성물질이며, 연소 시 폭발적인 진행을 나타낸다. 제5류 위험물에 관해 위험물안전관리법에서는 "고체 또는 액체로서 폭발의 위험성 또는 가열분해의 격렬함을 판단하기 위하여 고시로 정하는 시험에서 고시로 정하는 성질과 상태를 나타내는 것"으로 정의되어[59] 있다. 화재 발생 시 다량의 물을 이용한 냉각소화가 대표적이긴 하나, 폭발적 연소속도로 인해 화재 초기 이외는 소화방법의 의미가 없다.

**표 3-5 제5류 위험물과 지정수량**

| 위험물 | | | 지정수량 |
|---|---|---|---|
| 유별 | 성질 | 품명 | |
| 제5류 | 자기<br>반응성<br>물질 | 1. 유기과산화물 | 10 kg |
| | | 2. 질산에스테르류 | 10 kg |
| | | 3. 니트로화합물 | 200 kg |
| | | 4. 니트로소화합물 | 200 kg |
| | | 5. 아조화합물 | 200 kg |
| | | 6. 디아조화합물 | 200 kg |
| | | 7. 히드라진 유도체 | 200 kg |
| | | 8. 히드록실아민 | 100 kg |
| | | 9. 히드록실아민염류 | 100 kg |
| | | 10. 그 밖에 행정안전부령으로 정하는 것<br>11. 제1호 내지 제10호의 1에 해당하는 어느 하나 이상을 함유한 것 | 10 kg, 100 kg,<br>또는<br>200 kg |

58) 아조화합물, 디아조화합물, 히드라진 유도체는 예외이다.

59) 위험물안전관리법 시행령 [별표 1] 비고 19. (2021.6.8)

제5류 위험물은 이런 특징들로 인해 연소에 의한 피해와 위험성이 상대적으로 크다.

제5류 위험물 중 유기과산화물과 질산에스테르류는 지정수량이 10 kg 밖에 되지 않는다.

유기과산화물은 과산화기(－O－O－)를 중심으로 좌우 양 쪽에 알킬기가 결합된 구조이며, 벤조일퍼옥사이드[$(C_6H_5CO)_2O_2$)와 메틸에틸케톤퍼옥사이드[$(CH_3COC_2H_5)_2O_2$]가 그 예이다. 유기과산화물은 과산화물의 공통적 특성인 화학적 불안정성으로 인해 분해폭발의 가능성이 있다.

벤조일퍼옥사이드는 실온에서 백색 고체이며, 에테르에는 잘 녹지만 물에는 전혀 용해성이 없고 알코올에만 약간 녹는다. 고온의 경우 충격 또는 열에 의해 분해폭발이 진행될 수 있으나 상온에서는 불안정하지 않다. 화재 발생 시 냉각소화와 함께 건조사를 이용한 피복소화도 효과적이다.

메틸에틸케톤퍼옥사이드는 실온에서 액체이며, 벤조일퍼옥사이드와 마찬가지로 과산화물이어서 온도가 상승하면 분해폭발의 위험성도 증가한다. 온도 40℃ 부근부터 분해가 시작되어 110℃에서는 발화한다. 특히 알칼리금속이 존재할 경우 촉매역할로 인해 분해폭발의 위험성은 더욱 커진다. 과산화물의 분해를 방지하는 데에는 특정 물질의 첨가가 효과적이며, 메틸에틸케톤퍼옥사이드의 경우에는 프탈산디메틸($C_{10}H_{10}O_4$)이나 프탈산디부틸($C_{16}H_{22}O_4$)의 첨가가 효과적이다.

제5류 위험물 중 질산에스테르류(nitric ester)는 $R-O-NO_2$의 분자 구조이며, 질산메틸과 질산에틸, 니트로셀룰로오스, 니트로글리세린, 펜트리트(penthrit) 등이 대표적인 예이다.

질산메틸($CH_3NO_3$)과 질산에틸($C_2H_5NO_3$)은 실온에서 액체이며 물에 대한 용해도는 매우 낮지만 알코올 등의 유기용매에는 잘 녹는다. 휘발성이 강하고 증기가 공기보다 무거우며 인화성도 높아 화재 위험성이 크다.

니트로셀룰로오스[$(C_6H_7O_2(ONO_2)_3)_n$]는 솜털과 같은 형태의 폭약원료로서 질화면 또는 면화약(guncotton)이라고 한다. 물질 내 질화도[60]에 비례하여 폭발 위험성도 증가하며, 화약제조와 콜로디온 제조에는 각각 12%와 13% 정도가 사용

60) degree of nitration, 물질 내 질소의 농도 백분율(%)

된다.

니트로셀룰로오스는 아세톤 등의 유기용매에는 잘 녹지만 물에는 용해되지 않고, 분해반응은 135℃에서 시작되어 다음과 같이 진행된다.

$$2C_{24}H_{29}O_9(ONO_2)_{11} \rightarrow 24CO + 24CO_2 + 17H_2 + 12H_2O + 11N_2 \quad \text{(식 3-30)}$$

다이너마이트 제조 원료인 니트로셀룰로오스는 180℃에서 자연발화하고, 수분 함량이 낮을수록 폭발위험성은 증가한다. 수분함유량이 20% 이상에서는 폭발이 불가능하므로 보관이나 운반 시 이를 유지해야 한다.

니트로글리세린[$C_3H_5(ONO_2)_3$]은 글리세린의 알코올기 세 개를 모두 니트로기로 치환시킨 물질이다. 이 반응에는 탈수작용을 위해 황산이 촉매로 들어가며, 니트로화를 위해 질산을 넣어준다. 이렇게 제조된 니트로글리세린은 다이너마이트 제조에 사용된다.

$$C_3H_5(OH)_3 + 3HNO_3 \rightarrow C_3H_5(ONO_2)_3 + 3H_2O \quad \text{(식 3-31)}$$

니트로글리세린은 실온에서 액체 상태이지만 10℃ 이하에서는 응고되어 백색 결정으로 바뀐다. 니트로글리세린은 메탄올, 아세톤, 벤젠 등의 다양한 유기용매에는 잘 녹지만 물에는 녹지 않는다. 니트로글리세린의 분해폭발반응은 다음과 같이 진행되며, 운반 시 폭발을 방지하기 위해 액체를 다공성물질(porous material)에 흡수시킨다.

$$4C_3H_5(ONO_2)_3 \rightarrow 12CO_2 + 6N_2 + O_2 + 10H_2O \quad \text{(식 3-32)}$$

펜트리트[$C(CH_2ONO_2)_4$]는 화약 물질로서, 주된 용도는 뇌관의 장약이나 도화선으로 사용된다. 실온에서 백색의 분말고체이며, 니트로글리세린 이외는 물과 알코올, 에테르 등의 유기용매에도 용해성이 없다.

제5류 위험물 중 니트로화합물, 니트로소화합물, 아조화합물, 디아조 화합물, 히드라진 유도체는 모두 지정수량이 200 kg이다.

제5류 위험물에 속하는 니트로화합물은 페놀이나 톨루엔과 같은 방향족화합물에 두 개 이상의 니트로기를 치환시킨 것이며, 트리니트로톨루엔(TNT), 트리니트로페놀(TNP), 디니트로톨루엔(DNT) 등이 대표적인 물질이다.

흔히 TNT로 잘 알려진 트리니트로톨루엔[$C_6H_2CH_3(NO_2)_3$]은 톨루엔을 황산 촉매 하에서 질산으로 니트로화 하여 제조한다. 이렇게 제조된 트리니트로톨루엔은 실온에서 화학적으로 안정된 고체이지만 열이나 충격에 의해 분해폭발 할 수 있다. 따라서 트리니트로톨루엔의 경우, 폭발 방지를 위해 취급 시 10%의 수분 함유율을 유지한다.

$$C_6H_5CH_3(l) + 3HNO_3(l) \rightarrow C_6H_2CH_3(NO_2)_3(s) + 3H_2O(l) \quad \text{(식 3-33)}$$

$$2C_6H_2CH_3(NO_2)_3(s) \rightarrow 2C(s) + 3N_2(g) + 5H_2(g) + 12CO(g) \quad \text{(식 3-34)}$$

트리니트로페놀[$C_6H_2OH(NO_2)_3$]은 페놀을 질산으로 니트로화한 폭약이며, 피크린산(picric acid)이라고 부른다. 실온에서 결정성 고체이며, 따뜻한 물뿐만 아니라 알코올과 벤젠 등의 유기용매에도 잘 녹지만 찬 물에는 잘 녹지 않는다. 또한 충격이나 환원제 접촉 시 분해폭발이 진행되며, 폭발력은 TNT 이상이다. 폭발방지를 위한 취급 시 수분함유율은 10% 이상이다.

$$C_6H_5OH(l) + 3HNO_3(l) \rightarrow C_6H_2OH(NO_2)_3(s) + 3H_2O(l) \quad \text{(식 3-35)}$$

$$2C_6H_2OH(NO_2)_3(s) \rightarrow 2C(s) + 3N_2(g) + 3H_2(g) + 6CO(g) + 4\ CO_2(g) \quad \text{(식 3-36)}$$

디니트로톨루엔[$C_6H_3CH_3(NO_2)_2$]은 톨루엔을 질산으로 니트로화한 폭약으로서 실온에서 고체이다. 물에는 용해성이 없으나 다양한 유기용매에 용해성이 있다.

니트로소화합물은 니트로소기(nitroso group, $-NO$)가 치환된 분자들이며, 파라디니트로소벤젠(p-nitrosobenzene)과 디니트로소레조르신올(dinitrosoresorcinol)이 대표적인 제5류 위험물이다.

파라디니트로소벤젠[$C_6H_4(NO)_2$]은 실온에서 고체이며, 물에 대한 용해성은 없으나 얼코올과 벤젠 등의 유기용매에는 잘 녹는다. 열에 의해 쉽게 분해되지만 폭발력이 다른 폭약에 비해 약하다.

디니트로소레조르신올[$C_6H_2(NO)_2(OH)_2$]은 실온에서 고체인 폭약 성분이며, 물에는 용해성이 없으나 벤젠이나 에테르에 잘 녹는다.

아조화합물은 물질의 분자 내 아조기(azo group, $-N=N-$)를 가진 화합물로서 아조벤젠과 아조디카르본아미드 등이 제5류 위험물에 속한다.

아조벤젠[$(C_6H_5N)_2$]은 실온에서 고체이며, 물보다는 알코올이나 에테르 등의 유기용매에 잘 녹는다. 또한 아조디카르본아미드[$(NH_2CON)_2$]는 실온에서 고체이며, 따뜻한 물에 잘 녹는다.

디아조화합물은 물질 분자 내 디아조기(diazo group, $-N \equiv N \leftrightarrow =N=N$)를 가진 화합물로서 디아조아세토니트릴과 디아조디니트로페놀이 제5류 위험물의 대표적인 예이다. 디아조화합물들은 열이나 충격뿐만 아니라 햇빛에 의해서도 쉽게 분해되는 특성이 있어서 황산알루미늄을 안정제로 사용한다.

디아조아세토니트릴($C_2HN_3$, $NCCHN_2$)은 실온에서 액체이며, 공기 중에서 쉽게 분해되는 폭약 성분이다. 그리고 디아조디니트로페놀[$C_6H_2ON_2(NO_2)_2$]은 디아조아세토니트릴과는 달리 물에 대한 용해성은 없고, 아세톤에 잘 녹는 폭약 성분이다. 실온에서 고체이며, 충격에 의한 폭발이 용이하여 기폭제로 사용된다.

히드라진(hydrazine) 유도체는 히드라진($N_2H_4$, $H_2NNH_2$)의 치환반응 생성물들을 가리키며, 디메틸히드라진, 히드라조벤젠, 염산히드라진, 황산히드라진 등이 제5류 위험물의 대표적인 예이다. 그리고 디메틸히드라진[$(CH_3)_2NNH_2$]은 실온에서 폭발의 위험성이 큰 액체이며, 폭약 성분인 히드라조벤젠($C_6H_5NHHNC_6H_5$)은 실온에서 고체이며 물에는 용해성이 없으나 유기용매에는 용해도가 크다.

염산히드라진($N_2H_4 \cdot HCl$)과 황산히드라진($N_2H_4 \cdot H_2SO_4$)은 실온에서 고체인 산화성 물질이며, 물에 대한 용해도는 높지만 유기용매에는 거의 녹지 않는다.

히드록실아민과 히드록실아민염류는 모두 지정수량이 100 kg이다. 히드록실아민($NH_2OH$)은 폭발 위험성이 있는 환원성 고체이다. 따라서 펠링용액반응이 나타난다. 그리고 히드록실아민염(hydroxylamine salt)류는 분해폭발의 위험성이 큰 고체이며, 물에는 잘 녹지만 유기용매에 대한 용해도는 매우 낮다.

## 문제

**1.** 제5류 위험물에 관한 다음 설명들 중 옳지 않은 것은?

① 지정수량의 단위가 kg이다.
② 지정수량은 히드록실아민이 가장 크다.
③ 대표적인 소화법은 냉각소화이다.
④ 물질들의 상은 고체와 액체 모두 있다.

**2.** 다음 물질들 중 나머지 셋과는 지정수량이 다른 것은?

① 아조화합물 ② 니트로화합물
③ 유기과산화물 ④ 히드라진 유도체

**3.** 다음 제5류 위험물들 중 나머지 셋과는 지정수량이 다른 것은?

① $(CH_3)_2N\ NH_2$ ② $(C_6H_5N)_2$
③ $C_2H_5NO_3$ ④ $C_6H_2OH(NO_2)_3$

**4.** 다음 제5류 위험물들 중 나머지 셋과는 지정수량이 다른 것은?

① 아조 화합물 ② 디아조 화합물
③ 히드록실아민 ④ 히드록실아민염류

**5.** 다음 물질들의 지정수량 합은 얼마인가?

| 히드라조벤젠 | 니트로글리세린 | 벤조일퍼옥사이드 |
|---|---|---|

① 30 kg
② 220 kg
③ 410 kg
④ 600 kg

6. 다음 물질들의 지정수량 합은 얼마인가?

| $CH_3NO_3$ | $C(CH_2ONO_2)_4$ | $C_3H_5(ONO_2)_3$ |
|---|---|---|

① 30 kg
② 220 kg
③ 410 kg
④ 600 kg

7. 유기과산화물인 메틸에틸케톤퍼옥사이드의 분해폭발을 방지하기 위한 안정제는?

① $C_{10}H_{10}O_4$
② $C_6H_4(NO)_2$
③ $C_6H_3CH_3(NO_2)_2$
④ $(C_2H_5)_2O$

8. 다음의 괄호 안에 들어갈 알맞은 용어는?

> 아래 화학반응식은 ( 가 )의 분해폭발반응이다.
> $4C_3H_5(ONO_2)_3 \rightarrow 12CO_2 + 6(\text{ 나 }) + O_2 + 10H_2O$

| | (가) | (나) |
|---|---|---|
| ① | 니트로글리세린 | $N_2$ |
| ② | 니트로글리세린 | $NO_2$ |
| ③ | 니트로셀룰로오스 | $N_2$ |
| ④ | 니트로셀룰로오스 | $NO_2$ |

9. 트리니트로톨루엔(TNT)의 분해폭발반응에서 괄호 안에 들어갈 물질은?

> $2C_6H_2CH_3(NO_2)_3\,(s) \rightarrow 2(\text{ 가 })\,(s) + 3N_2\,(g) + 5(\text{ 나 })\,(g) + 12CO\,(g)$

| | (가) | (나) |
|---|---|---|
| ① | CO | $H_2$ |
| ② | C | $H_2O$ |
| ③ | CO | $H_2O$ |
| ④ | C | $H_2$ |

10. 다이너마이트 등의 폭약 제조에 가장 많이 사용되는 용매는?

① 물 ② 벤젠
③ 아세톤 ④ 알코올

## 풀이

1. 제5류 위험물은 ① 지정수량의 단위가 kg이며, ③ 대표적인 소화법은 냉각소화이고, ④ 물질들의 상은 고체와 액체 모두 있다. 그러나 지정수량은 200 kg이 가장 크므로, 지정수량이 100 kg인 히드록실아민이 가장 크다는 표현은 옳지 못하다.

2. 제5류 위험물에서 ① 아조화합물, ② 니트로화합물, ④ 히드라진 유도체는 모두 지정수량이 200 kg 이지만, ③ 유기과산화물은 지정수량이 10 kg 이다.

3. 제5류 위험물에서 ① $(CH_3)_2N\ NH_2$는 히드라진유도체로서 지정수량이 200 kg이고, ② $(C_6H_5N)_2$는 아조벤젠이어서 아조 화합물의 지정수량이 200 kg이며, ④ $C_6H_2OH(NO_2)_3$는 트리니트로페놀이므로 니트로화합물의 지정수량이 200 kg이다. 그러나 ③ $C_2H_5NO_3$는 질산에틸이며, 질산에스테르류에 속하므로 지정수량이 10 kg이다.

4. 제5류 위험물 중 ① 아조 화합물, ② 디아조 화합물, ③ 히드록실아민은 지정수량이 200 kg이지만, ④ 히드록실아민염류는 지정수량이 100 kg이다.

5. 제5류 위험물에서 히드라조벤젠은 히드라진 유도체이므로 지정수량은 200 kg이다. 니트로글리세린은 질산에스테르류에 속하므로 지정수량이 10 kg이다. 벤조일퍼옥사이드는 유기과산화물이므로 지정수량이 10 kg이다. 따라서 지정수량의 합은 200 + 10 + 10 = 220 (kg)이다.

6. $CH_3NO_3$는 질산메틸이고 질산에스테르류이므로 지정수량은 10 kg이다. 그리고 $C(CH_2ONO_2)_4$는 펜트리트이고 질산에스테르류이므로 지정수량은 10 kg이다. 또한 $C_3H_5(ONO_2)_3$은 니트로글리세린이고 질산에스테르류이므로 지정수량은 10 kg이다. 따라서 지정수량의 합은 10 + 10 + 10 = 30 (kg)이다.

7. ① $C_{10}H_{10}O_4$는 프탈산디메틸로서 과산화물 안정제가 맞다. 그러나 ② $C_6H_4(NO)_2$는 파라디니트로소벤젠이며 니트로소화합물이며, ③ $C_6H_3CH_3(NO_2)_2$는 디니트로톨루엔으로서 니트로화합물이다. 또한 ④ $(C_2H_5)_2O$는 디메틸히드라진이며 히드라진 유도체이다. 메틸에틸케톤퍼옥사이드의 경우에는 안정제로 프탈산디메틸($C_{10}H_{10}O_4$)이나 프탈산디부틸($C_{16}H_{22}O_4$)의 첨가가 효과적이다.

8. 니트로글리세린의 분해폭발반응식은 다음과 같다.

$$4C_3H_5(ONO_2)_3 \rightarrow 12CO_2 + 6N_2 + O_2 + 10H_2O$$

9. 트리니트로톨루엔의 분해폭발반응은 다음과 같이 진행된다.

$$2C_6H_2CH_3(NO_2)_3(s) \rightarrow 2C(s) + 3N_2(g) + 5H_2(g) + 12CO(g)$$

10. 다이너마이트 원료인 니트로셀룰로오스 또는 니트로글리세린의 제조에는 이를 녹일 수 있는 많은 양의 아세톤이 사용된다.

| 정답 | | | | | |
|---|---|---|---|---|---|
| | 1. ② | 2. ③ | 3. ③ | 4. ④ | 5. ② |
| | 6. ① | 7. ① | 8. ① | 9. ④ | 10. ③ |

# 3-6 제6류 위험물

제6류 위험물은 산화성 액체이며, 위험물안전관리법에는 "액체로서 산화력의 잠재적인 위험성을 판단하기 위하여 고시로 정하는 시험에서 고시로 정한 성질과 상태를 나타내는 것"으로 정의되어[61] 있다.

제6류 위험물은 강산성 무기산이며, 불연성 액체이다. 그러나 분자 내 산소원자의 존재로 인해 조연성이 있다. 화재 발생 시 대표적인 소화법은 질식소화이지만 냉각소화와 희석소화도 상황에 따라 사용된다.

**표 3-6 제6류 위험물과 지정수량**

| 위험물 | | | 지정수량 |
|---|---|---|---|
| 유별 | 성질 | 품명 | |
| 제6류 | 산화성 액체 | 1. 과염소산 | 300 kg |
| | | 2. 과산화수소 | 300 kg |
| | | 3. 질산 | 300 kg |
| | | 4. 그 밖에 행정안전부령으로 정하는 것 | 300 kg |
| | | 5. 제1호 내지 제4호의 1에 해당하는 어느 하나 이상을 함유한 것 | 300 kg |

과염소산($HClO_4$)은 실온에서 발연성이 있는 강산화성 액체이다. 물에 용해 시에는 발열반응을 나타내며, 가열하면 분해폭발하여 염화수소를 발생한다. 액체의 비중은 1.76이어서 물보다 무겁고, 증기 또한 공기보다 3.5배 무겁다. 보관 시에는 부식으로 인해 밀봉된 유리질 용기에 담아야 한다.

과산화수소($H_2O_2$)는 실온에서 약간의 점성을 띤 액체로서 물이나 유기용매 모두에 잘 녹는다. 위험물로 분류되는 것은 36 wt.% 이상의 농도를 가진 것이며, 액체의 비중은 1.47로서 수용액은 약산성이다. 또한 과산화수소는 열과 빛 또는

61) 위험물안전관리법 시행령 [별표 1] 비고 21. (2021.6.8)

금속과 접촉 시 물과 산소로 쉽게 분해되며 폭발의 위험성도 있다. 따라서 보관 시에는 갈색병에 담아두어야 하고, 취급 시 폭발을 방지하기 위해 피로인산나트륨($Na_4P_2O_7$)이나 요산($C_5H_4O_3N_4$)을 안정제로 넣어 둔다.

질산(nitric acid, $HNO_3$)은 물보다 무겁고, 실온에서 발연성을 가진 강산성 액체이다. 물에 대한 용해반응은 발열반응이며, 빛에 의해 쉽게 분해되어 황갈색의 이산화질소를 발생한다. 또한 위험물로 분류되는 것은 비중이 1.49 이상인 경우이다.

$$4HNO_3 \rightarrow 2H_2O(l) + O_2(g) + 4NO_2(g) \qquad \text{(식 3-37)}$$

또한 금속뿐만 아니라 산화제와 환원제 양쪽 모두와 격렬한 반응이 진행되며, 폭발의 위험성이 있다. 주된 용도는 폭약제조 이외도 염산과 함께 왕수제조(1 : 3)에 사용되며, 단백질 검출반응인 크산토프로테인 반응[62]에 이용되기도 한다.

62) xanthoproteinic reaction. 단백질은 진한 질산과 반응하여 황색을 나타내고, 알칼리와 반응하여 오렌지색을 나타낸다.

## 문제

1. 제6류 위험물에 관한 다음 설명들 중 옳지 않은 것은?

① 조연성이 있다.
② 가연물이 아니다.
③ 강산성 액체이다.
④ 지정수량은 모두 200 kg이다.

2. 다음 물질들 중 제6류 위험물이 아닌 것은?

① 질산
② 초산
③ 과염소산
④ 과산화수소

3. 다음 중 분해폭발을 방지하기 위해 피로인산나트륨을 넣어주는 것은?

① $HNO_3$
② $H_2O_2$
③ $HClO_4$
④ $C_5H_4O_3N_4$

4. 다음 중 염화수소가 분해생성물로 발생되는 것은?

① $HNO_3$
② $H_2O_2$
③ $HClO_4$
④ $H_2SO_4$

5. 다음 중 크산토프로테인 반응에 사용되는 물질은?

① 질산
② 염산
③ 과염소산
④ 과산화수소

## 풀이

1. 제6류 위험물은 분자 내 산소원자로 인해 ① 조연성이 있으며, 자체적으로는 발열 산화반응을 나타내지 않으므로 ② 가연물이 아니다. 또한 ③ 강산성 액체이다. 그러나 지정수량은 모두 300 kg이므로, ④ 지정수량이 모두 200 kg이라는 표현은 옳지 못하다.

2. ① 질산, ③ 과염소산, ④ 과산화수소는 모두 제6류 위험물에 속하지만, ② 초산은 제4류 위험물 중 수용성 제2석유류이다.

3. 과산화수소($H_2O_2$)는 열과 빛 또는 금속과 접촉 시 물과 산소로 쉽게 분해되며 폭발의 위험성도 있다. 따라서 보관 시에는 갈색병에 담아두어야 하고, 취급 시 폭발을 방지하기 위해 피로인산나트륨($Na_4P_2O_7$)이나 요산($C_5H_4O_3N_4$)을 안정제로 넣어 둔다.

4. 과염소산($HClO_4$)은 실온에서 발연성이 있는 강산화성 액체이다. 물에 용해 시에는 발열반응을 나타내며, 가열하면 분해폭발하여 염화수소를 발생한다.

5. 질산은 단백질 검출반응인 크산토프로테인 반응에 이용되기도 한다.

| 정답 | 1. ④ | 2. ② | 3. ② | 4. ③ | 5. ① |
|---|---|---|---|---|---|

# 3-7 위험물의 취급

위험물의 취급, 즉 제조, 운빈, 지장에 있어서 안전을 위해 지켜야 할 사항은 위험물안전관리법과 시행령 및 시행규칙에 자세히 규정되어 있다.[63)]

위험물을 취급하는 장소는 구체적으로 제조소, 옥내저장소, 옥외탱크저장소, 옥내탱크저장소, 지하탱크저장소, 간이탱크저장소, 이동탱크저장소, 옥외저장소, 암반탱크저장소, 주유취급소, 판매취급소, 이송취급소, 일반취급소가 있다. 이외도 위험물취급에 있어서의 안전성 확보를 위해 운반에 관한 방법이나, 대규모 저장시설을 가진 곳에서의 자체소방대 설치에 관한 사항들이 법령에 명시되어 있다. 그리고 위험물 시설 중 소화설비의 설치 대상이 되는 건축물의 규모 또는 위험물 양의 기준이 되는 단위를 소요단위라고 한다.

## 3-7-1 위험물 제조소

위험물 제조소에 관한 규정[64)]에는 안전거리와 보유공지, 표지판 및 게시판, 건물의 구조와 조명, 환기시설과 배출설비 등이 정해져 있다.

위험물제조소 건물은 지하층이 없어야 하고, 지붕은 가벼운 불연재료로 하되 출입구와 비상구에는 갑종방화문 또는 을종방화문을 설치해야 한다. 또한 창문이나 출입구에 유리가 있을 경우에는 망입유리로 해야 하고, 경사진 바닥의 낮은 쪽에는 집유설비를 설치해야 한다.

위험물을 제조하는 제조소는 인근 시설의 안전을 위해 해당 건축물과 제조소 사이에 안전거리를 두게 하고 있으며, 인근 시설의 종류에 따라 그 수평거리가 다르다. 다만 제조소의 담이나 벽을 불연재료로 설치할 경우에는 그 거리를 단축

63) 위험물안전관리법(2021.10.21), 위험물안전관리법 시행령(2021.10.21), 위험물안전관리법 시행규칙(2021.10.21)

64) 위험물안전관리법 시행규칙 [별표 4] (2021.10.21)

할 수 있다.

제조소는 안전거리와 함께 안전을 위해 위험물 제조량에 따른 보유공지를 갖추어야 한다. 보유공지의 너비는 취급하는 위험물의 최대수량에 의해 결정된다. 다만 내화구조의 방화벽이나 출입구를 자동폐쇄식 갑종방화문으로 설치할 경우에는 보유공지의 의무가 면제된다.

표 3-7 제조소의 안전거리

| 종류 | 안전거리(m) |
|---|---|
| 사용전압 7,000V 초과, 35,000V 이하 | 3 m 이상 |
| 사용전압 35,000V 초과 | 5 m 이상 |
| 주거용 | 10 m 이상 |
| 고압가스, 액화석유가스, 도시가스 | 20 m 이상 |
| 다수인 수용시설(학교, 병원, 극장) | 30 m 이상 |
| 유형문화재, 지정문화재 | 50 m 이상 |

표 3-8 취급 위험물의 최대수량에 따른 보유공지

| 취급하는 위험물의 최대수량 | 공지의 너비 |
|---|---|
| 지정수량의 10배 이하 | 3 m 이상 |
| 지정수량의 10배 초과 | 5 m 이상 |

## 3-7-2 위험물 저장소

위험물 저장소는 크게 8가지 형태로 분류되며, 여기에는 옥내저장소, 옥외탱크저장소, 옥내탱크저장소, 지하탱크저장소, 간이탱크저장소, 이동탱크저장소, 옥외저장소, 암반탱크저장소가 있다.

옥내저장소는 위험물을 건물 내부에 보관하는 장소이며, "위험물 옥내저장소"라는 표지판을 설치하여야 한다. 특히 제4류 위험물, 동식물유로서 지정수량의

20배 미만, 제6류 위험물의 경우에는 안전거리의 의무가 없다. 그러나 옥내저장소에도 보유공지는 필요하다.

옥내저장소는 독립된 건축물로서 처마높이가 6 m 미만인 단층건물이어야 하고, 벽, 기둥, 보 및 바닥은 내화구조로, 서까래는 불연재료로 해야 한다. 또한 저장창고의 외벽은 두께 20 cm 이상의 철근콘크리트조나 철골철근콘크리트조 또는 두께 30 cm 이상의 보강콘크리트블록조로 해야 한다. 그리고 지붕은 폭발력이 위로 방출될 수 있는 가벼운 불연재료로 하되 반자는 없어야 한다. 또한 출입구에는 방화문을 설치하되, 외벽 출입구는 반드시 자동폐쇄식 갑종방화문을 설치해야 한다. 창 또는 출입구에 유리를 사용할 경우에는 망입유리로 해야 한다. 자연발화의 우려가 있는 위험물을 옥내저장소에 다량으로 저장하는 경우에는 지정수량의 10배 이하마다 0.3 m 이상의 간격을 두어야 한다.

옥외탱크저장소[65]는 "위험물 옥외탱크저장소"라는 표지판을 부착해야 하고, 위험물량에 따른 보유공지가 역시 필요하다. 옥외탱크저장소를 물분무설비로 방호조치를 할 경우에는 분당 37 L로 20분 이상 방사할 수 있는 수량을 갖추어야 한다. 또한 저장탱크를 설치하는 기초는 지하수위와 2 m 이상의 차이가 나도록 해야 한다.

**표 3-9 옥내저장소의 보유공지**[66]

| 저장 또는 취급하는 위험물의 최대수량 | 공지의 너비 | |
|---|---|---|
| | 벽, 기둥 및 바닥이 내화주고로 된 건축물 | 그 밖의 건축물 |
| 지정수량의 5배 이하 | | 0.5 m 이상 |
| 지정수량의 5배 초과 10배 이하 | 1 m 이상 | 1.5 m 이상 |
| 지정수량의 10배 초과 20배 이하 | 2 m 이상 | 3 m 이상 |
| 지정수량의 20배 초과 50배 이하 | 3 m 이상 | 5 m 이상 |
| 지정수량의 50배 초과 200배 이하 | 5 m 이상 | 10 m 이상 |
| 지정수량의 200배 초과 | 10 m 이상 | 15 m 이상 |

65) 위험물안전관리법 시행규칙 [별표 6] (2021.7.13)

66) 위험물안전관리법 시행규칙 [별표 5] (2021.10.21)

표 3-10 옥외저장탱크의 보유공지

| 저장 또는 취급하는 위험물의 최대수량 | 공지의 너비 |
|---|---|
| 지정 수량의 500배 이하 | 3 m 이상 |
| 지정 수량의 500배 초과 1,000배 이하 | 5 m 이상 |
| 지정 수량의 1,000배 초과 2,000배 이하 | 9 m 이상 |
| 지정 수량의 2,000배 초과 3,000배 이하 | 12 m 이상 |
| 지정 수량의 3,000배 초과 4,000배 이하 | 15 m 이상 |
| 지정 수량의 4,000배 초과 | 당해 탱크의 수평 단면의 최대 지름(횡형인 경우에는 긴 변) 과 높이 중 큰 것과 같은 거리 이상. 다만, 30 m 초과의 경우에는 30 m 이상으로 할 수 있고, 15 m 미만인 경우에는 15 m 이상으로 하여야 한다. |

옥외탱크저장소는 위험물의 종류에 따른 고유설비가 필요하다. 또한 주입구에는 "옥외저장탱크 주입구"라는 표시판을 백색 바탕에 흑색문자로 표시해야 한다,

알킬알루미늄 등의 저장 시에는 불활성기체 봉입장치를, 아세트알데히드 등의 경우에는 불활성기체 봉입장치와 함께 냉각장치 또는 보냉장치를, 히드록실아민 등의 경우에는 철이온 혼입방지장치가 필요하다. 인화점이 38 ℃ 미만인 위험물만을 저장하는 탱크의 통기관에는 화염방지장치를 설치해야 하고, 인화점이 38 ℃이상 70 ℃ 미만인 위험물의 경우에는 통기간의 인화방지장치로 40메쉬 이상의 구리망을 사용해야 한다. 또한 특수인화물, 제1석유류, 알코올류를 저장 시 천만 L 이상의 경우에는 자동화재탐지설비 및 자동화재속보설비를 설치해야 한다.

옥내탱크저장소[67]는 단층건축물 내부에 저장탱크를 설치한 경우이다. 저장탱크는 탱크전용실에 설치하여야 하며, 용량은 지정수량의 40배 이하이다. 옥내저장탱크 사이에는 0.5 m 이상이 유지되어야 하며, 밸브 없는 통기관의 선단은 건축물의 개구부로부터 1 m 이상 떨어진 옥외 장소에 지상 4 m 이상의 높이로 설치해야 한다. 저장탱크의 재질은 스테인리스강판으로 하되, 그렇지 않는 경우에는 탱크 외부에 녹 방지 도료를 도장해야 한다.

지하탱크저장소[68]는 땅속 0.6 m 이상 아래에 설치한 위험물 저장탱크이며, 그

67) 위험물안전관리법 시행규칙 [별표 7] (2021.7.13)

위치는 지하의 가장 가까운 벽이나 대지경계선으로부터 0.6 m 이상 떨어진 곳이어야 한다. 또한 탱크의 외면에는 반드시 방청도료로 도장해야 한다. 그리고 지하저장탱크의 재질은 두께 3.2 mm 이상의 강철판이며, 지하저장탱크의 주위에는 위험물의 누설검사를 위한 관을 4개 이상 설치해야 한다.

간이탱크저장소[69]는 간이저장소에 설치하는 탱크시설이며, 저장탱크의 용량은 600 L 이하이어야 한다. 그리고 탱크는 넘어지지 않도록 지면이나 가설대에 고정해야 한다. 또한 저장탱크의 개수는 세 개 이하로 하고, 동일한 위험물의 간이저장탱크는 두 개 이상이 되지 않도록 해야 한다. 간이저장탱크는 두께가 3.2 mm 이상의 강판으로 하고, 밸브 없는 통기관의 지름은 25 mm 이상이며, 구리망 등으로 인화방지장치를 해야 한다. 통기관의 선단은 45도 구부려 빗물 등의 침투를 막아야 하며, 높이는 지상 1.5 m 이상이어야 한다.

이동탱크저장소[70]는 유류운반차량에 의한 탱크의 운반이 용이한 위험물저장시설을 가리킨다. 이동탱크저장소는 인근 건물로부터 5 m 이상 떨어져 있어야 하지만 인근 건물이 1층인 경우에는 그 거리를 3 m로 할 수 있다. 이동저장탱크는 그 내부에 4,000 L 이하마다 3.2 mm 이상의 강철판 또는 내식성이 있는 금속 칸막이를 설치해야 한다. 이와 함께 탱크 내부의 방파판은 1.6 mm 이상의 강철판 또는 내식성이 있는 금속성으로 설치해야 한다. 또한 제4류 위험물 중 특수인화물, 제1석유류 또는 제2석유류의 이동탱크저장소에는 접지도선을 설치해야 한다.

옥외저장소[71]는 건물 외부에 설치하는 위험물 저장시설로서, 습기가 없고 배수가 잘 되는 곳이어야 한다. 옥외저장소의 선반은 불연재료로 해야 하며 선반의 높이는 6 m를 넘지 않아야 한다. 옥외저장소는 위험물의 종류와 저장량에 따라 서로 다른 보유공지와 안전거리를 두어야 하며, 일반적인 경우, 고인화점의 경우, 항만이나 하역장의 경우로 구분한다.

암반탱크저장소[72]는 지하 암반 내 공간에 위험물을 직접 저장하는 시설이며,

68) 위험물안전관리법 시행규칙 [별표 8] (2021.7.13)

69) 위험물안전관리법 시행규칙 [별표 9] ((2021.7.13)

70) 위험물안전관리법 시행규칙 [별표 10] ((2021.7.13)

71) 위험물안전관리법 시행규칙 [별표 11] (2009.3.17)

72) 위험물안전관리법 시행규칙 [별표 12] (2021.7.13)

암반투수계수가 1초당 10만분의 1 m 이하인 천연암반 내에 설치해야 한다. 암반탱크는 저장 위험물의 증기압을 억제하기 위해 지하수면 하에 설치해야 하며, 암반탱크 내로 유입되는 지하수의 양은 암반 내의 지하수 충전량보다 작도록 해야 한다. 또한 암반탱크저장소 주위에는 지하수위를 확인할 수 있는 관측공과 자동계량장치를 설치해야 한다.

표 3-11 옥외저장소의 보유공지(일반)

| 저장 또는 취급하는 위험물의 최대수량 | 공지의 너비 |
|---|---|
| 지정수량의 10배 이하 | 3 m 이상 |
| 지정수량의 10배 초과 20배 이하 | 5 m 이상 |
| 지정수량의 20배 초과 50배 이하 | 9 m 이상 |
| 지정수량의 50배 초과 200배 이하 | 12 m 이상 |
| 지정수량의 200배 초과 | 15 m 이상 |

표 3-12 옥외저장소의 보유공지(고인화점)

| 저장 또는 취급하는 위험물의 최대수량 | 공지의 너비 |
|---|---|
| 지정수량의 50배 이하 | 3 m 이상 |
| 지정수량의 50배 초과 200배 이하 | 6 m 이상 |
| 지정수량의 200배 초과 | 10 m 이상 |

표 3-13 옥외저장소의 보유공지(항만)

| 저장 또는 취급하는 위험물의 최대수량 | 공지의 너비 |
|---|---|
| 지정수량의 50배 이하 | 3 m 이상 |
| 지정수량의 50배 초과 200배 이하 | 4 m 이상 |
| 지정수량의 200배 초과 | 5 m 이상 |

## 3-7-3 위험물 취급소

위험물취급소는 주유취급소[73]가 대표적이다. 주유취급소는 주유활동에 필요한 너비 15 m 이상, 길이 6 m 이상의 콘크리트로 포장한 공지위에 주유공지와 주유설비의 운용에 필요한 급유공지가 있어야 한다. 공지의 바닥은 주위 지면보다 높게 하고, 그 표면은 경사지게 하여 기름 또는 그 밖의 액체가 공지의 외부로 유출되지 않도록 배수구와 집유설비 및 유분리장치를 갖추어야 한다.

주유취급소에는 황색바탕에 흑색문자로 "위험물주유취급소"라는 표지판과 "주유중엔진정지"를 게시해야 한다. 주유취급소의 탱크 용량은 자동차용 고정주유설비인 경우, 전용탱크로서 50,000 L 이하이어야 한다.

## 3-7-4 위험물 운반기준

위험물의 운반에 관한 기준[74]은 위험물 취급에 있어서의 안전성 확보를 위해 위험물의 운반과 관련된 사항을 규정하고 있다.

위험물의 운반용기는 견고하고, 위험물이 용기 외부로 새어나오지 않아야 한다. 운반용기의 재질로 사용가능한 것은 강판, 알루미늄판, 양철판, 유리, 금속판, 종이, 플라스틱, 섬유판, 고무류, 합성섬유, 삼, 짚, 나무이다.

위험물의 운반 시 제1류 위험물, 제3류 위험물의 자연발화성 물질, 제4류 위험물 내 특수인화물, 제5류 위험물 또는 제6류 위험물은 빛을 차단하는 피복으로 가려야 하고, 제1류 위험물 중 알칼리금속의 과산화물, 제2류 위험물 중 철분·금속분·마그네슘, 제3류 위험물 중 금수성물질은 방수성이 있는 피복으로 반드시 덮어야 한다. 그리고 제5류 위험물 중 55℃ 이하에서 분해 가능성이 있는 것은 보냉컨테이너에 넣어 온도를 관리해주어야 한다.

운반 시 위험물의 종류에 따른 표지판은 다음과 같다.

제1류 위험물 중 알칼리금속의 과산화물에는 "화기·충격주의", "물기엄금",

73) 위험물안전관리법 시행규칙 [별표 13] (2021.7.13)

74) 위험물안전관리법 시행규칙 [별표 19] (2021.7.13)

"가연물접촉주의", 제1류 중 나머지 위험물들은 "화기·충격주의"와 "가연물접촉주의"를 운반 시 반드시 부착해야 한다.

제2류 위험물 중 철분·금속분·마그네슘 또는 하나 이상을 함유한 물질들에는 "화기주의"와 "물기엄금", 인화성고체에는 "화기엄금", 그 밖의 것에는 "화기주의"를 운반 시 반드시 부착해야 한다.

제3류 위험물 중 자연발화성 물질에는 "화기엄금"과 "공기접촉엄금", 금수성 물질에는 "물기엄금"을 운반 시 반드시 부착해야 한다.

제4류 위험물은 전체적으로 "화기엄금"을 운반 시 반드시 부착해야 한다.

제5류 위험물은 "화기엄금"과 "충격주의", 제6류 위험물은 "가연물접촉주의"를 운반 시 반드시 부착해야 한다.

위험물의 운반 시 다른 종류의 물질과 함께 적재하는 것을 위험물의 혼재라고 하는데, 종류가 다른 위험물 사이의 혼재기준[75]은 다음과 같다.

**표 3-14 종류를 달리하는 위험물의 혼재기준**

| 위험물의 구분 | 제1류 | 제2류 | 제3류 | 제4류 | 제5류 | 제6류 |
|---|---|---|---|---|---|---|
| 제1류 | | × | × | × | × | ○ |
| 제2류 | × | | × | ○ | ○ | × |
| 제3류 | × | × | | ○ | × | × |
| 제4류 | × | ○ | ○ | | ○ | × |
| 제5류 | × | ○ | × | ○ | | × |
| 제6류 | ○ | × | × | × | × | |

"×" 표시는 혼재할 수 없음을 표시한다.
"○" 표시는 혼재할 수 있음을 표시한다.
이 표는 지정수량의 $\frac{1}{10}$ 이하의 위험물에 대하여는 적용하지 아니한다.

그리고 지정수량 이상의 위험물을 운반하는 차량의 운전자는 반드시 위험물 분야의 자격증을 취득하거나 소방청장이 실시하는 교육을 수료해야 한다.[76]

75) 위험물안전관리법 시행규칙 [별표 19] 부표 2 (2021.7.13)

76) 위험물안전관리법 제20조 ② (2021.10.21)

## 3-7-5 위험물 시설별 소화난이도 등급

위험물의 취급 시 제조, 저장, 운반, 판매 등의 여러 형태에 따른 장소마다 화재 발생 시 소화의 어려움은 각기 다르다. 이를 소화난이도라고 하며, 각 장소의 제반 환경에 따라 I, II, II 등급으로 구분된 등급분류는 법규[77]로 규정하고 있다.

그리고 위험물시설에 따른 소화난이도에 적합한 소화방법도 동일 규정에 명시되어 있다. 다음의 여섯 개 도표는 소화난이도 I, II, III 등급의 구분과 이에 적합한 소화설비를 명시한 기준이다.

**표 3-15 소화설비**

1. 소화난이도등급 I 의 제조소등 및 소화설비

가. 소화난이등급 I 에 해당하는 제조소등

| 제조소등의 구분 | 제조소등의 규모, 저장 또는 취급하는 위험물의 품명 및 최대수량 등 |
|---|---|
| 제조소<br>일반취급소 | 연면적 1,000 $m^2$ 이상인 것 |
| | 지정수량의 100배 이상인 것(고인화점위험물만을 100℃ 미만의 온도에서 취급하는 것 및 제48조의 위험물을 취급하는 것은 제외) |
| | 지반면으로부터 6 m 이상의 높이에 위험물 취급설비가 있는 것(고인화점위험물만을 100℃ 미만의 온도에서 취급하는 것은 제외) |
| | 일반취급소로 사용되는 부분 외의 부분을 갖는 건축물에 설치된 것(내화구조로 개구부 없이 구획된 것 및 고인화점위험물만을 100℃ 미만의 온도에서 추급하는 것은 제외 |
| 주유취급소 | 별표 13 V 제2호에 따른 면적의 합이 500 $m^2$를 초과하는 것 |
| 옥내<br>저장소 | 지정수량의 150배 이상인 것(고인화점위험물만을 저장하는 것 및 제48조의 위험물을 저장하는 것은 제외) |
| | 연면적 150 $m^2$를 초과하는 것(150 $m^2$ 이내마다 불연재료로 개구부 없이 구획된 것 및 인화성고체 외의 제2류 위험물 또는 인화점 70℃ 이상의 제4류 위험물만을 저장하는 것은 제외) |
| | 처마높이가 6 m 이상인 단층건물의 것 |
| | 옥내저장소로 사용되는 부분 외의 부분이 있는 건축물에 설치된 것(내화구조로 개구부없이 구획된 것 및 인화성고체 외의 제2류 위험물 또는 인화점 70℃ 이상의 제4류 위험물만을 저장하는 것은 제외) |

77) 위험물안전관리법 시행규칙 [별표 17의 1, 2, 3] (2021.7.13)

| | |
|---|---|
| 옥외탱크 저장소 | 액표면적이 40 $m^2$ 이상인 것(제6류 위험물을 저장하는 것 및 고인화점위험물만을 100℃ 미만의 온도에서 저장하는 것은 제외) |
| | 지반면으로부터 탱크 옆판의 상단까지 높이가 6 m 이상인 것(제6류 위험물을 저장하는 것 및 고인화점위험물만을 100℃ 미만의 온도에서 저장하는 것은 제외) |
| | 지중탱크 또는 해상탱크로서 지정수량의 100배 이상인 것(제6류 위험물을 저장하는 것 및 고인화점위험물만을 100℃ 미만의 온도에서 저장하는 것은 제외) |
| | 고체위험물을 저장하는 것으로서 지정수량의 100배 이상인 것 |
| 옥내탱크 저장소 | 액표면적이 40 $m^2$ 이상인 것(제6류 위험물을 저장하는 것 및 고인화점위험물만을 100℃ 미만의 온도에서 저장하는 것은 제외) |
| | 바닥면으로부터 탱크 옆판의 상단까지 높이가 6 m 이상인 것(제6류 위험물을 저장하는 것 및 고인화점위험물만을 100℃ 미만의 온도에서 저장하는 것은 제외) |
| | 탱크전용실이 단층건물 외의 건축물에 있는 것으로서 인화점 38℃ 이상 70℃ 미만의 위험물을 지정수량의 5배 이상 저장하는 것(내화구조로 개구부 없이 구획된 것은 제외한다) |
| 옥외 저장소 | 덩어리 상태의 유황을 저장하는 것으로서 경계표시 내부의 면적(2 이상의 경계표시가 있는 경우에는 각 경계표시의 내부의 면적을 합한 면적)이 100 $m^2$ 이상인 것 |
| | 별표 11 III의 위험물을 저장하는 것으로서 지정수량의 100배 이상인 것 |
| 암반탱크 저장소 | 액표면적이 40 $m^2$ 이상인 것(제6류 위험물을 저장하는 것 및 고인화점위험물만을 100℃ 미만의 온도에서 저장하는 것은 제외) |
| | 고체위험물만을 저장하는 것으로서 지정수량의 100배 이상인 것 |
| 이송취급소 | 모든 대상 |

나. 소화난이도등급 I 의 제조소등에 설치하여야 하는 소화설비

| 제조소등의 구분 | 소화설비 |
|---|---|
| 제조소 및 일반취급소 | 옥내소화전설비, 옥외소화전설비, 스프링클러설비 또는 물분무등소화설비(화재발생시 연기가 충만할 우려가 있는 장소에는 스프링클러설비 또는 이동식 외의 물분무등소화설비에 한한다) |
| 주유취급소 | 스프링클러설비(건축물에 한정한다), 소형수동식소화기등(능력단위의 수치가 건축물 그 밖의 공작물 및 위험물의 소요단위의 수치에 이르도록 설치할 것) |

| 옥내저장소 | 처마높이가 6 m 이상인 단층건물 또는 다른 용도의 부분이 있는 건축물에 설치한 옥내저장소 | | 스프링클러설비 또는 이동식 외의 물분무등소화설비 |
|---|---|---|---|
| | 그 밖의 것 | | 옥외소화전설비, 스프링클러설비, 이동식 외의 물분무등소화설비 또는 이동식 포소화설비(포소화전을 옥외에 설치하는 것에 한한다) |
| 옥외탱크저장소 | 지중탱크 또는 해상탱크 외의 것 | 유황만을 저장취급하는 것 | 물분무소화설비 |
| | | 인화점 70℃ 이상의 제4류 위험물만을 저장취급하는 것 | 물분부소화설비 또는 고정식 포소화설비 |
| | | 그 밖의 것 | 고정식 포소화설비(포소화설비가 적응성이 없는 경우에는 분말소화설비) |
| | 지중탱크 | | 고정식 포소화설비, 이동식 이외의 불활성가스소화설비 또는 이동식 이외이 할로겐화합물소화설비 |
| | 해상탱크 | | 고정식 포소화설비, 물분무소화설비, 이동식이외의 불활성가스소화설비 또는 이동식 이외의 할로겐화합물소화설비 |
| 옥내탱크저장소 | 유황만을 저장취급하는 것 | | 물분무소화설비 |
| | 인화점 70℃ 이상의 제4류 위험물만을 저장취급하는 것 | | 물분무소화설비, 고정식 포소화설비, 이동식 이외의 불활성가스소화설비, 이동식 이외의 할로겐화합물소화설비 또는 이동식 이외의 분말소화설비 |
| | 그 밖의 것 | | 고정식 포소화설비, 이동식 이외의 불활성가스소화설비, 이동식 이외의 할로겐화합물소화설비 또는 이동식 이외의 분말소화설비 |
| 옥외저장소 및 이송취급소 | | | 옥내소화전설비, 옥외소화전설비, 스프링클러설비 또는 물분무등소화설비(화재발생시 연기가 충만할 우려가 있는 장소에는 스프링클러설비 또는 이동식 이외의 물분무등소화설비에 한한다) |
| 암반탱크저장소 | 유황만을 저장취급하는 것 | | 물분무소화설비 |
| | 인화점 70℃ 이상의 제4류 위험물만을 저장취급하는 것 | | 물분부소화설비 또는 고정식 포소화설비 |
| | 그 밖의 것 | | 고정식 포소화설비(포소화설비가 적응성이 없는 경우에는 분말소화설비) |

2. 소화난이도등급 II 의 제조소등 및 소화설비
가. 소화난이도등급 II 에 해당하는 제조소등

| 제조소등의 구분 | 제조소등의 규모, 저장 또는 취급하는 위험물의 품명 및 최대수량 등 |
|---|---|
| 제조소<br>일반취급소 | 연면적 600 $m^2$ 이상인 것 |
| | 지정수량의 10배 이상인 것(고인화점위험물만을 100℃ 미만의 온도에서 취급하는 것 및 제48조의 위험물을 취급하는 것은 제외) |
| | 별표 16 II · III · IV · V · VIII · IX 또는 X의 일반취급소로서 소화난이도등급 I 의 제조소등에 해당하지 아니하는 것(고인화점위험물만을 100℃ 미만의 온도에서 취급하는 것은 제외) |
| 옥내저장소 | 단층건물 이외의 것 |
| | 별표 5 II 또는 IV 제1호의 옥내저장소 |
| | 지정수량의 10배 이상인 것(고인화점위험물만을 저장하는 것 및 제48조의 위험물을 저장하는 것은 제외) |
| | 연면적 150 $m^2$ 초과인 것 |
| | 별표 5 III의 옥내저장소로서 소화난이도등급 I 의 제조소등에 해당하지 아니하는 것 |
| 옥외 · 옥내<br>탱크저장소 | 소화난이도등급 I 의 제조소등 외의 것(고인화점위험물만을 100℃ 미만의 온도로 저장하는 것 및 제6류 위험물만을 저장하는 것은 제외) |
| 옥외저장소 | 덩어리 상태의 유황을 저장하는 것으로서 경계표시 내부의 면적(2 이상의 경계표시가 있는 경우에는 각 경계표시의 내부의 면적을 합한 면적)이 5 $m^2$ 이상 100 $m^2$ 미만인 것 |
| | 별표 11 III 의 위험물을 저장하는 것으로서 지정수량의 10배 이상 100배 미만인 것 |
| | 지정수량의 100배 이상인 것(덩어리 상태의 유황 또는 고인화점위험물을 저장하는 것은 제외) |
| 주유취급소 | 옥내주유취급소로서 소화난이도등급 I 의 제조소등에 해당하지 아니하는 것 |
| 판매취급소 | 제2종판매취급소 |

비고 : 제조소등의 구분별로 오른쪽란에 정한 제조소등의 규모, 저장 또는 취급하는 위험물의 수량 및 최대수량 등의 어느 하나에 해당하는 제조소등은 소화난이도등급 II 에 해당하는 것으로 한다.

나. 소화난이도등급 II 의 제조소등에 설치하여야 하는 소화설비

| 제조소등의 구분 | 소 화 설 비 |
|---|---|
| 제조소, 옥내저장소, 옥외저장소, 주유취급소, 판매취급소, 일반취급소 | 방사능력범위 내에 당해 건축물, 그 밖의 공작물 및 위험물이 포함되도록 대형수동식소화기를 설치하고, 당해 위험물의 소요단위의 1/5 이상에 해당되는 능력단위의 소형수동식소화기등을 설치할 것 |
| 옥외탱크저장소<br>옥내탱크저장소 | 대형수동식소화기 및 소형수동식소화기등을 각각 1개 이상 설치할 것 |

비고 1. 옥내소화전설비, 옥외소화전설비, 스프링클러설비 또는 물분무등소화설비를 설치한 경우에는 당해 소화설비의 방사능력범위 내의 부분에 대해서는 대형수동식소화기를 설치하지 아니할 수 있다.

2. 소형수동식소화기등이란 제4호의 규정에 의한 소형수동식소화기 또는 기타 소화설비를 말한다. 이하 같다.

3. 소화난이도등급 III 의 제조소등 및 소화설비

가. 소화난이도등급 III 에 해당하는 제조소등

| 제조소등의 구분 | 제조소등의 규모, 저장 또는 취급하는 위험물의 품명 및 최대수량 등 |
|---|---|
| 제조소<br>일반취급소 | 제48조의 위험물을 취급하는 것 |
| | 제48조의 위험물외의 것을 취급하는 것으로서 소화난이도등급 I 또는 소화난이도등급 II 의 제조소등에 해당하지 아니하는 것 |
| 옥내저장소 | 제48조의 위험물을 취급하는 것 |
| | 제48조의 위험물외의 것을 취급하는 것으로서 소화난이도등급 I 또는 소화난이도등급 II 의 제조소등에 해당하지 아니하는 것 |
| 지하 · 간이 · 이동<br>탱크저장소 | 모든 대상 |
| 옥외저장소 | 덩어리 상태의 유황을 저장하는 것으로서 경계표시 내부의 면적(2 이상의 경계표시가 있는 경우에는 각 경계표시의 내부의 면적을 합한 면적)이 $5\,m^2$ 미만인 것 |
| | 덩어리 상태의 유황외의 것을 저장하는 것으로서 소화난이도등급 I 또는 소화난이도등급 II 의 제조소등에 해당하지 아니하는 것 |
| 주유취급소 | 옥내주유취급소 외의 것으로서 소화난이도등급 I 의 제조소등에 해당하지 아니하는 것 |
| 제1종판매취급소 | 모든 대상 |

비고 : 제조소 등의 구분별로 오른쪽란에 정한 제조소등의 규모, 저장 또는 취급하는 위험물의 수량 및 최대수량 등의 어느 하나에 해당하는 제조소등은 소화난이도등급 III 에 해당하는 것으로 한다.

나. 소화난이도등급 III 의 제조소등에 설치하여야 하는 소화설비

| 제조소등의 구분 | 소화설비 | 설치기준 | |
|---|---|---|---|
| 지하탱크저장소 | 소형수동식소화기등 | 능력단위의 수치가 3 이상 | 2개 이상 |
| 이동탱크저장소 | 자동차용소화기 | 무상의 강화액 8 L 이상 | 2개 이상 |
| | | 이산화탄소 3.2킬로그램 이상 | |
| | | 일브롬화일염화이플루오르화메탄 ($CF_2ClBr$) 2 L 이상 | |
| | | 일브롬화삼플루오르화메탄($CF_3Br$) 2 L 이상 | |
| | | 이브롬화사플루화메탄($C_2F_4BR_2$) 1 L 이상 | |
| | | 소화분말 3.3킬로그램 이상 | |
| | 마른 모래 및 팽창질석 또는 팽창진주암 | 마른모래 150 L 이상 | |
| | | 팽창질석 또는 팽창진주암 640 L 이상 | |
| 그 밖의 제조소등 | 소형수동식소화기등 | 능력단위의 수치가 건축물 그 밖의 공작물 및 위험물의 소요단위의 수치에 이르도록 설치할 것. 다만, 옥내소화전설비, 옥외소화전설비, 스프링클러설비, 물분무등소화설비 또는 대형수동식소화기를 설치한 경우에는 당해 소화설비의 방사능력범위 내의 부분에 대하여는 수동식소화기등을 그 능력단위의 수치가 당해 소요단위의 수치의 1/5 이상이 되도록 하는 것으로 족하다. | |

비고 : 알킬알루미늄 등을 저장 또는 취급하는 이동탱크저장소에 있어서는 자동차용소화기를 설치하는 외에 마른모래나 팽창질석 또는 팽창진주암을 추가로 설치하여야 한다.

## 3-7-6 위험물 종류별 소화설비의 적응성

위험물은 종류별로 소화방법이 서로 다르고, 동일한 종류에 속한 위험물이라 하더라도 물질 특성에 따라 유효한 소화방법에는 차이가 있다.

위험물질의 종류와 각각의 특성에 따라 효과적인 소화방법과 이를 운용하는데 필요한 소화설비는 다음의 표 3-16에 제시되어 있다.[78)]

### 표 3-16 소화설비의 적응성

| 소화설비의 구분 | | | 건축물·그 밖의 공작물 | 전기설비 | 제1류 위험물: 알칼리금속과산화물 등 | 제1류 위험물: 그 밖의 것 | 제2류 위험물: 철분·금속분·마그네슘 등 | 제2류 위험물: 인화성고체 | 제2류 위험물: 그 밖의 것 | 제3류 위험물: 금수성물품 | 제3류 위험물: 그 밖의 것 | 제4류 위험물 | 제5류 위험물 | 제6류 위험물 |
|---|---|---|---|---|---|---|---|---|---|---|---|---|---|---|
| 옥내소화전 또는 옥외소화전설비 | | | ○ | | | ○ | | ○ | ○ | | ○ | | ○ | ○ |
| 스프링클러설비 | | | ○ | | | ○ | | ○ | ○ | | ○ | △ | ○ | ○ |
| 물분무 등 소화설비 | 물분무소화설비 | | ○ | ○ | | ○ | | ○ | ○ | | ○ | ○ | ○ | ○ |
| | 포소화설비 | | ○ | | | ○ | | ○ | ○ | | ○ | ○ | ○ | ○ |
| | 불활성가스소화설비 | | | ○ | | | | ○ | | | | ○ | | |
| | 할로겐화합물소화설비 | | | ○ | | | | ○ | | | | ○ | | |
| | 분말소화설비 | 인산염류 등 | ○ | ○ | | ○ | | ○ | ○ | | | ○ | | ○ |
| | | 탄산수소염류 등 | | ○ | ○ | | ○ | ○ | | ○ | | ○ | | |
| | | 그 밖의 것 | | | ○ | | ○ | | | ○ | | | | |
| 대형·소형 수동식 소화기 | 봉상수(棒狀水)소화기 | | ○ | | | ○ | | ○ | ○ | | ○ | | ○ | ○ |
| | 무상수(霧狀水)소화기 | | ○ | ○ | | ○ | | ○ | ○ | | ○ | | ○ | ○ |
| | 봉상강화액소화기 | | ○ | | | ○ | | ○ | ○ | | ○ | | ○ | ○ |
| | 무상강화액소화기 | | ○ | ○ | | ○ | | ○ | ○ | | ○ | ○ | ○ | ○ |
| | 포소화기 | | ○ | | | ○ | | ○ | ○ | | ○ | ○ | ○ | ○ |
| | 이산화탄소소화기 | | | ○ | | | | ○ | | | | ○ | | △ |
| | 할로겐화합물소화기 | | | ○ | | | | ○ | | | | ○ | | |
| | 분말소화기 | 인산염류소화기 | ○ | ○ | | ○ | | ○ | ○ | | | ○ | | ○ |
| | | 탄산수소염류소화기 | | ○ | ○ | | ○ | ○ | | ○ | | ○ | | |
| | | 그 밖의 것 | | | ○ | | ○ | | | ○ | | | | |
| 기타 | 물통 또는 수조 | | ○ | | | ○ | | ○ | ○ | | ○ | | ○ | ○ |
| | 건조사 | | | | ○ | ○ | ○ | ○ | ○ | ○ | ○ | ○ | ○ | ○ |
| | 팽창질석 또는 팽창진주암 | | | | ○ | ○ | ○ | ○ | ○ | ○ | ○ | ○ | ○ | ○ |

78) 위험물안전관리법 시행규칙 [별표 17의 4] (2021.7.13)

비고
1. "○"표시는 당해 소방대상물 및 위험물에 대하여 소화설비가 적응성이 있음을 표시하고, "△"표시는 제4류 위험물을 저장 또는 취급하는 장소의 살수기준면적에 따라 스프링클러설비의 살수밀도가 다음 표에 정하는 기준 이상인 경우에는 당해 스프링클러설비가 제4류 위험물에 대하여 적응성이 있음을, 제6류 위험물을 저장 또는 취급하는 장소로서 폭발의 위험이 없는 장소에 한하여 이산화탄소소화기가 제6류 위험물에 대하여 적응성이 있음을 각각 표시한다.

## 3-7-7 자체소방대 설치 기준

위험물 취급량이 많은 시설에는 자체소방대를 두어 신속한 초동대처를 가능하게 한다. 자체소방대는 제4류 위험물의 취급량이 지정수량의 3,000배 이상 취급하는 곳으로서 화재 위험성이 높은 제조소 또는 일반취급소에 두는 소방대를 가리킨다. 자체소방대 내 화학소방자동차와 소방대원의 인원수 등의 조직 기준은 법령으로 규정되어[79] 있다.

**표 3-17 자체소방대에 두는 화학소방자동차 및 인원**

| 사업소의 구분 | 화학소방자동차 | 자체소방대원의 수 |
|---|---|---|
| 1. 제조소 또는 일반취급소에서 취급하는 제4류 위험물의 최대수량의 합이 지정수량의 12만 배 미만인 사업소 | 1대 | 5인 |
| 2. 제조소 또는 일반취급소에서 취급하는 제4류 위험물의 최대수량의 합이 지정수량의 12만 배 이상 24만 배 미만인 사업소 | 2대 | 10인 |
| 3. 제조소 또는 일반취급소에서 취급하는 제4류 위험물의 최대수량의 합이 지정수량의 24만 배 이상 48만 배 미만인 사업소 | 3대 | 15인 |
| 4. 제조소 또는 일반취급소에서 취급하는 제4류 위험물의 최대수량의 합이 지정수량의 48만 배 이상인 사업소 | 4대 | 20인 |

비고 : 화학소방자동차에는 총리령으로 정하는 소화능력 및 설비를 갖추어야 하고, 소화활동에 필요한 소화약제 및 기구(방열복 등 개인장구를 포함한다)를 비치하여야 한다.

79) 위험물안전관리법 시행령 [별표 8] (2020.7.14)

## 문제

1. 학교로부터 위험물제조소까지의 안전거리는 ?

① 10 m ② 20 m ③ 30 m ④ 50 m

2. 취급하는 위험물의 최대수량이 지장수량의 10배를 초과한다면 보유공지의 너비는?

① 3 m ② 5 m ③ 7 m ④ 10 m

3. 다음 중 위험물저장시설의 종류가 아닌 것은?

① 간이탱크저장소 ② 옥외탱크저장소
③ 옥내탱크저장소 ④ 터널탱크저장소

4. 위험물질 옥내저장소에 관한 다음의 설명들 중 옳지 않은 것은?

① 이층 이하이어야 한다.
② 건물의 처마 높이는 6 m 미만이어야 한다.
③ 벽과 기둥은 모두 내화구조이어야 한다.
④ 외벽은 두께 20 cm 이상의 철근콘크리트이어야 한다.

5. 옥외탱크저장소에 관한 다음의 설명 중 괄호 안에 들어갈 숫자들은?

> 옥외탱크저장소를 물분무설비로 방호조치를 할 경우에는
> 분당 ( A ) L로 ( B )분 이상 방사할 수 있는 수량을 갖추어야 한다.

| | A | B |
|---|---|---|
| ① | 35 | 20 |
| ② | 37 | 20 |
| ③ | 35 | 30 |
| ④ | 37 | 30 |

6. 지정수량의 2,000배 초과 3,000배 이하의 위험물최대수량을 저장하는 옥외저장탱크의 보유공지는?

① 3 m ② 5 m ③ 9 m ④ 12 m

7. 옥내탱크저장소의 탱크 용량은 지정수량의 몇 배 이내인가?

① 40 배 ② 50 배 ③ 60 배 ④ 70 배

8. 지하탱크저장소에 관한 다음 설명 중 괄호 안에 들어갈 수치는?

> 지하탱크저장소는 땅속 ( A ) m 이상 아래에 설치한 위험물 저장탱크이며,
> 지하저장탱크의 재질은 두께 ( B ) mm 이상의 강철판이어야 한다.

| | A | B |
|---|---|---|
| ① | 0.6 | 2.3 |
| ② | 0.6 | 3.2 |
| ③ | 1.2 | 2.3 |
| ④ | 1.2 | 3.2 |

9. 이동저장탱크에 관한 다음 설명 중 괄호 안에 들어갈 수치는?

> 이동저장탱크는 그 내부에 ( A ) L 이하마다 ( B ) mm 이상의
> 강철판 또는 내식성이 있는 금속 칸막이를 설치해야 한다.

| | A | B |
|---|---|---|
| ① | 2,000 | 1.6 |
| ② | 2,000 | 3.2 |
| ③ | 4,000 | 1.6 |
| ④ | 4,000 | 3.2 |

10. 지정수량의 50 배 초과 200 배 이하의 위험물을 저장하는 항만 옥외저장소의 보유공지는 몇 m 이상인가?

① 2 m ② 3 m ③ 4 m ④ 5 m

11. 주유취급소에 게시하는 "위험물주유취급소"라는 표지판의 색상은?

① 백색바탕에 흑색문자 ② 백색바탕에 황색문자
③ 황색바탕에 흑색문자 ④ 황색바탕에 백색문자

12. 다음 중 위험물의 운반용기 재질로 사용할 수 없는 것은?

① 짚 ② 강판 ③ 종이 ④ 토기

13. 위험물 운반 시 빛을 차단하는 피복으로 가릴 필요가 없는 종류는?

① 제1류 ② 제2류 ③ 제3류 ④ 제4류

14. 위험물 운반 시 제3류 위험물에 게시할 가능성이 없는 표지판은?

① 가연물접촉주의 ② 물기엄금
③ 화기엄금 ④ 공기접촉엄금

15. 위험물 혼재가 가능하지 않은 것은?

① 제2류 – 제4류 ② 제2류 – 제5류
③ 제3류 – 제5류 ④ 제4류 – 제5류

16. 소화난이도등급 Ⅰ의 제조소등에 설치하여야 하는 소화설비로서 유황만을 취급하는 곳에 이용되는 설비는?

① 물분무소화설비 ② 스프링클러설비
③ 옥내소화전설비 ④ 고정식포소화설비

17. 제4류 위험물의 화재시 적응성이 없는 소화설비는?

① 옥내소화전 ② 물분무소화설비
③ 이산화탄소소화기 ④ 할로겐화합물소화기

18. 자체소방대에 관한 다음 설명 중 괄호 안에 들어갈 숫자는?

> 제조소 또는 일반취급소에서 취급하는 제4류 위험물의 최대수량의 합이 지정수량의 24만 배 이상 48만 배 미만인 사업소에 설치하는 자체소방대의 화학소방자동차는 ( A )대이며, 자체소방대원의 수는 ( B )인이다.

| | A | B |
|---|---|---|
| ① | 2 | 10 |
| ② | 3 | 15 |
| ③ | 4 | 20 |
| ④ | 5 | 25 |

## 풀이

1. 위험물제조소로부터 학교와 병원의 안전거리는 30 m이다.

2. 지정수량을 10배 초과한 경우에는 5 m의 보유공지를 확보해야 한다.

3. 위험물 저장소의 종류에는 옥내저장소, 옥외탱크저장소, 옥내탱크저장소, 지하탱크저장소, 간이탱크저장소, 이동탱크저장소, 옥외저장소, 암반탱크저장소가 있다.

4. 옥내저장소는 ② 건물의 처마 높이가 6 m 미만이어야 하고, ③ 벽과 기둥은 모두 내화구조이어야 한다. 그리고 ④ 외벽은 두께 20 cm 이상의 철근콘크리트이어야 한다. ① 이층 이하라고 표현한 것은 2층도 포함되므로 옳지 못하다.

5. 옥외탱크저장소를 물분무설비로 방호조치를 할 경우에는 분당 37 L로 20분 이상 방사할 수 있는 수량을 갖추어야 한다. ④ 외벽은 두께 20 cm 이상의 철근콘크리트이어야 한다.

6. 지정수량의 2,000배 초과 3,000배 이하의 위험물최대수량을 저장하는 옥외저장탱크의 보유공지는 ④ 12 m이다.

7. 옥내탱크저장소의 저장탱크는 탱크전용실에 설치하여야 하며, 용량은 지정수량의 40배 이하이다.

8. 지하탱크저장소는 땅속 0.6 m 이상 아래에 설치한 위험물 저장탱크이며, 지하저장탱크의 재질은 두께 3.2 mm 이상의 강철판이어야 한다.

9. 이동저장탱크는 그 내부에 4,000 L 이하마다 3.2 mm 이상의 강철판 또는 내식성이 있는 금속 칸막이를 설치해야 한다.

10. 지정수량의 50배 초과 200배 이하의 위험물을 저장하는 항만 옥외저장소의 보유공지는 4 m 이상이다.

11. 주유취급소에는 황색바탕에 흑색문자로 "위험물주유취급소"라고 게시해야 한다.

12. 위험물의 운반용기 재질로 사용가능한 것은 강판, 알루미늄판, 양철판, 유리, 금속판, 종이, 플라스틱, 섬유판, 고무류, 합성섬유, 삼, 짚, 나무이다. 따라서 토기는 법규에 명시되어 있지 않다.

13. 위험물의 운반 시 제1류 위험물, 제3류 위험물의 자연발화성 물질, 제4류 위험물 내 특수인화물, 제5류 위험물 또는 제6류 위험물은 빛을 차단하는 피복으로 가려야 한다. 따라서 제2류는 가릴 필요가 없다.

14. 제3류 위험물 중 자연발화성 물질에는 "화기엄금"과 "공기접촉엄금", 금수성물질에는 "물기엄금"을 운반 시 반드시 부착해야 한다.

15. ① 제2류 - 제4류, ② 제2류 - 제5류, ④ 제4류 - 제5류는 모두 혼재 가능한 조합이나, ③ 제3류 - 제5류는 혼재할 수 없는 조합이다.

16. 소화난이도등급I의 제조소등에 설치하여야 하는 소화설비로서 유황만을 취급하는 곳에 이용되는 설비는 물분무설비이다.

17. ② 물분무소화설비, ③ 이산화탄소소화기, ④ 할로겐화합물소화기는 모두 제4류 위험물의 화재 시 소화적응성이 있으나 ① 옥내소화전은 적응성이 없다.
※ 소화설비의 적응성에 관한 위험물안전관리법 시행규칙 [별표 17의 4] (2021.7.13) 참고

18. 제조소 또는 일반취급소에서 취급하는 제4류 위험물의 최대수량의 합이 지정수량의 24만 배 이상 48만 배 미만인 사업소에 설치하는 자체소방대의 화학소방자동차는 3대이며, 자체소방대원의 수는 15인이다.
※ 위험물안전관리법 시행령 [별표 8] (2020.7.14) 참고

| 정답 | | | | | |
|---|---|---|---|---|---|
| | 1. ③ | 2. ② | 3. ④ | 4. ① | 5. ② |
| | 6. ④ | 7. ① | 8. ② | 9. ④ | 10. ③ |
| | 11. ③ | 12. ④ | 13. ② | 14. ① | 15. ③ |
| | 16. ① | 17. ① | 18. ② | | |

# 참고문헌

위험물질론, 김명철, 도서출판 동화기술, 초판, 파주(2016.3.10)
소방화학, 김명철, 녹문당, 개정증보판, 파주(2016.8.20)
소화약제화학, 김명철, 도서출판 동화기술, 개정증보판, 파주(2017.3.10)
NFSC 102 옥내소화전설비의 화재안전기준(2016.7.25)
NFSC 103 스프링클러설비의 화재안전기준(2016.7.13)
NFSC 104 물분무소화설비의 화재안전기준(2016.7.13)
NFSC 107A 청정소화약제설비의 화재안전기준(2016.7.13)
NFSC 108 분말소화설비의 화재안전기준(2016.7.13)
NFSC 109 옥외소화전설비의 화재안전기준(2015.3.24)
NFSC 201 비상경보설비 및 단독경보형감지기의 화재안전기준(2015.1.23)
NFSC 202 비상방송설비의 화재안전기준(2015.3.25.)
NFSC 203 자동화재탐지설비의 화재안전기준(2015.3.24)
NFSC 204 자동화재속보설비의 화재안전기준(2015.3.24)
NFSC 205 누전경보기의 화재안전기준(2015.1.23)
NFSC 303 유도등 및 유도표지의 화재안전기준(2015.1.6)
NFSC 304 비상조명등의 화재안전기준(2015.1.23)
NFSC 402 소화수조 및 저수조의 화재안전기준(2015.1.23)
NFSC 501 제연설비의 화재안전기준(2015.10.28)
NFSC 502 연결송수관설비의 화재안전기준(2015.1.6)
NFSC 503 연결살수설비의 화재안전기준(2015.3.24)
NFSC 504 비상콘센트설비의 화재안전기준(2015.1.23)
NFSC 505 무선통신보조설비의 화재안전기준(2015.1.23)
NFSC 506 연소방지설비의 화재안전기준(2015.10.28)

# 찾아보기

## 영문 A



## 영문 B



## 영문 C

## ▌영문 D



## ▌영문 E



## ▌영문 F



## ▌영문 G

## 영문 N



## 영문 O



## 영문 P



## 영문 R

## ▌영문 S



## ▌영문 T



## ▌영문 U



## ▌영문 V



## ▌영문 W



## ▌영문 Y



## ▌영문 Z

## 국문 가



## 국문 나



## 국문 다

## ▌국문 라



## ▌국문 마



## ▌국문 바

## ▌국문 사

## ▌국문 아

## ▌국문 자

## ▌국문 차



## ▌국문 카



## ▌국문 타



## ▌국문 파

## ▌국문 하



## ▌기타

저자: **김 명 철**

- 1983 경북대학교 공업화학과 졸업(공학사)
- 1985 경북대학교 대학원 공업화학과 졸업(공학석사)
- 1988 경북대학교 대학원 공업화학과 박사과정 졸업(공학박사)
- 2001.1~2002.1 Univ. of Florida 화학과 방문교수
- 1991~현재 경일대학교 소방방재학과 교수

제3판 **위험물질과 시설** 정가 23,000원

발 행 2022년 9월 10일 3판 1쇄
저 자 김명철
발행인 정우용
발행처 도서출판 **동 화 기 술**
경기도 파주시 광인사길 201(문발동, 파주출판도시)
Tel (031)955-4211~6 donghwapub@nate.com
Fax (031)955-4217 www.donghwapub.co.kr
(등록) 1977년 12월 19일/9-16호



ISBN 978-89-425-9349-1